气候变化、农业灌溉用水与粮食生产研究

许　朗　著

河海大学出版社
HOHAI UNIVERSITY PRESS

·南京·

内容提要

本书是作者及其研究团队近年来全面考察农业灌溉用水相关问题的研究成果。成果一部分来自各项相关研究课题的完成，另一部分来自日常科研工作中对相关问题的学术性研究。全书围绕农业灌溉用水的不同话题，编排为六篇内容，各篇按照所设计的话题安排章节内容，详细分析了各篇话题内的具体问题，其中第六篇"结论与讨论"是对全书内容的概括性总结。

本书内容专业性较强，对研究问题的基础性知识介绍较少，研究过程中更多采用经济理论和计量经济学方法进行分析，研究结论则将学术性结论和政府相关政策结合讨论。因此，本书可作为高等院校经济管理类相关专业研究生、本科生的教学参考资料，对相关专业教师、科研人员以及政府工作人员的深入学习和研究也有较强的参考价值。

图书在版编目（CIP）数据

气候变化、农业灌溉用水与粮食生产研究 / 许朗著
. -- 南京：河海大学出版社，2020.7
ISBN 978-7-5630-6332-1

Ⅰ. ①气… Ⅱ. ①许… Ⅲ. ①气候变化－研究②灌溉水－研究③粮食－生产－研究－中国 Ⅳ. ①P467
②S274③F326.11

中国版本图书馆 CIP 数据核字（2020）第 073394 号

书　　名	气候变化、农业灌溉用水与粮食生产研究	
	QIHOU BIANHUA NONGYE GUANGAI YONGSHUI YU LIANGSHI SHENGCHAN YANJIU	
书　　号	ISBN 978-7-5630-6332-1	
责任编辑	金　怡	
责任校对	杨　曦	
封面设计	张世立	
出版发行	河海大学出版社	
地　　址	南京市西康路 1 号（邮编：210098）	
电　　话	(025)83737852（总编室）　(025)83722833（营销部）	
经　　销	江苏省新华发行集团有限公司	
排　　版	南京布克文化发展有限公司	
印　　刷	虎彩印艺股份有限公司	
开　　本	787 毫米×1092 毫米　1/16	
印　　张	18.25	
插　　页	2	
字　　数	340 千字	
版　　次	2020 年 7 月第 1 版	
印　　次	2020 年 7 月第 1 次印刷	
定　　价	128.00 元	

许朗教授学术研究团队简介

  本学术研究团队由南京农业大学以及相关研究单位的教授、教授级高级工程师、副教授、工程师以及博士和硕士研究生组成。其中,南京农业大学的团队成员十余人,专业涵盖产业经济学、农业经济管理和技术经济及管理等。团队成员集中研究农业生产、农业资源环境和农业政策等问题,在研究领域积累了丰富的成果。

  团队负责人许朗,男,1961 年生,南京农业大学经济管理学院教授、博士生导师、中国软科学研究会理事,长期从事农业经济管理、水资源管理以及技术经济管理等方面的教学与研究工作。许朗教授近年来致力于农业灌溉用水效率、节水灌溉技术选择、农业水价综合改革等相关问题的研究。目前主持国家自然科学基金面上项目"农业水价综合改革背景下节水效应与粮食生产影响研究——基于不同经营规模农业生产主体适应性行为差异"(71973065),主持完成国家自然科学基金面上项目"基于干旱分区视角的黄淮海地区农田灌溉用水效率问题研究"(71573126)、国家软科学研究计划项目"气候变化视角下农业水资源高效利用对策研究"(2014GXQ4D184)、教育部人文社会科学研究一般项目"粮食主产区改善农村水利基础设施问题研究——基于投融资模式创新的视角"(12YJA790162)、农业部软科学研究项目"农业水价综合改革问题研究"(201531-1)、江苏省软科学研究项目"农业科技园技术扩散的农户选择行为研究——以节水灌溉技术为例"(BR2015043)、国家社科基金重大招标项目"农产品安全、气候变暖与农业生产转型研究"(13&ZD160)第四子课题"农业应对气候变化的适应性措施的模拟分析"、国家公益性行业科研专项项目"淮河流域旱灾治理关键技术研究"(200901026)第三子课题"旱情评价指标体系和模型研究"等科研课题。在《中国农村观察》、《资源科学》、《长江流域资源与环境》、《干旱区资源与环境》、《中国水利》、《水利发展研究》、《水利经济》、《湖南农业大学学报(社会科学版)》、《浙江农业科学》、*Agricultural Science & Technology* 等中外核心期刊上发表相关学术研究论文数十篇。

前　　言

　　中国是一个农业大国,更是一个灌溉大国,但同时也是一个缺水严重的国家。依据世界银行的缺水标准,我国有 11 个省(市)已濒临严重缺水状态:"十五"期间,全国平均每年灌溉缺水 300 亿 m³,其中农田受旱面积则高达 3.85 亿亩*,每年因旱造成的粮食减产更是高达 350 亿 kg。水资源短缺不仅会严重制约中国农业发展,而且直接关系到受农业生产能力所影响的国家粮食安全问题。根据《全国农业可持续发展规划(2015—2030 年)》确定的灌溉用水量红线,预计到 2020 年,我国农田灌溉水量力争保持在 3 720 亿 m³,相比于 2014 年该数据,农业用水量需调低 149 亿 m³。研究表明,我国现阶段灌溉用水有效利用系数只有 0.53 左右,而很多发达国家已达到 0.7~0.9。可见水资源的"短缺",除了总供给不足,低效使用更是"短缺"的源头之一。因此,为了控制灌溉用水量红线,"节流"比"开源"更重要。

　　为了全面考察农业灌溉用水相关问题,笔者带领研究团队从主持 2009 年水利部国家公益性行业科研专项项目"淮河流域旱灾治理关键技术研究"(200901026)第三子课题开始,先后主持完成教育部人文社会科学研究一般项目"粮食主产区改善农村水利基础设施问题研究——基于投融资模式创新的视角"(12YJA790162)、国家软科学研究计划项目"气候变化视角下农业水资源高效利用对策研究"(2014GXQ4D184)、江苏省软科学研究项目"农业科技园技术扩散的农户选择行为研究——以节水灌溉技术为例"(BR2015043)、国家社科基金重大招标项目"农产品安全、气候变暖与农业生产转型研究"(13&ZD160)第四子课题等。目前即将顺利完成国家自然科学基金面上项目"基于干旱分区视角的黄淮海地区农田灌溉用水效率问题研究"(71573126)。

　　这些年来笔者团队的研究成果主要体现在以下五个方面。

　　(1)农业灌溉用水效率与影响因素研究

　　随着水资源问题的日益严峻,提高用水效率是节水型社会建设的根本要求。农业是我国的用水大户,测算灌溉用水的技术效率对于制定合理的灌溉用水政

---

　　*　注:1 亩≈666.67 m²。

策,提高灌溉用水效率尤为重要。当前,我国井灌区面临着地下水位下降、灌溉用水效率低下的困境。笔者团队通过对河南省滑县、山东省巨野县农户进行调研,对获得的调研数据进行分析,使用超越对数随机前沿生产函数测算玉米农业技术效率,使用偏要素生产率模型测算农户的玉米灌溉用水效率,使用 Tobit 回归模型分析不同农户玉米灌溉用水效率差异的影响因素。同时运用 DEA 方法测算出中国 13 个粮食主产区 2000—2012 年的农业生态效率,并运用 Malmquist 指数方法进行动态分析。

(2) 农业灌溉中的节水灌溉技术应用研究

随着水资源供需矛盾日益突出,在水资源匮乏地区推广农户使用节水灌溉技术是必然趋势,依据农户的承受能力让农户参与节水灌溉投入对于减轻财政负担、提高节水管理效率具有积极作用。笔者团队通过利用山东省蒙阴县的农户调查资料,运用二元模型对农户节水灌溉技术选择行为的影响因素进行了实证分析。农业新品种的采纳是提高农业生产效率和农民收入的重要途径。笔者团队基于河南省滑县 279 个农户的微观调查数据,运用二元 Logistic 模型,对影响农户采纳玉米新品种行为的因素进行了实证分析。

(3) 农业灌溉中的农田水利建设问题研究

目前小型农田水利设施存在需求差异性大、需求表达缺乏、农民需求未得到充分满足等问题。笔者团队通过对江苏省如东县农村进行实地调研,对小型农田水利设施需求存在的问题进行了考察与总结,同时应用 Logit 模型对小型农田水利设施需求的影响因素进行了分析。基于我国 1990—2012 年 29 个省(市)的面板数据,阐明了我国农田水利投资和农业经济增长的现状,通过构建两者的面板向量自回归(VAR)模型,实证分析了农田水利投资与农业经济增长之间的动态关系。农户参与是推行参与式灌溉管理改革的关键,利用安徽省淠史杭灌区的农户调查资料,运用因子分析法从网络、信任和规范 3 个维度测算了农户社会资本,并采用二元 Logit 模型实证分析了社会资本对农户参与灌溉管理改革意愿的影响。

(4) 气候变化、农业灌溉用水与粮食生产研究

为加强区域农业旱灾风险管理,笔者团队结合相关文献与区域实际情况,从敏感性和恢复力等角度运用熵值法和综合指数法构建旱灾脆弱性评价模型,并采用因子贡献度模型对关键影响因素进行识别。玉米是河南省种植面积仅次于小麦的重要粮食作物,在玉米生长期内极易发生干旱等自然灾害,严重影响着玉米的稳定生产。通过利用河南省 1971—2014 年的气象数据等资料和河南地区夏玉米干旱脆弱性评估模型,借助 ArcGIS 软件对河南地区夏玉米干旱脆弱性

进行了分析与区划研究。基于 1987—2015 年河南省 17 个地市的玉米生产和气象数据,利用标准化降水蒸散指数(SPEI)分析了玉米生长期的干旱时空特征,并通过建立变截距和变系数模型识别出受干旱影响较为严重的地区。基于农业部农村固定观察点和中国气象科学数据,采用固定效应模型分析农户的灾害适应性行为对玉米主产区生产的影响。此外,通过 1980—2012 年我国 9 个小麦主产省份的气候数据和冬小麦农业生产数据,利用扩展的 C-D 生产函数分析气候变化对冬小麦产量的影响。

(5)农业水价综合改革问题研究

中国水资源的日益短缺加快了政府推进农业水价综合改革的步伐,继而实现农业节水的目标。通过阐述安徽六安市农业水价综合改革试点区的改革现状及取得的成效,笔者团队分析了目前农业水价综合改革中存在的相关问题,并在此基础上提出相应的政策建议。由于农业发展水平落后,我国多数地区仍采取粗放式的灌溉方式,节水灌溉方式依然没有被广大农民接受,其中有多种因素制约着农户灌溉方式的选择。在水价综合改革大背景下,选取河南省开封县(现更名为开封市祥符区)和江苏省丰县为样本点,以两地作为黄淮流域缺水落后地区的代表,通过实地调研探究影响农户灌溉方式选择行为的因素,并运用二元 Logit 进行回归分析。农业灌溉水价问题并不仅仅是单纯的成本与价格核算问题,还需要着重考虑农民承受力的影响。基于对山东省实地调研的数据,通过建立 Logit 二元离散选择模型对影响农户灌溉水价心理承受力的因素进行了深入分析。

当然,已经完成的是过去的成绩,我们自豪但不能够骄傲。感谢自然科学基金所有的评审专家,我们又顺利申报成功国家自然科学基金面上项目“农业水价综合改革背景下节水效应与粮食生产影响研究——基于不同经营规模农业生产主体适应性行为差异”(71973065),为此,本书中专门增加了第六篇结论与讨论,目的在于总结研究成果,展望今后研究前景。

感谢国家自然科学基金为本著作正式出版提供资助。感谢笔者研究团队中的相关研究人员,他们是吴玉柏、陈杰、欧真真、黄莺、李梅艳、刘金金、张晓恒、刘甜甜、唐梦琴、顾丹丹、罗东玲、凌玉、吴桐、张维诚、胡莉红、刘晨、刘爱军、耿献辉、刘晓玲、黄武、姚科艳、杨军、张梦婷、师琪、路越、于淼、王维祯、刘美冉等,感谢为研究提供过帮助的所有领导、专家、朋友!

书稿整理完成之时,正值伟大的中华人民共和国成立 70 周年,我代表研究团队所有成员以此成果向祖国献礼,祝愿我们伟大的祖国永远繁荣昌盛!

许 朗

2019 年 10 月 1 日于南京农业大学

目　　录

第 一 篇
DI YI PIAN

农业灌溉用水效率与影响因素研究

第1章
农业灌溉用水效率及其影响因素分析
——基于安徽省蒙城县调查

随着全球水资源短缺状况的不断加剧,水资源成为21世纪经济发展的战略资源,其战略地位已引起各国政府及专家学者的高度重视。中国水资源短缺状况十分严峻,从2000年到2009年,全国水资源总量平均为26 467.26亿 m³,但人均水资源量仅2 038.87 m³,不足世界人均水平的1/4,人均水资源量略大于国际标准人均1 700 m³ 的严重缺水警戒线,而且短缺状况仍在加剧。在用水需求方面,中华人民共和国成立以来,全社会用水总量从1949年的1 031亿 m³ 增加到2009年的5 965.15亿 m³,但从1997年以来,我国的用水需求处于相对稳定的状态,用水增长较为缓慢,这一定程度上是受到了水资源短缺的制约。从表1-1-1可以看出,农业是我国的用水大户,农业用水占到了60%以上的份额,尽管随着工业化和城市化进程的不断加快,农业用水受到了一定的挤占,但农业部门仍是主要的耗水单位,而在整个的农业用水中,90%的水资源用于农田灌溉。2011年中央一号文件《中共中央国务院关于加快水利改革发展的决定》系统部署了水利改革的发展方向,对农田水利设施建设、提高灌溉用水效率和保证粮食安全提出了更高的要求。

在灌溉用水效率研究方面,国内外学者已做了一定的探索,Omezzine 和Zaibet 从投入角度利用基于 C-D 生产函数形式的随机前沿分析方法考察了节水技术措施对灌溉用水效率的积极作用;Karagiannis 等根据1998—1999年希腊克里特地区50个农户的截面数据,利用超越对数随机前沿生产函数方法分析了具体因素对灌溉用水效率的影响;Kaneko 等,Dhehibi 等,Speelman 等也对灌溉水资源的利用效率进行了相关研究。国内主要是以王晓娟、李周、王学渊的研究成果最为典型,他们分别采用超越对数生产函数和 C-D 生产函数形式对水资源的利用效率进行实证分析。国内外学者对农业用水方面的研究成果为本研究的深入开展提供了丰富的理论和实践基础,对水资源的科学管理和有效利用提出了有效的对策建议。但已有研究更多的是关注当前的用水现状和通过采用综合节水技术所能达到的节水量,或者是基于工程建设水平的灌溉节水潜力,而对灌溉用水效率的经济学研究比较欠缺。本研究将从微观层面入手,以农户作为调查对象,从技术效率的视角对我国农业灌溉用水效率进行研究,并找出影响灌溉用水效率的因素,这对于有效提高灌溉用水效率并促进水利改革的发展具有重要的现实意义。

表 1-1-1　中国用水结构

年份 (年)	用水总量 (亿 m³)	农业 (亿 m³)	工业 (亿 m³)	生活 (亿 m³)	生态 (亿 m³)	农业用水所占 比重(%)	人均用水量 (m³/人)
2000	5 497.59	3 783.54	1 139.13	574.92	—	68.82	435.40
2001	5 567.43	3 825.73	1 141.81	599.89	—	68.72	437.74
2002	5 497.28	3 736.18	1 142.36	618.73	—	67.96	429.34
2003	5 320.40	3 432.81	1 177.20	630.89	79.47	64.52	412.95
2004	5 547.80	3 585.70	1 228.90	651.20	82.00	64.63	428.00
2005	5 632.98	3 580.00	1 285.20	675.10	92.68	63.55	432.07
2006	5 794.97	3 664.45	1 343.76	693.76	93.00	63.24	442.02
2007	5 818.67	3 599.51	1 403.04	710.39	105.73	61.86	441.52
2008	5 909.95	3 663.46	1 397.08	729.25	120.16	61.99	446.15
2009	5 965.15	3 723.11	1 390.90	748.17	102.96	62.41	448.04

数据来源:《中国统计年鉴 2010》。

1　灌溉用水效率

1.1　概念界定

在农业用水效率和灌溉用水效率研究方面,国内外学者已从各个学科领域的视角做了研究讨论,一般采用水分生产率、灌溉水利用系数、亩均灌溉用水量、万元农业 GDP 耗水量等指标来评价农业用水的效益,但指标比较单一。在本研究的研究思路中,笔者将灌溉用水作为农业生产的投入要素,在生产函数的基础上测算灌溉用水的技术效率。在此,灌溉用水效率可具体表示为在产出和其他投入要素一定的条件下,可能的最小灌溉用水量与实际用水量的比值;可能的最小灌溉用水,是指技术充分有效、不存在任何效率损失条件下的灌溉用水量。这

气候变化、农业灌溉用水与粮食生产研究

种度量方法关注的是农民的管理能力而不是灌溉系统的节水潜能,它提供的信息是在产出、技术及其他投入要素不变的情况下的灌溉用水效率。

1.2 效率测算方法选择

目前学术界主流的效率测算方法分为非参数方法和参数方法,非参数方法以数据包络分析(DEA)为代表,参数方法以随机前沿分析法(SFA)为代表。DEA 运用线性规划的理论,通过构建生产前沿面来测算决策单元的相对效率水平,该方法的优点在于无须对生产函数的形式做出假设,从而避免了由于函数设定误差所带来的问题,但它作为一种数学线性规划方法,并不具有统计特征,不能对整个生产过程进行统计描述,无法对模型进行假设检验,对随机误差造成的效率损失不能分离测算,这也是其局限性所在。故本研究采用参数分析方法(SFA)来测算灌溉用水的效率。

1.3 数据来源

本研究拟从微观层面对农户的灌溉用水效率进行测算。鉴于数据的可获得性和易处理性,以小麦灌溉用水作为研究对象,以安徽省蒙城县作为实地调研地点,于 2011 年 4 月对个体农户的小麦灌溉用水行为进行问卷调查,总共发放问卷 250 份,回收有效问卷 237 份,问卷回收率达 94.8%。安徽是我国的小麦主产地之一,研究当地的小麦灌溉用水效率,并探索影响农户灌溉用水效率的因素,对于提高农户层面的灌溉用水效率,保证我国粮食安全具有重要的现实意义。

2 灌溉用水效率实证分析

本研究将根据 Battese 和 Coelli 开发的效率损失影响模型,通过改进的随机前沿分析方法在前人研究的基础上做进一步的探索学习。

2.1 模型介绍

2.1.1 农户生产技术效率测定模型

为了测定基于农户层面的生产技术效率,首先要对随机前沿生产函数的形式进行设定,假设 Y_i 为第 i 个农户的农业产出,随机前沿生产函数模型可表示为:

$$Y_i = f(X_{ij}, W_i, \beta) \exp(v_i - u_i) \qquad (1\text{-}1\text{-}1)$$

式中：W_i 表示第 i 个农户的灌溉用水量；X_{ij} 表示第 i 个农户除灌溉用水量之外的第 j 种投入要素；β 为待估参数；$v_i \overset{iid}{\sim} N(0, \sigma_v^2)$ 为服从独立正态分布假设的随机误差，主要包括测量误差、经济波动、气候变化等在农业生产中不可控的因素；u_i 是非负的随机误差，表示管理误差项，反映生产技术的效率损失；$u_i \overset{iid}{\sim} N^+(0, \sigma_u^2)$ 服从半正态分布，且 v_i 与 u_i 是相互独立的，并独立于其他投入变量 X_{ij}。从式(1-1-1)中可以得出，生产技术有效的产出水平 $\hat{Y}_i$ 可以通过设定 $u_i = 0$ 来实现。那么，第 i 个农户的生产技术效率水平可表示为：

$$TE_i = Y_i / \hat{Y}_i = Y_i / f(X_{ij}, W_i, \beta) \exp(v_i) = \exp(-u_i) \qquad (1\text{-}1\text{-}2)$$

农户生产技术效率 $TE_i = \exp(-u_i)$ 表示的是农业的实际产出与可能实现的最大产出之间的偏离，可以衡量个体农户能够在现有技术水平下实现最大产出的能力。

为了进一步得到 Kopp 所定义的灌溉用水效率，需要事先对随机前沿生产函数的形式进行设定，通过构建 C-D 生产函数形式的随机前沿模型对灌溉用水效率进行分析。在此，式(1-1-1)可表示为：

$$\ln Y_i = \beta_0 + \sum_j \beta_j \ln X_{ij} + \beta_\omega \ln W_i + v_i - u_i \qquad (1\text{-}1\text{-}3)$$

模型中的参数估计是基于极大似然估计方法进行的，为了研究复合误差项之间的关系，假设 $\sigma^2 = \sigma_u^2 + \sigma_v^2$，$\gamma = \sigma_u^2 / \sigma^2$，那么 $\gamma \in (0, 1)$。如果 γ 越是接近于 1，则说明实际产出与生产前沿面之间的距离主要是由于生产的非效率引起的，这时需要运用随机前沿的极大似然估计进行分析；如果 γ 越是接近于 0，则说明实际产出与生产前沿面之间的差距主要是来自统计误差等随机误差，这时只需要使用最小二乘法(OLS)进行估计就可以了。

2.1.2 农户灌溉用水效率测定模型

灌溉用水作为生产函数的投入要素，为了测算单要素的技术效率，在此假设农业产出一定条件下的最小可行灌溉用水量是 $\hat{W}_i$，灌溉用水技术有效状态下的产出水平为 $\hat{Y}_i^w$，对应式(1-1-3)的有效产出表示如下：

$$\ln \hat{Y}_i^w = \beta_0 + \sum_j \beta_j \ln X_{ij} + \beta_\omega \ln \hat{W}_i + v_i \qquad (1\text{-}1\text{-}4)$$

假设式(1-1-3)和式(1-1-4)相等，那么：

$$\beta_\omega \ln \frac{\hat{W}_i}{W_i} + u_i = 0 \qquad (1\text{-}1\text{-}5)$$

由式(1-1-5)可得农户的灌溉用水效率估计公式为：

$$TEW_i = \text{Min}\{\beta: f(X_{ij}, W_i, \beta) \geqslant Y_i(\hat{W}_i)\}$$
$$= \hat{W}_i / W_i = \exp\left(\frac{-u_i}{\beta_\omega}\right) \quad (1\text{-}1\text{-}6)$$

2.2　数据分析与参数估计

本章以小麦的单位面积产量为产出变量 $Y(\text{kg/hm}^2)$，投入变量包括种子投入 $S(\text{元/hm}^2)$、化学投入 $F(\text{元/hm}^2)$、机械投入 $M(\text{元/hm}^2)$、劳动力投入 L(人·天/hm^2)和灌溉用水投入 $W(\text{m}^3/\text{hm}^2)$，投入产出变量的统计描述见表 1-1-2。

据此，公式(1-1-3)可具体表示为：

$$\ln Y_i = \beta_0 + \beta_1 \ln S_i + \beta_2 \ln F_i + \beta_3 \ln M_i + \beta_4 \ln L_i + \beta_5 \ln W_i + (v_i - u_i)$$
$$(1\text{-}1\text{-}7)$$

运用 Frontier 4.1 软件对生产函数进行参数估计，从表 1-1-3 可得，γ 等于 0.916 6，并通过显著性检验，说明实际生产与前沿面的距离主要是由技术非效率引起的，这也体现了运用 SFA 对技术效率进行测算的必要性。五个投入变量的系数都为正，符合经济学意义，说明投入对产出具有促进作用，增加投入有利于产出的增加，就单个投入要素而言，化学投入、劳动力投入和灌溉用水投入都在 1% 的显著性水平下通过了检验，种子投入和机械投入也是整个农业生产中必不可少的投入要素，但两者都没有通过显著性检验，这可能与调研点的选择有关，本调研点农户基本都采用具有抗旱特征的高品质麦种，其中以炎龙 19 最为典型，所以农户种子投入的变异性比较小，而在机械投入方面，该地区在犁地、播种和收割阶段都已实现机械化，人工劳动已被机械化所代替，并且机械化程度也比较均衡，这些因素可能是种子投入和机械投入估计结果不显著的原因，此外，限于调研条件的制约，本研究所得的样本容量还不够大，这也可能会影响回归结果的显著性。

由式(1-1-2)和式(1-1-6)，可得农户灌溉用水效率为：

$$TEW_i = (TE_i)^{\frac{1}{\beta_\omega}} = (TE_i)^{\frac{1}{\beta_5}} \quad (1\text{-}1\text{-}8)$$

经 Frontier 4.1 软件测算的农户生产技术效率和农户灌溉用水效率值如表 1-1-4 所示。农户农业生产技术效率平均值为 0.875 7，灌溉用水效率平均值为 0.482 1，低于王晓娟、李周的测算结果，但高于王学渊的测算结果，这可能是由农户所处的农业生产环境、农业生产技术水平、生产函数形式设定的不同等因素引起的。表中农户的农业生产技术效率和灌溉用水效率都处于技术无效水平，具有很大的改进空间，而且农业生产技术效率明显高于灌溉用水效率，几乎是灌溉用水效率的两倍，可见基于农户层面的农业灌溉用水效率处于比较低的水平，与随机前沿面的距离较大，灌溉用水存在很大的浪费现象。

表 1-1-2　投入产出变量的统计描述

	产量 Y （kg/hm²）	种子投入 S （元/hm²）	化学投入 F （元/hm²）	机械投入 M （元/hm²）	劳动力投入 L （人·天/hm²）	灌溉用水投入 W （m³/hm²）
均值	6 760.28	606.30	2 483.40	1 656.60	41.40	5 744.55
标准误差	55.13	10.05	31.05	17.40	1.05	113.70
最小值	4 050.00	270.00	975.00	600.00	15.00	2 700.00
最大值	9 187.50	1 140.00	3 600.00	2 400.00	180.00	9 750.00

数据来源：调研数据计算整理得到。

表 1-1-3　C-D 随机前沿生产函数模型的参数估计结果

		coefficient	standard-error	t-ratio
C	β_0	5.019 4***	0.279 9	17.926 4
lnS	β_1	0.013 4	0.031 8	0.422 1
lnF	β_2	0.114 3***	0.036 1	3.169 8
lnM	β_3	0.007 4	0.038 1	0.194 3
lnL	β_4	0.219 6***	0.030 9	7.098 2
lnW	β_5	0.160 9***	0.025 3	6.354 9
σ^2		0.034 2***	0.004 2	8.057 1
γ		0.916 6***	0.033 1	27.674 3
log likelihood function				179.419 6
LR test of the one-sided error				27.574 7
Mean efficiency				0.875 7

注：*，**，***分别表示在 10%，5%，1%的置信水平下显著。

从农业生产技术效率和灌溉用水效率的频数分布可以看出，农业生产技术效率的分布比较稳定，主要集中于 80%～100%的效率水平，其中 80%～90%的效率水平占了 35.86%的比例，90%～100%的效率水平占了 48.52%的比例，说明在同一生产区域，农户所处的农业生产环境比较类似，农业生产技术水平也比较一致，所以测算而得的基于农户的生产技术效率水平比较集中。而在农业灌溉用水效率方面，则表现出较大的波动性，每个效率值阶段都有所分布，其中 20%～80%的阶段分布的比例相对更高一些，但可变性也比较明显，所以这可能是受到了农户自身及其他一些外部因素的影响。基于此，本研究将对影响农户灌溉用水效率的因素做进一步的回归分析。

表 1-1-4　农户生产技术效率和灌溉用水效率频数分布

效率值（％）	农户生产技术效率			灌溉用水效率		
	样本数量	比例（％）	累计比例（％）	样本数量	比例（％）	累计比例（％）
0—10	0	0.00	0.00	10	4.22	4.22
10—20	0	0.00	0.00	17	7.17	11.39
20—30	0	0.00	0.00	30	12.66	24.05
30—40	0	0.00	0.00	28	11.81	35.86
40—50	0	0.00	0.00	34	14.35	50.21
50—60	2	0.84	0.84	34	14.35	64.56
60—70	8	3.38	4.22	39	16.46	81.01
70—80	27	11.39	15.61	32	13.50	94.51
80—90	85	35.86	51.48	13	5.49	100.00
90—100	115	48.52	100.00	0	0.00	100.00
均值		0.875 7			0.482 1	
最小值		0.538 1			0.018 9	
最大值		0.979 7			0.876 9	

数据来源：本研究计算整理得到。

3　灌溉用水效率影响因素分析

3.1　变量选择及模型设定

以上研究表明,灌溉用水效率的测算是根据生产技术效率的参数估计和误差项计算得到的,所以这里无法用一步估计法对影响灌溉用水效率的因素进行估计,而需要采用两阶段估计法进行深入分析。

灌溉用水效率(被解释变量)的取值范围是一个开区间(0,1),这就面临了数据的截取问题,在这种情况下,如果采用普通最小二乘法(OLS)对模型进行回归,则估计结果将是有偏和不一致的,为了避免此类误差,在此可采用受限因变量模型(Tobit 模型)对参数进行估计。

$$TEW_i = \begin{cases} \delta_0 + \sum_k \delta_k Z_{ki} + \xi_i, \delta_0 + \sum_k \delta_k Z_{ki} + \xi_i > 0 \\ 0, \delta_0 + \sum_k \delta_k Z_{ki} + \xi_i \leqslant 0 \end{cases} \quad (1\text{-}1\text{-}9)$$

式中:Z_{ki}为影响农户灌溉用水效率的自变量;δ_0,δ_k为待估参数;ξ_i为服从正态分布的误差项。表 1-1-5 为变量及其统计描述,进一步的回归估计结果见表

1-1-6,模型可具体表示为：

$$TEW_i = \delta_0 + \delta_1 age_i + \delta_2 education_i + \delta_3 labor_i + \delta_4 land_i$$
$$+ \delta_5 A - proportion_i + \delta_6 recognition_i + \delta_7 W - \text{cost}_i$$
$$+ \delta_8 D1_i + \delta_9 D2_i + \delta_{10} D3_i + \delta_{11} D4_i + \xi_i$$

$$(1-1-10)$$

3.2 参数估计与结果分析

基于以上理论基础,本章运用 Eviews 5.0 对 Tobit 模型进行回归分析,模型的参数估计结果如表 1-1-6 所示。

(1)自家庭联产承包责任制实施以来,农业生产方式从集体统一安排向农户单独管理方式转变,小农经济的生产活动导致农户基本上是按劳动经验安排农业生产。随着农民年龄的增长,他们在农业生产中的经验也比较丰富了,对农业生产的技术掌握也比较纯熟了,能够对农作物的生产周期有更好的把握,这些都是农业生产能力提高的原因,对灌溉用水效率的提高具有正的影响。

表 1-1-5 农户特征及其他外部因素的统计描述

	变量	均值	标准差	最小值	最大值
农户年龄(岁)	age	51.27	0.74	23.00	80.00
受教育年限(年)	education	5.70	0.25	0	16.00
农业劳动力(人)	labor	2.34	0.07	1.00	6.00
灌溉面积(hm²)	land	192.30	6.45	19.50	540.00
农业收入(万元/年)	A-income	1.80	0.10	0.10	10.00
总收入(万元/年)	T-income	3.36	0.29	0.40	34.00
用水成本(元/hm²)	W-cost	541.20	5.55	150.00	1 425.00
			样本数	所占比例(%)	
对水资源紧缺的认识程度	recognition	1=不紧缺	34	14.35	
		2=有时紧缺	71	29.96	
		3=紧缺	105	44.30	
		4=非常紧缺	27	11.39	
灌溉水来源	D₁	0=河灌	58	24.47	以河灌为基准
		1=井灌	179	75.53	
是否采用节水技术	D₂	0=否	187	78.90	以不采用节水技术为基准
		1=是	50	21.10	
是否为村干部	D₃	0=否	213	89.87	以不是村干部为基准
		1=是	24	10.13	
是否参加过农业培训	D₄	0=否	203	85.65	以没参加过培训为基准
		1=是	34	14.35	

数据来源:本研究计算整理得到。

气候变化、农业灌溉用水与粮食生产研究

（2）农户受教育程度对灌溉用水效率的影响为正，但并不显著。理论上，农户受教育程度越高，农户对农业生产技术的掌握也更好，有助于提高其农业生产能力，但实际中可能存在这样的情况，随着农户受教育年限的提高，农户各方面的生产技能都具有优势，农户的生产劳动趋于多元化，甚至把更多的时间和精力投入到具有更高投资回报率的非农产业中去，所以导致了对灌溉用水效率影响不显著。

（3）农业劳动力人数对灌溉用水效率的提高具有正向影响。农业劳动力作为农业生产的重要投入要素，具有不可替代的作用，尽管随着农业机械化程度的不断发展，更多的农业劳动被机械化所替代，但这并不能动摇农业劳动力在推进农业生产发展中的地位，农业劳动力的智能劳动对农业灌溉用水效率的提高起到很大的推动作用。

表 1-1-6　Tobit 回归模型的估计结果

	Variable	Coeificient	Std. Error	z-Statistic	Prob.
常数项	C	−0.038 0	0.072 6	−0.523 2	0.600 8
农户年龄（岁）	age	0.001 8*	0.001 0	1.776 8	0.075 6
受教育年限（年）	$education$	0.002 5	0.002 8	0.886 2	0.375 5
农业劳动力（人）	$labor$	0.043 1***	0.010 8	3.993 1	0.000 1
灌溉面积（hm²）	$land$	0.003 1*	0.001 8	1.747 0	0.080 6
农业收入占总收入的比重（%）	$A\text{-}proportion$	0.001 7***	0.000 6	2.982 2	0.002 9
对水资源紧缺的认识程度（1=不紧缺，2=有时紧缺，3=紧缺，4=非常紧缺）	$recognition$	0.028 7***	0.011 0	2.602 8	0.092
用水成本（元/hm²）	$W\text{-}cost$	−0.008 7***	0.002 2	−4.013 6	0.000 1
灌溉水来源（0=河灌，1=井灌）	D_1	0.294 3***	0.043 6	6.755 5	0.000 0
是否采用节水技术（0=否，1=是）	D_2	0.108 1***	0.030 1	3.596 9	0.000 3
是否为村干部（0=否，1=是）	D_3	0.032 8	0.038 8	0.845 3	0.398 0
是否参加过农业培训（0=否，1=是）	D_4	0.020 9	0.027 9	0.748 7	0.454 0
Log likelihood	133.503 4				

注：＊＊＊，＊＊，＊分别表示在 1%，5%，10% 的置信水平下显著。

（4）农业灌溉面积的扩大对灌溉用水效率具有正向影响，说明随着灌溉面积的增大，灌溉用水效率也得到相应的提高，这种现象在当前的农业生产中还是存在的。随着农村劳动力的大量转移，农业劳动力不足的现象日趋严重，小农经济已不符合当前的农业生产实际，农业的规模化生产将有利于农业资源的整合和效率的提高，农业的规模化生产对灌溉用水效率的提高也起到一定的促进作用。

（5）农业收入在总收入中所占的比重越多，农户灌溉用水的效率也越高，这说明随着农户生产形式的多样化发展，农户的收入来源已不再局限于农业生产，非农收入成为家庭总收入的重要组成部分。只有以农业生产为主要收入来源的农户才会对农业生产倾注更多的精力和资本,所以其农业灌溉用水的效率比较高;而以非农收入为主要来源的农户,其农业生产往往比较粗放,甚至任由其自由生长而不加管理,从而导致灌溉用水效率得不到提高。

(6)从农户对当前水资源紧缺程度的认识来看,农户对水资源紧缺的认识程度越高,其灌溉用水效率也越高。农户的水危机意识越强,农户的用水行为也越谨慎,对水资源的保护力度也更强,在灌溉过程中会更多地考虑节水灌溉,尽量避免水资源的无谓损失,所以对农户的节水意识进行合理的宣传和引导将有助于农户灌溉用水效率的提高。

(7)从价格理论方面考虑,农户用水成本的增加将对灌溉用水效率的提高起到一定的促进作用。但实证分析表明,农户的用水成本对效率的提高具有负影响,且高度显著,这与常理不符,可能与调研地点的选择有关。该县的农田水利设施比较落后,未能对灌溉用水量进行准确计量,灌溉用水管理方式比较粗放,灌溉水费要么按亩收取,要么由农户自己安排灌溉,不收取任何灌溉费用,农户的灌溉成本主要是取水成本、由燃油费和电费等组成的能源费用,因此用水成本不能体现水资源的商品价值。并且在有些行政村,为了鼓励农户及时安排灌溉,并且使用节水灌溉方式,政府对农户的灌溉行为给予一定的专项补贴,这在一定程度上减轻了农户的用水成本,让农户产生了生产成本下降的错觉,所以在模型的回归分析中,用水成本的增加对提高灌溉用水效率的影响并不显著。这也说明该地区应及早制定合理的农业灌溉水价机制。

(8)在灌溉水来源方面,相对于河灌,井灌方式更有利于灌溉用水效率的提高。这可能是由于在井灌方式中,农田离机井的距离相对比较近,灌溉用水的输水损失也比较小。采用井灌方式的农户可以根据作物的生长需要及时安排灌溉,有利于作物生长,并且安接的软管喷头有利于水的均匀灌溉,易于作物对水分的吸收,再加上河灌区的水利工程老化失修,渠道渗透比较严重,造成灌溉用水极大的浪费,所以在水资源紧缺地区,井灌方式更有利于灌溉用水效率的提高。

(9)节水技术对灌溉用水效率的提高具有很大的正效应。调研地点主要采用低压管道的节水灌溉方式,低压管道能有效避免灌溉过程中的输水损失,再配合移动式喷灌技术的实施,起到了很好的节水效果。鉴于节水灌溉的田间固定投资额比较大,为了推广使用节水灌溉技术,政府对农户采用节水技术应提供一定的财政专项补贴。

(10)村干部的特殊村民身份对灌溉用水效率的影响并不显著。这可能是由于本研究调查的村干部数量比较有限,或者村干部作为村委会的行政领导,在具体的农业生产中并不具备更高的生产技能,所以其对灌溉用水效率没有直接的影响。

（11）农业培训理论上应该对农户的生产水平起到一定的促进作用。通过培训农户可以获得最新的农业生产技能,对农业生产中的投入产出做出最有效的生产安排,从而对灌溉用水效率的提高产生正向的影响,但事实并非如此。可能是由于村里组织的农业培训都是流于形式,华而不实,农户在培训中学不到具体的有用信息,或者所提供的培训内容过于先进,与现有的生产技术条件不符,不能将所学技术投入到实际的生产实践中,所以导致实证分析结果不显著。

4 主要结论与政策建议

4.1 主要结论

本研究运用随机前沿分析方法(SFA)对农户层面的生产技术效率进行测算,在生产函数的构建中,以亩均产量作为产出变量,以种子、化学、机械、劳动力、灌溉用水投入作为农业生产中必不可少的投入要素构建 C-D 生产函数,并在农业生产技术效率测算的基础上得出作为单要素的灌溉用水的效率值。计算结果显示:不管是农业技术效率还是灌溉用水效率都没有达到技术有效的水平,都存在一定的改善空间,而且相对于农业生产技术效率,农业灌溉用水效率值更低,农业灌溉的节水空间更大;在效率值的分布方面,农业生产技术效率分布比较集中,而基于农户的灌溉用水效率值则比较分散,表现出很大的波动性。采用Tobit 模型对影响农户灌溉用水效率的因素做进一步的深入分析,结果表明:农户种植经验的提高、农业劳动力的有效投入、农业的规模化生产、农户节水意识的增强、井灌方式的推广、节水灌溉技术的采用、灌溉水价的改革等都对提高灌溉用水效率产生积极的影响。

4.2 政策建议

针对农业灌溉用水中存在的问题,为了有效提高农户的灌溉用水效率,实现水资源的可持续利用,提出以下几点建议。

（1）倡导农业规模化生产。倡导农业的适度规模化生产是未来我国农业发展的必然选择,农业的适度规模化有利于农业资源的整合和效率的提高,农业的规模化发展将更多的耕地资源整合在一起,同时也把更多的农业劳动力资源等其他生产要素集合在一起,要素投入的充裕和合理安排将有助于各投入要素的高效利用,灌溉用水作为不可或缺的投入要素其效率必将得到有效提高。此外,规模化生产更便于对农户进行集中的农业培训,授予农户科学的农业生产技术,以保障粮食的高产稳产,所以农业的适度规模化生产将更有利于灌溉用水效率的提高及农业的可持续发展。

（2）推广节水灌溉技术。随着政府对节水灌溉技术的推广,节水灌溉技术的试点运作起到了一定的宣传效应。目前我国的节水技术主要是以渠道防渗和低压管道为主,而喷灌、微灌等精准高效节水灌溉技术的发展还比较滞后。这一方面是受到了资金不足的制约,节水技术所需的固定资产投入比较大,需要政府的资金扶持才能使节水技术被广泛采用;另一方面,我国家庭联产承包责任制的实施也对节水技术的推广造成了一定的制约,自给自足的农业生产形式使得农户对技术提升的积极性不高,而且节水技术的规模效益比较明显,而小范围的小农生产优势并不显著,所以农业的规模化生产也是推广节水技术的有利条件。

（3）改革灌溉水价机制。价格是实现资源配置的有效手段,在农业灌溉用水中,不收费和按亩收费的现象十分普遍,农民的节水灌溉意识比较薄弱,工程上量水设施的不完善等都是制约水价机制改革的短板。某些按用水量进行收费的试点灌区,水费征收标准也很不统一,往往以提水成本作为水价的基础,这不能体现水资源的商品价值。必须积极推进水价机制改革,充分发挥水价对水资源的调节作用,同时兼顾效率与公平,在促进节约灌溉用水的同时,决不能以牺牲农民的利益为代价,需要考虑农户对水价的承受能力和支付意愿,在对灌排工程的运营管理费用进行适当财政补贴的基础上,探索实行农民定额内用水享受优惠水价、超定额用水累进加价的办法。

（4）提高农户节水意识。农业用水的粗放使用对农户节水意识的提高产生了很大的负面影响,小农经济的生产意识让农户在水资源这种公共资源的消费方面显得尤为低效,粗放的灌溉用水方式造成了水资源的严重浪费,进一步加剧了水资源的紧缺程度。所以应该从微观层面对农户的用水行为进行科学的宣传引导,让农户充分意识到水资源的紧缺现状和水资源的战略属性。农户节水意识的提高有助于农户合理规划灌溉用水行为,根据农作物的生长周期和自然环境有效安排农业灌溉,将对灌溉用水效率的提高有很大的促进作用。

此外,参与式灌溉管理是水利管理制度改革的发展方向,农户参与灌溉管理制度的推广应引起相关部门的高度重视。由于灌溉用水效率受到多方面因素的影响,灌溉用水效率的提高将有赖于工程、管理、技术等多领域的不断强化和改进。因此在落实 2011 年中央一号文件,加快水利事业改革发展中必须多管齐下,利用现有资源条件,充分调动各个层面的参与积极性,推动水利建设的发展,提高水资源利用效率。

第 2 章
井灌区玉米灌溉用水效率及其影响因素
——以河南省滑县、山东省巨野县农户数据为例

华北平原是我国重要的粮食生产基地,黄淮海三大流域浇灌着全国超过1/3的耕地,但是人均水资源量仅占全国人均水资源量的 1/6。由于地下水超采、地表水分布不均,华北平原面临水资源短缺的困境。有研究表明,华北平原超过 1/2 的面积处于深层漏斗或浅层漏斗区。2016 年中央一号文件《中共中央国务院关于落实发展新理念加快农业现代化实现全面小康目标的若干意见》提出,到 2020 年农田有效灌溉面积达到 6 667 万 hm^2,农田灌溉水有效利用系数提高到 0.55 以上,加快重大水利工程建设,并且对农业用水效率等方面提出了更高的要求。为帮助华北平原走出农业用水效率低下、农业用水短缺的困境,本研究拟通过对河南省滑县、山东省巨野县玉米的灌溉用水效率的影响因素进行分析,运用超越对数随机前沿生产函数测算出玉米的农业技术效率,再使用偏要素生产率模型测算出玉米的灌溉用水效率,通过 Tobit 模型分析影响农户效率差异的因素,从科学的角度为提高农户灌溉用水效率提出对策建议,以期为井灌区玉米的科学灌溉提供参考。

在井灌区农业用水方面,已有一些国内外学者做了相关研究。井灌区在农业地下水开采量 1.01 亿 m^3 的基础上分别增加-14%,-29%,29%,地下水埋深分别上升 0.33 m,0.64 m,-0.45 m,表明减少农业用水量是遏制地下水水位持续下降的有效措施。王昕等通过对华北平原纯井灌区山东省桓台县农户进行调研,发现通过制定节水高产的灌溉制度,确定科学的灌溉用水量,推广节水技术,可以使山东省桓台县每年减少灌溉用水量 5 m^3/hm^2,减少无效水分蒸发量 120 m^3/hm^2,达到节水的目的。赵勇等对 320 户井灌区的农户灌水定额进行统计,发现农户之间灌水定额差异很大。李国正等通过 C-D 随机前沿生产函数测算,得出井灌区农田灌溉系数为 0.7 左右,较国内发达地区和国外低 20%~

30%,粮食作物的水分生产率为 1.3 kg/m³,世界中等发达国家作物水分生产率为 1.5 kg/m³。曹建民等运用 258 个村的数据研究表明,近 10 年井灌区农村地下水水位呈现下降趋势,其中黄河、海河流域最为严重,井灌区农业灌溉、深水机井比例的增加会加速水位的下降,农村工业用水需求的增加也加速了地下水位的下降。王晓磊等通过对石家庄井灌区农户进行调研,由农户灌溉行为分析了农户的节水潜力,得出农户在正常年下,单位面积可以节约灌溉量 204.1 mm,井灌区具有巨大的节水潜力。冯保清等对 2007—2012 年全国纯井灌区 5 种灌溉类型建立了灌溉水有效利用系数模型,结果表明,微灌、喷灌灌溉面积占比对灌溉水有效利用系数的影响程度最大。在农业用水效率方面,国内外一些学者已经做过一些研究。Omezzine 等从投入角度利用基于 C-D 生产函数形式的随机前沿分析方法考察了节水技术措施对灌溉用水效率的积极作用;Karagiannis 等通过对 50 个农户的截面数据,利用超越对数随机前沿生产函数方法分析了具体因素对灌溉用水效率的影响。在国内相关研究方面,王晓娟等利用超越对数生产函数、C-D 生产函数形式对水资源的利用效率进行实证分析。目前,已经有一些学者对井灌区农户节水潜力、农户用水量差异方面做了研究与探索,但对井灌区农户灌溉用水效率的影响因素的研究还比较缺乏。华北平原井灌区为人均水资源量极度匮乏的地区,且农业用水占总用水量的 2/3,对华北平原农户灌溉用水效率进行测算及影响因素分析是极其必要的。

1 研究区概况和数据来源

1.1 研究区概况

研究数据来自笔者所在课题组 2016 年 7 月对黄河流经的华北平原的农户进行的实地调研。本研究采用河南省滑县和山东省巨野县的数据进行研究。

滑县位于豫北平原,地理位置为 114°23′—114°59′E,35°12′—35°47′N,东临河南省濮阳市,北临河南省鹤壁市浚县、河南省安阳市内黄县,西与河南省新乡市延津县相连,南与河南省新乡市长垣县、封丘县接壤,滑县辖 10 镇,全县面积 1 814 km²,耕地面积 11.4 万 hm²。滑县全县节水灌溉面积占 40.1%,水浇地占耕地面积的 99%以上;有 1 019 个行政村,农业人口占总人口的 92%;农民人均耕地面积 0.113 hm²。滑县是传统的农业大县,农业灌溉完全依靠地下水,井深 50~70 m。该地气候湿润,降水量较充沛,平均气温 13.7 ℃,平均降水量 634.3 mm,适宜种植小麦、玉米、大豆、花生、棉花等农作物。

巨野县位于中国山东菏泽,北临郓县,西南与定陶区、成武县接壤,东临济宁。巨野县水资源总量 3.76 亿 m^3,可利用地表水 1.3 亿 m^3,可利用地下水 2.47 亿 m^3,巨野县人均水资源储量 413.1 m^3。巨野县的农田水利设施建设受益于小型农田水利建设重点县项目,大部分设施是近几年新建的,农业灌溉情况良好。巨野县现有约 9.73 万 hm^2 耕地,主要种植玉米、小麦,还有部分种植大蒜、辣椒、棉花等。巨野县境内河道众多,水资源充沛,井深 30 m 左右,是全国平原绿化达标示范县之一。

1.2　研究区水费构成分析

调研区域灌溉费用的收取标准由各个村集体自行制定,根据各村集体的特点可以自行进行调整。根据对滑县、巨野县的调研发现,灌溉费用的收取主要有 2 种形式。在滑县主要是收取灌溉提水费,全县以收取电费为主,提水消耗的电量与地下水埋深、水泵的功率、提水量有直接的关系。巨野县灌溉费用的收取主要分为 2 种形式,在实行世行三期和小农水建设的地区,大多数村集体收取的灌溉费用包括提水费、管水员的务工费用;另一种方式是采取"地下水保收,河水补源"的做法,收取 10 元/(人·年)的黄河水资源费用(即使灌溉水源不是黄河水的村镇也要收取黄河水资源费,因为黄河水起到补给地下水的作用,使用地下水的同时间接使用了黄河水),灌溉费用中电费占 1/3 以上。

1.3　数据来源和调查方法

具体调研地点位于华北平原的河南省滑县、山东省巨野县。之所以选择这 2 个地点,是因为滑县是纯井灌区,巨野县则采取"井灌保收,河水补源"的做法。选取这 2 个地点研究井灌区的农业用水灌溉情况具有代表性。滑县选择道口镇、白道口镇、留固镇、王庄镇、万古镇、牛屯镇、枣村乡、赵营乡、半坡店乡 9 个乡(镇),巨野县选取大义镇、章缝镇、柳林镇 3 个镇,采取分层抽样、随机抽样的方法在每个镇(乡)选取 2~3 个村进行入户调研,同时对村干部进行访谈,共抽取 28 个行政村,发放 300 份问卷,收回有效问卷 289 份,其中滑县 199 份,巨野县 90 份,有效问卷率达 96%。

1.4　样本农户的基本特征

由表 1-2-1 可以看出,样本农户具有 2 个基本特征。(1)调研数据中农业收入占家庭总收入的 50% 以下的仅有 40.83%,远远低于许朗等研究中的数值,是因为本调研数据中含有 129 户大户,大户经营粮食作物面积较大,农业收入是家庭的主要收入来源;去除 129 户大户,对 160 户农户进行统计可以得出,54.4%农户农业收入占家庭总收入的比例低于 30%,72.5%的农户农业收入占比低于 50.00%,该数值仍低于许朗等的研究,可能是因为滑县、巨野县是传统的农业大县。尽管如此,仍可以看出,对于普通农户,农业收入不是家庭收入的主要来源。(2)调研结果显示,50 岁以上的农户占 50.86%,这个结论低于其他学者的结果,可能与滑县是农业大县有关。调研的农户受教育年限在 9 年以下的占 73.36%,该结果略低于其他学者的研究结果,可能与调研数据中包含 129户大户有关。因为大户的文化水平普遍较高,这与滑县农业技术推广中心在筛选新型农民的过程中将文化教育作为参考标准也有一定关系。

表 1-2-1 调研样本描述性统计结果

调研内容	选项	频数(人或户)	占比(%)	调研内容	选项	频数(人或户)	占比(%)
政治面貌	党员	49	16.96	本村职务	村干部	39	13.49
	其他	240	83.04		其他	250	86.51
年龄(岁)	≤40	46	15.92	家庭经营耕地面积(hm²)	≤0.333	70	24.22
	41—50	96	33.22		0.334—0.666	120	41.52
	51—60	78	26.99		0.667—1.333	49	16.96
	>60	69	23.87		>1.333	50	17.30
受教育年限(年)	0(文盲)	6	2.08	农业收入占家庭收入的比例(%)	≤20	58	20.07
	1—5	57	19.72		21—50	60	20.76
	6—9	149	51.56		51—80	104	35.99
	>9	77	26.64		>80	67	23.18

数据来源:本研究计算整理得到。

2 模型设定和变量选择

2.1 模型设定和方法的选取

2.1.1 技术效率模型

技术效率的模型如下:

$$\ln y_i = \beta_0 + \beta_1 \ln w_i + \beta_2 \ln(x_1)_i + \beta_3 \ln(x_2)_i + 1/2\beta_4 (\ln w_i)^2 + \beta_5 \ln(x_1)_i \ln w_i + \beta_6 \ln(x_2)_i \ln w_i + 1/2\beta_7 [\ln(x_1)_i]^2 + \beta_8 \ln(x_1)_i \ln(x_2)_i + 1/2\beta_9 [\ln(x_2)_i]^2 + v_i + u_i \tag{1-2-1}$$

式中:i 为农户的序号;y 为单位面积农产品的产量,kg/hm²;w 为单位面积的灌溉用水量,m³/hm²;x_1 为单位面积的资本投入,包括种子、化肥、农药、雇工的费用和机械费用,元/hm²;x_2 为单位面积的劳动力投入情况,工/hm²;v_i 为随机误差项,表示农户控制不了的因素;u_i 为非负随机误差项,代表生产中的技术无效部分,即样本单元的产出与生产可能性边界的距离。

2.1.2　偏要素生产率模型

偏要素生产率模型:

$$IE_i = \exp[(-\xi_i \pm \sqrt{\xi_i^2 + 2\beta_4 u_i})]/\beta_4 \tag{1-2-2}$$

式中:i 为农户的序号;IE 为灌溉用水效率;ξ_i 的表达式为

$$\xi_i = \frac{\partial \ln y_i}{\partial \ln w_i} = \beta_1 + \beta_5 \ln(x_1)_i + \beta_6 \ln(x_2)_i + \beta_4 \ln w_i \tag{1-2-3}$$

2.1.3　效率差异解释模型(Tobit 模型)

效率差异解释模型:

$$\ln IE_i = \delta_0 + \sum_{k=1}^{n} \delta_k Z_k + e_i \tag{1-2-4}$$

式中:Z_k 为灌溉用水效率的解释变量,共有 9 个解释变量:户主年龄(岁),户主受教育程度(年),家庭的土地资源禀赋(hm²),土地平整度(无,1=平整,2=有些不平整,3=非常不平整),土地畦宽(m),是否使用节水设施(无,1=使用,0=不使用),农户对水资源稀缺程度的认知(无),水价(元/m³),非农就业占总人口的比例(%);δ_k 为待估参数。

水价为每个农户上交给管水员的费用。农户上交的水价不仅包括提水费用(表现为农业电费),还包括管水员的工资、维修机井等灌溉设施的费用。由于机井等维修费用和管水员的工资标准不同,各行政村缴纳的单位水价标准不同。

本研究用非农收入占家庭总收入的比例表示非农就业对农户灌溉用水效率的影响。农户对水资源稀缺程度的认知用数字 1～5 表示,1 表示认为水资源非常稀缺,5 表示认为水资源不短缺,从 1～5 的程度越来越弱。农户的土地资源禀赋用农户的有效灌溉面积来表示,因为旱地不能获得灌溉,靠天吃饭,只有水浇地会影响农户的灌溉用水效率。农户的管水能力用户主的年龄、受教育年限来表示。

2.2　变量选取

2.2.1　技术效率测算变量的选取

玉米生产的各投入要素分为 3 个部分:(1)资本投入,包括种子成本、化肥、农药、机械成本;(2)劳动投入,包括自家工投入、雇佣劳动的投入;(3)灌溉用水的使用。

2.2.2 效率差异变量的选取

根据已有学者的研究和实地调研可知,井灌区农户灌溉用水效率是多种因素综合作用的结果,农户的灌溉用水效率往往与农户自身的特征、外界环境有关,主要有以下几点:(1) 户主的年龄、受教育程度;(2) 家庭的土地资源禀赋、非农劳动占家庭人口总数的比重、水价;(3) 土地的平整程度、畦宽;(4) 心理认知特征,即对水资源是否紧缺的认知程度。

根据以上分析,可以得到 $\ln IE$=(户主年龄,户主受教育程度,家庭的土地资源禀赋,非农就业占家庭总人口的比重,水价,土地平整度,土地畦宽,是否使用节水设施,农户对水资源稀缺程度的认知)。农户灌溉用水效率的影响因素如图 1-2-1 所示。

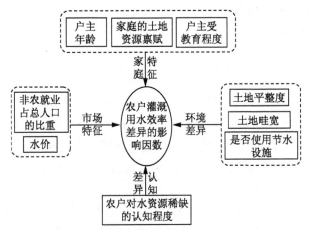

图 1-2-1 农户灌溉用水效率的影响因素

3 结果与分析

3.1 技术效率和灌溉用水效率测算结果

本研究采用 Frontior 4.1 对模型进行最大似然值估计,表 1-2-2 是超越对数随机生产前沿函数的参数估计结果,模型通过似然比检验,说明模型是可行的、适宜的。由表 1-2-2 还可以看出,灌溉用水、资本的投入、劳动力的投入所得到的系数都是正的,这与预估的情况相符。在一定限度下,投入的资本、劳动力、灌溉用水越多,得到的产出越大。γ=0.88,在 1% 的水平上是显著的,说明边界生产函数的误差主要来自生产技术的无效率,占 88%,剩下的部分都是由农户不可控的因素造成的,占 12%。

表 1-2-2　超越对数随机生产函数模型估计结果

变量	估计参数	t 检验值
常数项	0.70	0.136
灌溉用水	0.18	0.545
资本投入	0.83***	0.408
劳动力投入	0.56	0.309
灌溉用水的平方	−0.23	−0.26
灌溉用水×资本投入	−1.10	−2.90
灌溉用水×劳动力投入	0.69	0.22
资本的平方	−0.15***	−0.96
资本投入×劳动力投入	0.22	0.39
劳动力投入的平方	−1.90***	−1.30
σ^2	0.02***	
γ	0.88***	
对数似然函数值	491	

注:表中的数据根据本研究整理得到;*,**,***分别表示在10%,5%,1%水平上显著。

由表 1-2-3 可知:(1) 农户农业生产技术效率的均值是 0.876,这说明在目前技术状态和投入情况不变的状态下,消除技术损失,产量可以提高 12.5%,灌溉用水效率的均值为 0.543;(2) 井灌区农户灌溉用水效率明显低于农业生产技术效率,农户灌溉用水效率集中分布在 31%～40%。

表 1-2-3　不同农户农业生产技术效率频数分布

效率值(%)	农户生产技术效率			灌溉用水效率		
	样本数量(个)	比例(%)	累计比例(%)	样本数量(个)	比例(%)	累计比例(%)
21～30	0	0	0	67	23.31	23.31
31～40	0	0	0	146	50.45	73.76
41～50	0	0	0	46	15.94	89.70
51～60	2	0.69	0.69	30	10.30	100.00
61～70	6	2.08	2.77	0	0	100.00
71～80	36	12.46	15.23	0	0	100.00
81～90	127	43.94	59.17	0	0	100.00
91～100	118	40.83	100.00	0	0	100.00
均值		0.876			0.543	
最大值		0.979			0.832	
最小值		0.556			0.243	

3.2　农户灌溉用水效率差异影响因素的结果分析

表 1-2-4 给出了影响农户灌溉用水效率的因素分析结果。根据对农户灌溉

用水效率的影响因素的回归结果可以得出以下结论。（1）土地的平整度对农户灌溉用水效率的影响为正。这是符合农田灌溉的实际情况的，对农田进行精细耕作，土地平整度越高，农户灌溉时，需要花费的时间越短，农户的灌溉用水效率越高。（2）田地的畦宽对农户的灌溉用水效率的影响为负。事实证明，适合的畦田规格是提高用水质量、减少深层渗漏损失、节水增产的关键，也是田间节水系统建设的重要内容之一。有些农户为了减少劳作时间，使得畦田的宽度大于最合适的宽度。适宜的入畦宽度可以使得水量均匀地流入田内，减少地面的淤积或冲刷。（3）是否使用地埋管道等节水设施对农户灌溉用水效率影响十分显著。配套水泵、机井、地埋管道、射频卡取水系统等减少了从机井到田间地头的水资源渗漏，地埋管道的水利用系数为0.9以上，极大地减少了水资源不必要的浪费。节水设施的使用大大减少了人工劳动力的投入。（4）对水资源稀缺的认知程度对农户的灌溉用水效率影响为正。（5）家庭特征对农户灌溉用水效率影响不显著。农户对作物进行灌溉通常按照自己的种植经验，与农户的年龄、家庭的非农就业没有显著的关系。（6）市场特征对农户灌溉用水效率影响不显著。因为就水价而言，调研地区内部没有差异，农户认为水价是正常的，所以不会因为水价的高低而增加或减少用水量。调研地区中滑县只收取提水费用，巨野县收取提水费、管水员的工资、灌溉设备的维修费用。

表1-2-4　农户灌溉用水效率影响因素的估计结果

类别	变量	系数	t 检验值
常数项	C	0.361 60***	2.88
家庭特征	户主年龄	0.001 17	1.19
	受教育程度	0.000 98	−0.27
	家庭土地资源禀赋	0.000 19	1.23
市场特征	非农就业	−0.009 10	0.97
	水价	−0.168 00	0.97
环境特征	土地平整度	0.039 80***	2.53
	土地畦宽	−0.168 17***	−3.80
	是否使用节水设施 D（使用记为1，不使用记为0）	0.216 90***	9.97
认知程度	对水资源稀缺程度的认知	0.125 40***	2.71
调整后的 R^2	0.16		
D.W统计量	2.335		
F 值	4.906		

注：同表1-2-2注。

4 结论与政策建议

4.1 结论

家庭联产承包责任制使得农户可以根据自己的意愿安排农业生产活动,选择灌溉用水量。对农户灌溉用水效率进行测算,可以分析农户的节水潜力;对农户灌溉用水效率的影响因素进行分析,可以寻找提高农户用水效率的方法。根据本研究的测算结果得出以下结论:(1)井灌区农户灌溉用水效率高于全国农户灌溉用水效率水平,但仍然低于世界发达国家的平均水平,农户的灌溉用水效率普遍低于农业技术效率;(2)通过对灌溉影响因素的分析发现,畦田的宽度、畦田的平整度、是否使用节水技术、农户对水资源短缺的认知程度等对农户的灌溉用水效率有显著影响。

4.2 政策建议

(1)建议农户进行科学种田,畦田的宽度对灌溉用水效率有显著影响。根据水泵型号、出水量确定畦田的宽度,可以明显节约灌溉用水量。根据水利局提供的合理的畦田宽度可知,最适宜的畦田长度为 40~50 m,不同井泵、土壤质地对应的适宜的畦田宽度、入畦流量不同。例如:井泵出水量为 30 m³/h,土壤土质为轻壤、中壤土时,适宜畦宽为 1 m,入畦适宜单宽流量为 5.4~6.7 L/(s·m);土壤土质为重壤、黏土时,适宜畦宽为 2 m,入畦适宜单宽流量为 4.3~5.4 L/(s·m)。井泵出水量为 40 m³/h,土壤土质为轻壤、中壤土时,适宜畦宽为 1~2 m,入畦适宜单宽流量为 5.4~6.7 L/(s·m);土壤土质为重壤、黏土时,适宜畦宽为 2~3 m,入畦适宜单宽流量为 4.3~5.4 L/(s·m)。井泵出水量为 50 m³/h,土壤土质为轻壤、中壤土时,适宜畦宽为 2 m,入畦适宜单宽流量为 5.4~6.7 L/(s·m);土壤质地为重壤、黏土时,适宜畦宽为 2~3 m,入畦适宜单宽流量为 4.3~5.4 L/(s·m)。井泵出水量为 60 m³/h,土壤土质为轻壤、中壤土时,适宜畦宽为 2~3 m,入畦适宜单宽流量为 5.4~6.7 L/(s·m);土壤质地为重壤、黏土时,适宜畦宽为 2 m,入畦适宜单宽流量为 4.3~5.4 L/(s·m)。

(2)提倡进行精细耕作。根据土地的平整度、玉米生长周期的需水量进行灌溉可以节约灌溉用水量。

(3)推广节水灌溉技术。在井灌区使用最多的节水技术是地埋管道和配套的射频刷卡设备。使用节水技术的农户大大节省了劳动力人工费用,地埋管道的使用使得机井到田地里这段距离的用水系数高达 0.9 以上。由于地埋管道等输水设备的使用,使得田地与机井的距离对灌溉用水效率的影响不显著。因此,井灌区大力提倡使用节水灌溉设备。目前,在滑县节水灌溉面积达到 40.1%,井灌区节水灌溉设施的投入以政府为主导。

(4) 对水资源的稀缺性进行宣讲教育。一直以来我们注重城市用水紧缺的宣传教育,忽视了对农村农户进行节约水资源教育的重要性。农业用水占总用水量的 70% 左右,对农户进行节约用水的教育是极有现实意义的。

(5) 推广耐旱品种的种植,合理优化种植结构。目前玉米品种已推出耐旱节水的品种,干旱一般可使玉米减产 20%~30%,是玉米生产的重要限制性因素。随着干旱的加剧,耐旱玉米品种的推广具有广阔的空间。

第 3 章
中国粮食主产省(区)农业生态效率评价与比较
——基于 DEA 和 Malmquist 指数方法

　　生态效率是衡量经济发展和生态环境和谐统一的重要指标之一。1992 年世界可持续发展工商业联合会定义生态效率为:"通过提供满足人类需要和提高生活质量的有价格竞争优势的产品与服务,同时使整个生命周期的生态影响与资源强度逐渐降低到一个至少与地球的估计承载能力一致的水平来实现,并同时达到环境与社会协调发展的目标。"世界经济合作发展组织认为生态效率就是"生态资源满足人类需要的效率",可将其视为一种产出与投入的比值。1995年,Claude Fussler 在《工业生态效率的发展》文中对如何运用生态效率指导产业可持续发展进行了阐述。近年来,生态效率的应用范围逐渐扩大。

　　目前中国农业经济在快速发展的同时面临严重的环境问题。农户普遍采取"高投入高产出"的生产模式,生产资料过量投入、温室气体排放、秸秆焚烧等诱发的农业面源污染不仅威胁到农产品质量安全,破坏人类生存环境,同时也严重制约农业的可持续发展。近年学术界对农业生态效率问题日益关注。周震峰认为提高农业生态效率不但应关注农业资源的最大限度利用,还应重视减轻农业废弃物造成的内源性污染,从根本上解决农业环境污染问题。吴小庆以盆栽水稻实验为例从微观上测算了农业生态效率,并建立农业生态效率评价指标体系,运用偏好锥的 DEA 模型对无锡市 1998—2008 年农业生态效率进行了评价。陈遵一运用 DEA 方法,对安徽省 17 个地市的农业生态效率进行了综合分析。潘丹将农业面源污染作为非期望产出指标,采用非径向、非角度的 SBM 模型测算中国 30 个省(市、区)的农业生态效率,并给出了农业生态效率的改善途径。程翠云利用基于机会成本的经济核算方法对中国 2003—2010 年的农业生态效率进行总体分析与评价,并运用回归模型分析农业生态效率的影响因素。结果表明,中国农业生态效率总体水平比较低,但呈逐年好转趋势,劳动力资源和 COD

环境要素在不同时期对生态效率增长起到关键作用。

可以看出,学者们关于农业生态效率的研究已取得丰硕成果,但已有研究多是从全国省域层面或者市域层面,缺乏针对粮食主产区的专门研究。2003 年,财政部依据各地主要农产品产量等指标明确黑龙江、吉林、辽宁、内蒙古、河北、河南、山东、江苏、安徽、江西、湖北、湖南、四川共 13 个省(区)为粮食主产区。研究拟以粮食主产区为研究对象构建农业生态效率评价指标体系,搜集整理该区域 2000—2012 年农业生产和污染产排的相关数据,运用 DEA 方法测算其农业生态效率水平,并运用 Malmquist 指数方法进行动态分析,探究粮食主产区农业生态环境变化趋势与根源。

1 研究方法与数据来源

目前,现有文献关于生态效率的测度方法归纳起来主要有单一比值法、指标体系法和模型法。其中单一比值法即按照价值和影响的比值计算,操作简单,但不利于从整体上对资源潜力进行挖掘。指标体系法通过事先设定评价指标可以综合衡量社会、经济和自然子系统的协调关系,但指标选取和权重确定具有一定主观性。模型法主要是通过运用 DEA 方法,结合投入产出数据分析资源环境约束下的农业系统资源利用效率,能够弥补前两种方法的不足。因此,DEA 方法被广泛运用到生态效率的研究中。

DEA 方法是 Charnes 等于 1978 年提出的一种以线性规划为工具,对相同类型决策单元(DUM)的相对有效性进行评价的非参数统计方法。该方法无须设定模型的具体形式,也无须对数据进行无量纲化处理,可以避免人为设定权重对测算结果的主观影响。DEA 模型可以分为规模报酬可变模型(VRS)和规模报酬不变模型(CRS)。在 VRS 模型中,技术效率(也称综合效率)分解为纯技术效率和规模效率两部分。本研究旨在研究粮食主产区农业生态效率水平,并试图找出其低效的原因,因而采用 VRS 模型进行分析,以期从技术和规模上提出相应的改进建议。

Malmquist 指数方法基于 DEA 方法提出,是目前使用比较广泛的效率动态评价方法。它是利用距离函数的比率来计算决策单元投入产出效率变动情况。距离函数的构造思路为:以 t 时期的技术为参照,t 时期的生产点 (x^t, y^t) 与当期生产前沿面的距离函数为 $D^t(x^t, y^t)$,$t+1$ 时期的生产点 (x^{t+1}, y^{t+1}) 与 t 时期生产前沿面的距离函数为 $D^t(x^{t+1}, y^{t+1})$,距离函数 $D^{t+1}(x^t, y^t)$ 和 $D^{t+1}(x^{t+1}, y^{t+1})$ 的含义同上类似。在 VRS 的假设条件下,Fare 等人构造出从 t 时期到 $t+$

1 时期的 Malmquist 指数,如式(1-3-1),并通过等价变换将其分解为综合技术效率变动指数($effch$)和技术效率变动指数($techch$)两部分,而综合技术效率变动指数($effch$)又可分解为纯技术效率变动指数($pech$)和规模效率变动指数($sech$)两部分,如式(1-3-2)。

$$M_{t,t+1} = \left[\frac{D^t(x^{t+1}, y^{t+1})}{D^t(x^t, y^t)} \times \frac{D^{t+1}(x^{t+1}, y^{t+1})}{D^{t+1}(x^t, y^t)}\right]^{1/2} \tag{1-3-1}$$

$$M_{t,t+1} = \frac{D^{t+1}(x^{t+1}, y^{t+1} \mid VRS)}{D^t(x^t, y^t \mid VRS)} \cdot \left(\frac{D^{t+1}(x^{t+1}, y^{t+1} \mid CRS)}{D^{t+1}(x^{t+1}, y^{t+1} \mid VRS)} \cdot \frac{D^t(x^t, y^t) \mid VRS}{D^t(x^t, y^t) \mid CRS}\right)$$

$$\cdot \left[\frac{D^t(x^{t+1}, y^{t+1})}{D^{t+1}(x^{t+1}, y^{t+1})} \times \frac{D^t(x^t, y')}{D^{t+1}(x^t, y^t)}\right] 1/2 \tag{1-3-2}$$

$$= peach \times sech \times techch$$

因此可得 $M = effch \cdot techch = pech \cdot sech \cdot techch$。当 $M > 1$ 时,表示从 t 时期到 $t+1$ 时期农业生态效率水平提高,反之则表示农业生态效率水平下降。$effch$ 表示从 t 到 $t+1$ 时期每个 DUM 对生产前沿面的追赶程度,若 $effch > 1$,表示 DUM 在后一期与前沿面的距离相对于前一期的距离较近,故相对效率提高,反之则表示相对效率下降。$techch$ 表示从 t 时期到 $t+1$ 时期生产技术的变动,若 $techch > 1$,表示技术进步,反之则表示生产技术有衰退趋势。$pech$ 表示管理水平的改善使效率发生变动情况,若 $pech > 1$,表示效率提升,反之则表示效率下降。$sech$ 代表 DUM 从长期来看向最优生产规模的靠近程度的变化情况,若 $sech > 1$,表示 DUM 向最优生产规模靠拢,反之则表示偏离最优生产规模。

2 指标选取与数据来源

农业生态效率注重的是农业经济与生态环境的协调发展,其本质是以最少的资源投入和最小的环境代价获取最高的经济价值,使农业具有可持续的生产潜力。这与 DEA 方法对投入与产出指标的要求一致。本研究将资源要素和环境代价(污染)作为投入指标,而将经济价值作为产出指标,同时考虑到农业生产的特点、数据的可获得性以及科学性,构建适用于粮食主产区的农业生态效率评价指标体系。本研究的农业范畴是指农林牧渔业的大农业,其中资源投入是指在农业生产过程中以各种形式投入的要素,包括物质资本、人力资本、中间费用等。综合前人研究,选取化肥、农药、农膜、土地、水资源、电力机械和劳动力作为农业生产的资源投入,以农用化肥施用量(S_1)表征化肥的投入,以农药使用量表征农药的投入(S_2),以农用塑料薄膜使用量(S_3)表征农膜的投入,以农作物播种面积(S_4)表征土地的投入,以农业机械总动力(S_5)表征电力机械的投入,以有效灌溉面积(S_6)表征水资源的投入,以农林牧渔业从业人数(S_7)表征人力的投入。环境污染是农业生产过程中客观存在的,选取农业生产中排放的主要污染物总氮(S_8)和化学需氧量(S_9)来表征环境要素的投入。同时选取农林牧渔业总产值表征农业的产出。

本研究投入产出指标数据均源于 2000—2013 年的《中国统计年鉴》《中国农村统计年鉴》以及 13 个粮食主产区历年相关统计资料。由于目前农业污染源排放缺乏有效的监测数据,故借鉴程翠云、李君等的研究方法,利用 2007 年全国第一次污染源普查的农业源排放数据,根据不同年份农用化肥施用量、禽畜养殖业和水产养殖业产量的关系,估算出不同年份各个粮食主产区农业生产的化学需氧量和总氮排放量,最终整理出 2000—2012 年全国 13 个粮食主产区的面板数据。

3 基于 DEA 模型的农业生态效率评价

运用 DEAP 2.1 软件,选择基于投入导向的可变规模效率 DEA 模型,将整理的面板数据集代入模型求解,得到 2000—2012 年中国粮食主产区农业生态效率评价结果(表 1-3-1)。

从表 1-3-1 可知,2000—2012 年中国粮食主产区农业生态效率均值仅为 0.928,小于 1,尚未达到有效的生产前沿面。各地区的农业生态效率水平变化很大,存在明显差异。只有辽宁、内蒙古、江苏、湖南、湖北和四川 6 个省(区)的农业生态效率值为 1,这些省(区)的投入产出相对已达到最优水平。其余 7 个省份的农业生态效率都处于相对较低水平,尤以河南最低,年均农业生态效率水平只有 0.537,亟须调整投入和产出的比例来推进农业生态效率的提高,以达到有效状态。

表 1-3-1　2000—2012 年粮食主产区农业生态效率评价结果

地区	2000	2001	2002	2003	2004	2005	2006	2007	2008	2009	2010	2011	2012	年均
黑龙江	0.856	0.994	0.996	1.000	1.000	1.000	1.000	1.000	1.000	1.000	1.000	1.000	1.000	0.988
吉林	1.000	0.949	1.000	1.000	0.993	1.000	0.965	0.974	0.914	0.920	0.872	0.837	0.833	0.943
辽宁	1.000	1.000	1.000	1.000	1.000	1.000	1.000	1.000	1.000	1.000	1.000	1.000	1.000	1.000
内蒙古	1.000	1.000	1.000	1.000	1.000	1.000	1.000	1.000	1.000	1.000	1.000	1.000	1.000	1.000
河北	0.968	0.974	0.934	0.942	0.909	0.867	0.861	0.986	0.964	0.957	1.000	0.958	0.916	0.941
河南	0.532	0.528	0.487	0.493	0.546	0.567	0.514	0.808	0.521	0.513	0.534	0.472	0.465	0.537

地区	2000	2001	2002	2003	2004	2005	2006	2007	2008	2009	2010	2011	2012	年均
山东	0.844	0.875	0.829	0.934	0.909	0.897	0.929	0.987	0.990	0.995	0.983	0.924	0.881	0.921
江苏	1.000	1.000	1.000	1.000	1.000	1.000	1.000	1.000	1.000	1.000	1.000	1.000	1.000	1.000
安徽	0.817	0.784	0.775	0.762	0.778	0.730	1.000	0.724	0.763	0.780	1.000	0.748	0.726	0.799
江西	1.000	1.000	0.999	1.000	0.950	0.931	0.976	0.968	0.888	0.935	0.873	0.853	0.859	0.941
湖北	1.000	1.000	1.000	1.000	1.000	1.000	1.000	1.000	1.000	1.000	1.000	1.000	1.000	1.000
湖南	1.000	1.000	1.000	1.000	1.000	1.000	1.000	1.000	1.000	1.000	1.000	1.000	1.000	1.000
四川	1.000	1.000	1.000	1.000	1.000	1.000	1.000	1.000	1.000	1.000	1.000	1.000	1.000	1.000
均值	0.924	0.931	0.925	0.933	0.930	0.922	0.942	0.957	0.926	0.931	0.943	0.907	0.898	0.928

为具体分析粮食主产区不同年份农业生态效率的变化情况,选取 2000 年和 2012 的评价结果进行对比(表 1-3-2)。

(1) 从综合效率看,2000 年有 8 个省(区)(吉林、辽宁、内蒙古、江苏、江西、湖北、湖南、四川)达到 DEA 有效,其余 5 省份均为非 DEA 有效,其中河南的农业生态效率水平最低;2012 年仅有辽宁、内蒙古、江苏、湖北、湖南、四川 6 个省(区)仍为 DEA 有效,而吉林和江西两省变成非 DEA 有效,主要是由于规模效率下降引起的,黑龙江则变成了 DEA 有效,河南的农业生态效率水平依然最低,明显落后其他地区。将 2000 年和 2012 年的农业生态效率综合评价值进行对比(图 1-3-1),可以看出有 5 个省份农业生态效率呈下降趋势,尤以吉林和江西下降趋势最明显,安徽、河北、河南次之;而黑龙江和山东的农业生态效率有了缓慢提高;其他省(区)综合效率值不变,保持在 DEA 有效的最优状态。

表 1-3-2　2000 和 2012 年粮食主产区农业生态效率评价结果

地区	2000 年				2012 年			
	综合效率	技术效率	规模效率	规模收益	综合效率	技术效率	规模效率	规模收益
黑龙江	0.856	1.000	0.856	递增	1.000	1.000	1.000	不变
吉林	1.000	1.000	1.000	不变	0.833	1.000	0.833	递增
辽宁	1.000	1.000	1.000	不变	1.000	1.000	1.000	不变
内蒙古	1.000	1.000	1.000	不变	1.000	1.000	1.000	不变
河北	0.968	0.969	0.999	递减	0.916	0.920	0.996	递增
河南	0.532	0.534	0.996	递增	0.465	0.503	0.925	递增
山东	0.844	1.000	0.844	递减	0.881	1.000	0.881	递减
江苏	1.000	1.000	1.000	不变	1.000	1.000	1.000	不变
安徽	0.817	0.845	0.966	递增	0.726	0.796	0.912	递增
江西	1.000	1.000	1.000	不变	0.859	1.000	0.859	递增
湖北	1.000	1.000	1.000	不变	1.000	1.000	1.000	不变
湖南	1.000	1.000	1.000	不变	1.000	1.000	1.000	不变
四川	1.000	1.000	1.000	不变	1.000	1.000	1.000	不变

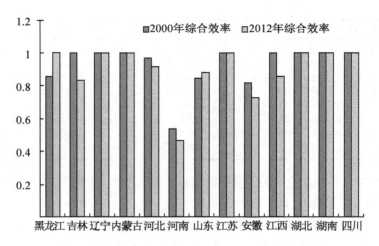

图 1-3-1　2000 年和 2012 年粮食主产区农业生态效率

（2）从技术效率看，2000 年除吉林、辽宁、内蒙古、江苏、江西、湖北、湖南和四川 8 省（区）达到技术有效外，黑龙江和山东也达到了技术有效，说明这 10 个粮食主产区各种农业生产资源组合达到最优，并使农业生产带来的污染排放达到最低，而其余 3 省份则需进一步改善要素的投入结构；2012 年，河北、河南和安徽技术效率仍未达到有效，且都处于下降趋势，说明这 3 个省份需进一步优化产业结构，彻底调整农业生产要素的投入配置结构。

（3）从规模效率看，2012 年黑龙江、辽宁、内蒙古、江苏、湖北、湖南和四川 7 省（区）的规模效率值均为 1，农业生产已达到最优生产规模，只需保持现有投入比例不变即是最优配置。吉林、河北、河南、安徽和江西 5 省份为规模效率递增，说明这些省份有必要扩大生产规模，在原有生产要素投入比例的基础上适当增加要素投入量，使其得到更加合理的利用和配置，就会带来更高比例的产出增加。山东则处于规模效率递减阶段，需要在不改变其生产要素配置结构的前提下，适当减少要素的投入会得到相应的产出，同时达到节约资源、减少污染排放的目的。

根据 DEA 分析结果，得到将非有效的 DUM 转变为有效 DUM 的冗余变量 S_j^- 的取值，即达到同等产出时，投入要素的可减少量，如表 1-3-3 所示（只分析 2012 年）。以河南为例，2012 年农业生态效率的综合效率、技术效率和规模效率均为非 DEA 有效，且在评价期间，各项效率值都呈下降趋势，说明其农业生产投入产出一直未达到最优状态，资源的组合配置不但没有得到优化提升反而下降，生产经营方式更加粗放，应该尽快转变农业生产方式，实行规模化经营，合理配置农业生产要素的投入。为达到同样的农业经济产值,2012 年河南在优化农业产业布局、改善种植模式、加大科技投入、调整农业生产要素投入比例的基础上,可以减少化肥投入量 89.418 万 t,减少农作物播种面积 906.173 千 hm²,减少农业机械投入 2 275.415 万 kW,减少农林牧渔业从业人员 653.237 万人,同时可以使农业污染排放物总氮流失量减少 2.868 万 t,化学需氧量减少 2.392 万 t(表 1-3-3)。

表 1-3-3　2012 年非 DEA 有效粮食主产区投入变量的松弛变量取值

地区	S_1(万 t)	S_2(万 t)	S_3(万 t)	S_4(千 hm²)	S_5(万 kW)	S_6(千 hm²)	S_7(万人)	S_8(万 t)	S_9(万 t)
黑龙江	0.000	0.000	0.000	0.000	0.000	0.000	0.000	0.000	0.000
吉林	0.000	0.000	0.000	0.000	0.000	0.000	0.000	0.000	0.000
辽宁	0.000	0.000	0.000	0.000	0.000	0.000	0.000	0.000	0.000
内蒙古	0.000	0.000	0.000	0.000	0.000	0.000	0.000	0.000	0.000
河北	8.579	0.000	0.230	584.093	5 735.750	613.169	545.129	0.000	0.000
河南	89.418	0.000	0.000	906.173	2 275.415	0.000	653.237	2.868	2.392
山东	0.000	0.000	0.000	0.000	0.000	0.000	0.000	0.000	0.000
江苏	0.000	0.000	0.000	0.000	0.000	0.000	0.000	0.000	0.000
安徽	0.534	1.424	0.000	0.000	1 375.166	259.549	540.432	0.000	0.000
江西	0.000	0.000	0.000	0.000	0.000	0.000	0.000	0.000	0.000
湖北	0.000	0.000	0.000	0.000	0.000	0.000	0.000	0.000	0.000
湖南	0.000	0.000	0.000	0.000	0.000	0.000	0.000	0.000	0.000
四川	0.000	0.000	0.000	0.000	0.000	0.000	0.000	0.000	0.000

4　基于 Malmquist 指数的效率分析

运用 DEAP 2.1 软件对 2000—2012 年中国粮食主产区的面板数据集进行 Malmquist 指数分析,得到 13 个粮食主产区分年和分省(区)的 Malmquist 指数及其分解的计算结果(表 1-3-4,表 1-3-5)。

表 1-3-4　2000—2012 年粮食主产区农业生态效率分年的 Malmquist 指数及分解

年份	综合技术效率变动指数/effch	技术进步变动指数/techch	纯技术效率变动指数/pech	规模效率变动指数/sech	Malmquist 指数/tfpch
2001	1.007	1.026	1.002	1.005	1.033
2002	0.990	1.024	0.992	0.998	1.013
2003	1.010	1.035	1.002	1.007	1.045
2004	1.000	1.197	1.007	0.993	1.198
2005	0.992	1.043	0.997	0.996	1.035

年份	综合技术效率 变动指数/effch	技术进步 变动指数/techch	纯技术效率 变动指数/pech	规模效率 变动指数/sech	Malmquist 指数/tfpch
"十五"期间	1.000	1.065	1.000	1.000	1.065
2006	1.020	1.041	1.007	1.012	1.061
2007	1.025	1.202	1.022	1.003	1.233
2008	0.958	1.159	0.969	0.989	1.111
2009	1.005	0.994	0.998	1.006	0.998
2010	1.015	1.117	1.022	0.994	1.134
"十一五"期间	1.005	1.103	1.004	1.001	1.107
2011	0.956	1.173	0.974	0.981	1.122
2012	0.990	L074	0.994	0.995	1.063
平均值	0.997	1.088	0.999	0.998	1.085

由表 1-3-4 可知,2000—2012 年中国粮食主产区 Malmquist 指数均值为 1.085,农业生态效率整体呈现上升趋势。综合技术效率和技术进步分别为 0.997 和 1.088,说明农业生态效率上升的主要原因在于技术进步的提升。这种现象表明粮食主产区农业生产技术进步和综合技术效率损失并存,粮食主产区在对现有资源合理配置、现有前沿技术的适应性改良、扩散和推广应用方面不太成功,需要尽快改善这一现状,否则将造成农业生产的低效、资源配置的浪费以及环境污染的加剧。此外,"十五"期间,粮食主产区 Malmquist 指数均值为 1.065,"十一五"期间,这一指标值上升为 1.107,较"十五"期间有了一定提升,表明中国农业生产在"十一五"期间初步实现了节能减排、建设"两型社会"的目标,农业生态效率不断好转。整个评价期间,2007 年 Malmquist 指数达到最高值 1.233,可能得益于农村生产体制改革、农业科技进步、农田水利建设、农作物品种优化以及耕作制度改良等因素。

从综合技术效率变动指数(effch)的角度看,2002、2005、2008、2011 和 2012 共 5 年的 effch 值都小于 1,其余年份的 effch 值都大于 1,表明技术效率呈增长趋势,其中 2007 年增长最快,达到了 2.5% 的增长率。综合技术效率的变动主要是由纯技术效率(pech)和规模效率(sech)引起的,从表 1-3-4 可知,纯技术效率(pech)的变动趋势与综合技术效率一致,是导致综合技术效率偏低的主要原因,说明在这 13 年间中国粮食主产区农业生产管理力度相对不够,生产要素投入不合理,农业面源污染排放治理不显著。由规模效率(sech)可知,仅有 2001、2003、2006、2007、2009 共 5 年的 sech 值大于 1,其余各年都小于 1,由此可知,粮食主产区有 8 年的农业生产投入要素的配置结构不合理,需要进行相应调整。可以通过提升管理水平、改善规模投入即可有效提高综合技术效率,进而推动农业生态效率的提升。

从技术进步变动指数(techch)的角度看,仅有 2009 年是小于 1 的,表明农业生产技术在不断进步,且其变动趋势与 Malmquist 变动一致,是促进农业生态效率变动的主要因素,应继续加大先进技术在农业生产中的应用,依靠科技进步推动农业生态效率水平的上升。

表 1-3-5　2000—2012 年粮食主产区农业生态效率分地区的 Malmquist 指数及分解

地区	综合技术效率变动指数/effch	技术进步变动指数/techch	纯技术效率变动指数/pech	规模效率变动指数/sech	Malmquist指数/tfpch
黑龙江	1.018	1.095	1.017	1.001	1.114
吉林	0.985	1.092	1.000	0.985	1.076
辽宁	1.000	1.096	1.000	1.000	1.096
内蒙古	1.000	1.055	1.000	1.000	1.055
河北	0.991	1.095	0.993	0.999	1.086
河南	0.990	1.076	0.996	0.994	1.064
山东	1.006	1.105	1.000	1.006	1.111
江苏	1.000	1.101	1.000	1.000	1.101
安徽	0.989	1.077	0.993	0.996	1.066
江西	0.988	1.085	1.000	0.988	1.072
湖北	1.000	1.094	1.000	1.000	1.094
湖南	1.000	1.076	1.000	1.000	1.076
四川	1.000	1.081	1.000	1.000	1.081
平均值	0.997	1.088	0.999	0.998	1.085

由表 1-3-5 可知,从分地区的 Malmquist 指数看,2000—2012 年 13 个省(区)的 Malmquist 值都大于 1,其中黑龙江出现了最高增幅 11.4%,其 effch 值为 1.018,techch 值为 1.095,说明黑龙江农业生态效率的提升主要是技术进步的结果,其他粮食主产区可以借鉴并逐步加大对农业生产技术要素的投入。

5　结论及其政策含义

(1) 2000—2012 年中国粮食主产区农业生态效率均值为 0.928,未达到有效的生产前沿面。只有辽宁、内蒙古、江苏、湖南、湖北和四川 6 个省(区)的农业生态效率值为 1,投入产出比例已达到最优水平,其余 7 个省份的农业生态效率都处于相对较低水平,说明这些省份的生产资源投入要素没有得到充分高效利用,存在一定程度的效率损失,亟须调整投入和产出的比例,在农业生产过程中需要综合考虑经济效益和资源环境效益。

（2）从 2000 年和 2012 年的对比分析来看,辽宁、内蒙古、江苏、湖北、湖南和四川的农业生态效率一直保持较高水平,为 DEA 有效省(区),吉林和江西由 2000 年的 DEA 有效变成非 DEA 有效,黑龙江则变成了 DEA 有效。而河南、河北、山东和安徽都处于非 DEA 有效状态,说明粮食主产区应加强区域间合作,相互借鉴进行合理调整,尤其是经济条件相对欠发达的省份,如河南、安徽是中国中部主要产粮大省,生产资源相对匮乏,农业生产技术投入较落后,提高农业生态效率尤其重要。

（3）从动态分析来看,2000—2012 年中国粮食主产区农业生态效率整体呈现上升趋势。不过,粮食主产区农业生产技术进步和综合技术效率损失并存,同时从分省(区)数据来看,各个粮食主产区农业生态效率水平相差较大,究其原因,Malmquist 指数大小主要依赖于技术进步变动指数的变化,说明技术进步是影响农业生态效率水平高低的主要因素。因此,想要维持粮食主产区农业生产可持续发展,必须加大对农业生产技术的投入,在对农业技术研发、推广和普及的同时,加强农业生产内部管理、优化农业产业布局、改善规模投入、加大农业污染源防控是提高农业生态效率的一条可行道路。

第 4 章

基于主成分分析的江苏省水资源承载力研究

　　水资源是人类社会生存和发展的不可替代的战略资源,随着水资源短缺和水环境污染问题的日益加剧,对区域水资源承载力的研究已引起政府和专家学者的高度重视。水资源承载力是某一地区的水资源在某一具体历史发展阶段下,以可预见的技术、经济和社会发展水平为依据,以可持续发展为原则,以维护生态环境良性循环发展为条件,经过合理优化配置,对该地区社会经济发展的最大支撑能力。随着社会经济的发展,人口的增长,以及工业化、城市化进程的不断推进,对水的需求量不断增加,水资源供需矛盾日益突出,水资源短缺已逐渐成为制约经济社会可持续发展的"瓶颈"。目前,区域水资源承载力研究是 21 世纪区域水资源安全战略研究中的一个基础课题,而且水资源承载力已经是衡量区域可持续发展的一项重要指标。因此,正确地评价区域水资源的承载力,对合理充分地利用水资源以及促进区域社会经济的可持续发展具有重要的现实意义。

　　中国的淡水资源约占全球总量的 6%,在世界上排名第六,但中国的人均淡水拥有量却不足全球平均水平的 1/4,排名在 120 位之外,属于人均严重缺水国家。从淡水资源的分布看,中国 80% 以上的淡水资源集中在长江以南、长三角和珠三角等经济繁荣地区,故以位于长三角的江苏省为例对我国的水资源承载力进行研究具有一定的现实意义。本次研究将在前人研究的基础上,从时间和空间角度分别对江苏省的水资源承载力进行动态分析,运用主成分分析方法提取影响江苏省水资源承载力的驱动因子,并综合评价江苏省水资源承载力的年际变化趋势及省内各市的空间地区差异。

1　材料与方法

1.1　研究区域及数据来源

　　江苏省位于我国大陆东部沿海中心,介于东经 $116°18'$—$121°57'$、北纬

30°45′—35°20′之间。东濒黄海,西连安徽,北接山东,东南与浙江和上海毗邻。全省境内河川交错,水网密布,长江横穿东西 400 多 km,大运河纵贯南北 690 km,西南部有秦淮河,北部有苏北灌溉总渠、新沭河、通扬运河等。有大小湖泊 290 多个,全国五大淡水湖,江苏得其二,太湖和洪泽湖像两面大明镜,分别镶嵌在水乡江南和苏北平原。全省具有明显的季风气候特征,处于亚热带向暖温带过渡地带,大致以淮河—灌溉总渠一线为界,以南属亚热带湿润季风气候,以北属暖温带湿润季风气候。全省气候温和,雨量适中,四季分明。2009 年末江苏省人口达 7 724.50 万,地区生产总值占国内生产总值的 10.1%,并保持 1979 年以来年均增长 12.6% 的良好发展势头。

本研究所采用的数据资料均来自《中国统计年鉴》(2001—2010)《江苏统计年鉴》(2001—2010)《江苏省水资源公报》(2000—2009),并经过计算整理获得。

1.2 研究方法

本研究将采用主成分分析法对江苏省水资源承载力进行客观评价,主成分分析是将多个相关变量简化为少数综合主成分的多元统计方法,可以在尽可能保留原始变量信息的基础上降低变量的维度。运用 SPSS 16.0 统计软件对数据资料进行分析,主成分分析的一般步骤为:(1) 为排除量纲的影响,首先对原始数据进行标准化;(2) 计算标准化后的样本相关矩阵 R,并求 R 的特征值 λ_1, λ_2,……,λ_i;(3) 计算累计贡献率,一般按累计贡献率≥85% 的原则确定主成分数;(4) 计算主成分的特征向量和表达式;(5) 以各主成分的信息贡献率为权数,对水资源承载力进行综合评价。设 Z_i 代表第 i 个公因子(主成分)的因子得分, F_i 代表第 i 个主成分得分,λ_i 代表第 i 个公因子(主成分)对应的特征值。用 SPSS 16.0 提供的因子分析,不对因子进行旋转,根据输出结果中的因子载荷阵写出未旋转第 i 个公因子(主成分)的因子得分表达式: $Z_i = a_{1i}X_1 + a_{2i}X_2 + \cdots + a_{pi}X_p$,则第 i 个主成分得分表达式为: $F_i = \sqrt{\lambda_i}Z_i = a_{1i}\sqrt{\lambda_i}X_1 + a_{2i}\sqrt{\lambda_i}X_2 + \cdots + a_{pi}\sqrt{\lambda_i}X_p$,然后再以各主成分的贡献率为权数对江苏省的水资源承载力进行综合排名。

2 实证分析

2.1 指标选取

对区域水资源承载力进行分析时,选择合适的指标数据尤为关键,参照全国水资源供需分析中的指标体系和其他水资源评价指标体系及标准,根据科学性原则,本研究选取了 12 个指标因子对江苏省 2000—2009 年的水资源承载力进行动态综合评价。X_1 为地区生产总值(10^8 元),X_2 为固定资产投资额(10^8 元),X_3 为总人口(10^4 人),X_4 为城镇人口比重(%),X_5 为水资源总量(10^8 m^3),X_6 为地表水占比(%),X_7 为全省入境水量(10^8 m^3),X_8 为年降水量(10^8 m^3),X_9 为有效灌溉面积(10^3 hm^2),X_{10} 为城市污水日处理能力(10^4 t),X_{11} 为总供水量(10^8 m^3),X_{12} 为城市人均日生活用水量(L)。由于江苏省内地区性发展不平衡,不同地区的水资源条件和开发利用水平不同,为了更加全面、客观地了解江苏省的水资源承载力,本研究还将以江苏省 13 个地级市为研究对象,对各市的水资源承载力进行分区评价。碍于数据获得的限制,未能得到各市入境水量和总供水量的数据,但考虑到江苏省内地区经济发展水平差异较大,引入城镇居民人均可支配收入和农村居民人均纯收入两个变量作为反映各市经济发展水平的评价因子,引入城市自来水供水总量作为评价各市供水能力的因子。

2.2 结果分析

2.2.1 江苏省水资源承载力的年际变化分析

选取的反映江苏省水资源承载力的 12 个因子如表 1-4-1 所示,用 SPSS 16.0 软件进行主成分分析可得水资源承载力驱动因子的相关系数矩阵(表 1-4-2)和主成分的特征值及贡献率(表 1-4-3)。由表 1-4-2 可知,所选取的因子之间存在一定的相关关系,这是进行主成分分析的基础和条件,也进一步验证了对因子做主成分分析的必要性和科学性。从表 1-4-3 可得前两个主成分的累积贡献率已经达到了 92.496%,两大主成分比较全面地反映了影响水资源承载力变化的驱动因子,可以充分体现江苏省水资源承载力的年际变化趋势。

表 1-4-1 江苏省经济及水资源状况统计

年份	X_1 (10^8 元)	X_2 (10^8 元)	X_3 (10^4 人)	X_4 (%)	X_5 (10^8 m^3)	X_6 (%)	X_7 (10^8 m^3)	X_8 (10^8 m^3)	X_9 (10^3 hm^2)	X_{10} (10^4 t)	X_{11} (10^8 m^3)	X_{12} (L)
2000	8 553.69	2 995.43	7 327.24	41.5	440.94	72.4	454.39	1 103.10	3 900.90	712.9	445.6	265.6
2001	9 456.84	3 302.96	7 354.92	42.6	275.01	65.96	117.25	888.07	3 900.00	736.7	466.38	246
2002	10 606.85	3 849.24	7 380.97	44.7	268.02	69.29	281.75	941.39	3 886.00	800.4	478.75	225.9
2003	12 442.87	5 405.82	7 405.82	46.8	619.05	80.74	944.3	1 280.00	3 841.00	906.6	421.5	217.2
2004	15 003.60	6 827.59	7 432.50	48.2	201.11	65.85	338.4	799.55	3 839.00	1 017.80	514.6	215.8
2005	18 598.69	8 739.71	7 474.50	50.5	466.96	78.46	651.7	1 105.01	3 817.7	1 084.70	517.7	211.5
2006	21 742.05	10 071.42	7 549.50	51.9	404.4	77.82	344.86	1 041.05	3 837.7	1 224.90	540.2	204.6
2007	26 018.48	12 268.07	7 624.50	53.2	498.38	79.4	724.45	1 110.09	3 835.2	1 184.10	545.3	199.5
2008	30 981.98	15 060.45	7 676.50	54.3	378	74.3	425.3	1 013.57	3 817.1	1 432.20	549.3	205
2009	34 457.30	18 949.88	7 724.50	55.6	400.31	76.45	233.2	1 051.68	3 813.66	1 501.60	549.2	192.7

主成分载荷是主成分与变量之间的相关系数,如表 1-4-4 所示,第一主成分

与 X_1，X_2，X_3，X_4，X_{10}，X_{11} 之间存在较强的正相关关系，与 X_9，X_{12} 存在较强的负相关关系，基本涵盖了经济发展和人口的主要因子。由此可以得出，经济发展水平是影响水资源承载力的主要影响因子，随着江苏省经济的持续发展，对水资源的需求不断增长，同时在经济发展过程中，污水的大量排放也给水资源承载力造成了沉重的负担，但经济的发展和科技水平的提高，也使得城市污水处理能力得到显著增强，在水资源自然禀赋基础上的供水能力也得到逐年稳步提升。人口作为持续的外部因素，也在一定程度上影响着水资源的承载力，随着城市化进程的不断加快，近年来江苏省人口的稳定增长和外来务工人员的不断涌入，对生活用水的需求越来越大，同时人类活动又导致了水资源污染的不断加剧，给水资源承载力造成更大的压力。农业生产一直是用水大户，农业灌溉用水占了第一产业用水的 85% 左右，我国农业用水效率普遍比较低，大水漫灌造成了水资源的大量浪费，这在很大程度上降低了水资源的承载能力。第二主成分主要包括了水资源自然状况的因子，在江苏省水资源总量基本稳定的情况下，入境水量的补给在一定程度上缓解了水资源的承载压力，年均约 170 亿 m³ 的引江水量有效地保证了江苏省的供水能力，是江苏省经济社会可持续发展的坚实后盾。

表 1-4-2　江苏省水资源承载力变化驱动因子相关系数矩阵

	X_1	X_2	X_3	X_4	X_5	X_6	X_7	X_8	X_9	X_{10}	X_{11}	X_{12}
X_1	1											
X_2	0.995	1										
X_3	0.997	0.987	1									
X_4	0.959	0.949	0.962	1								
X_5	0.16	0.158	0.168	0.208	1							
X_6	0.459	0.451	0.471	0.546	0.904	1						
X_7	−0.016	−0.033	−0.002	0.126	0.842	0.735	1					
X_8	0.119	0.122	0.125	0.153	0.985	0.885	0.801	1				
X_9	−0.811	−0.813	−0.799	−0.917	−0.311	−0.592	−0.341	−0.25	1			
X_{10}	0.981	0.978	0.974	0.975	0.136	0.459	−0.007	0.095	−0.874	1		
X_{11}	0.849	0.825	0.849	0.862	−0.201	0.182	−0.246	−0.262	−0.684	0.851	1	
X_{12}	−0.822	−0.815	−0.84	−0.932	−0.176	−0.519	−0.193	−0.124	0.899	−0.861	−0.751	1

表 1-4-3　主成分的特征值和贡献率

主成分	特征值	贡献率（%）	累积贡献率（%）
1	7.609	63.407	63.407
2	3.491	29.088	92.496

表 1-4-4　因子载荷矩阵

变量	1	2
X_1	0.962	−0.182
X_2	0.954	−0.183
X_3	0.963	−0.172
X_4	0.992	−0.101
X_5	0.314	0.934
X_6	0.626	0.748
X_7	0.196	0.89
X_8	0.264	0.937
X_9	−0.916	−0.075
X_{10}	0.97	−0.191
X_{11}	0.809	−0.487
X_{12}	−0.911	0.064

从表 1-4-5 可知，Z_1，Z_2 是因子得分，F_1，F_2 是主成分得分，F 则是主成分的综合得分。主成分得分有正有负，正负并不能代表水资源承载力的真实水平，而表示水资源承载力所处的相对位置，负值表示该年份在被评价的时间段内所处的相对地位是在平均水平以下的，正值说明被评价的年份水资源承载力处于平均水平以上。综合得分 F 值越大，说明水资源承载力越大，反之越小。由表中排名可见，江苏省的水资源承载力呈现出逐年波动上升的发展趋势。随着江苏省经济社会的持续快速发展和科学技术水平的不断提高，水资源的利用效率不断改善，人们节水意识的增强也是建设节水型社会的人文基础，这都将有效缓解水资源压力，提高江苏省水资源的区域承载力。

表 1-4-5　2000—2009 年水资源承载力的综合得分

年份	Z_1	Z_2	F_1	F_2	F	排名
2000	−1.339	0.637	−3.693	1.191	−1.995	9
2001	−1.341	−0.853	−3.7	−1.593	−2.809	10
2002	−0.941	−0.555	−2.596	−1.036	−1.948	8
2003	−0.235	2.129	−0.647	3.978	0.747	6
2004	−0.376	−1.281	−1.038	−2.394	−1.354	7
2005	0.341	0.637	0.941	1.191	0.943	4
2006	0.523	−0.14	1.442	−0.262	0.838	5
2007	0.875	0.559	2.414	1.044	1.834	2
2008	1.069	−0.522	2.949	−0.976	1.586	3
2009	1.424	−0.611	3.929	−1.142	2.159	1

2.2.2　江苏省各市水资源承载力的比较分析

为了更全面地了解江苏省水资源的承载力状况，在上述分析的基础上，再对江苏省各市的水资源承载力进行比较分析,以期得到更加科学、客观的研究结果。选取以下 13 个指标因子对 13 个地级市的水资源承载力进行分析:Y_1 为地区生产总值(10^8元),Y_2 为城镇固定资产投资(10^8),Y_3 为城镇居民人均可支配收入(元),Y_4 为农村居民人均纯收入(元),Y_5 为总人口(10^4 人),Y_6 为城镇人口比重(%),Y_7 为水资源总量(10^8 m^3),Y_8 为地表水占比(%),Y_9 为有效灌溉面积(10^3 hm^2),Y_{10} 为年降水量(10^8 m^3),Y_{11} 为城市污水日处理能力(10^4 t),Y_{12} 为城市自来水供水总量(10^4 t),Y_{13} 为人均日生活用水量(L),原始数据见表 1-4-6。由表 1-4-7 可知,前 3 个主成分的累积贡献率达到了 93.093%,能很全面地反映影响各市水资源承载力的驱动因子。

由表 1-4-8 因子载荷矩阵可以看出,第一主成分与 Y_1,Y_2,Y_3,Y_4,Y_6,Y_{11},Y_{12},Y_{13} 之间有着较强的正相关关系,第二主成分与 Y_5,Y_7,Y_9,Y_{10} 之间存在较强的正相关关系。

第一主成分主要体现了经济系统的影响因子,江苏省各地区经济发展程度不同,居民收入水平差异较大,这都将不同程度地影响各市水资源承载能力。地区经济水平的不断提高,居民收入水平的不断改善是水资源承载力提高的动力源,而且随着经济的发展和科学技术水平的提高,必将带来供水能力和污水处理能力的不断增强,这又将对各市水资源承载力的提高起到积极的促进作用。第二主成分主要体现了人口和水资源自然条件的驱动因子,人口作为水资源承载力的客体,既是动力因素也是压力因素,是影响水资源承载力的主要影响因子,水资源总量和降水量更是保障水资源承载力的坚实基础。

表 1-4-6　江苏省各市经济及水资源状况统计

分区	Y_1 (10^8元)	Y_2 (10^8元)	Y_3 (元)	Y_4 (元)	Y_5 (10^4 人)	Y_6 (%)	Y_7 (10^8 m^3)	Y_8 (%)	Y_9 (10^3 hm^2)	Y_{10} (10^8 m^3)	Y_{11} (10^4 t)	Y_{12} (10^4 t)	Y_{13} (L)
南京	4 230.26	2 153.27	24 678	9 858	771.31	77.2	33.95	82.15	188.34	81.48	426.5	108 735	262.4
无锡	4 991.72	1 704.07	25 027	12 403	619.57	67.8	30.47	89.01	135.55	59.93	145.5	39 449	208.4
徐州	3 390.16	1 337.56	14 798	6 951	868.19	49.1	35.13	52.63	480.99	88.41	40.3	19 001	178.8
常州	2 519.93	1 166.48	23 392	11 198	445.18	61.2	29.22	87.71	140.18	59.49	101.8	32 794	232.1
苏州	7 740.20	2 225.98	27 188	12 969	936.95	66.3	46.23	86.33	204.8	110.01	177.3	49 341	299.9
南通	2 872.80	1 048.71	19 469	8 696	713.37	52.7	44.19	79.05	402.07	114.21	38.8	20 041	251.8
连云港	941.13	745.59	13 885	6 111	444.65	43.5	19.36	69.01	310.95	57.29	18	9 900	143.6
淮安	1 121.75	682.95	14 050	6 308	481.49	43.1	26.48	65.14	317.7	84.14	29	11 486	143.4
盐城	1 917.00	856.98	14 987	7 650	748.18	46.3	51.6	73.91	415.98	147.81	22	11 838	147.7
扬州	1 856.39	723.61	17 332	8 295	449.55	52.9	22.15	78.24	266.63	70.92	29.7	10 959	153.1
镇江	1 672.08	606.65	21 041	9642	306.94	60	24.68	88.5	133.42	52.93	36	16 432	212
泰州	1 660.92	564.2	18 079	8180	466.61	51	21	76.29	275.32	61.61	12.9	4 903	106.4
宿迁	826.85	450.75	11 149	6057	472.51	37.7	15.86	51.2	338.12	63.44	13.6	2 952	108.3

从表 1-4-9 各主成分得分及综合排名可以看出,各市的水资源承载力综合得分与第一主成分的得分基本趋于一致,这主要是由第一主成分的贡献率

(59.735%)决定的,可见经济发展水平的高低对水资源承载力的大小具有关键的影响作用,但人口因素和水资源自然条件对各市水资源承载力的影响也比较突出。从13个市的综合得分排名可以得出:整体而言,苏南的综合得分高于苏中,苏中的综合得分高于苏北,这进一步验证了经济发展对水资源承载力的促进作用,经济发展程度越高,水资源承载力相对越大。但综合排名也同时反映盐城的水资源承载力综合排名明显高于其经济发展水平得分排名,而镇江的综合得分则略低于其经济发展水平所处的位置,究其原因,各市水资源承载能力的大小还受到人口和水资源自然条件的影响。盐城所辖区域面积相对比较大,人口众多,地区水资源比较丰富,年降水量相对偏多,得益于水资源自然条件的优越性,盐城的水资源承载力呈现出偏高的态势。人口是水资源承载力的压力因素,但同时也是动力因素,镇江人口资源相对偏少,人力资本开发后劲不足,水资源条件也不具有显著优势,这都将影响地区的水资源承载能力。根据分析结果,总体而言,江苏省的水资源开发处于发展阶段,水资源的开发利用已具有一定的规模,但随着经济社会的持续发展,科技水平的提高必将有效地改善水资源的开发利用状况,地区水资源承载力还将有一定的富余空间,综合评价客观地反映了江苏省各市的水资源开发利用情况及其水资源承载潜力。

表 1-4-7 主成分的特征值和贡献率

主成分	特征值	贡献率（%）	累积贡献率（%）
1	7.766	59.735	59.735
2	3.158	24.295	84.03
3	1.178	9.063	93.093

表 1-4-8 因子载荷矩阵

变量	1	2	3
Y_1	0.904	0.171	0.078
Y_2	0.923	0.205	−0.249
Y_3	0.947	−0.233	0.201
Y_4	0.885	−0.202	0.345
Y_5	0.544	0.772	−0.203
Y_6	0.941	−0.239	−0.055
Y_7	0.518	0.782	0.297
Y_8	0.707	−0.363	0.516
Y_9	−0.494	0.848	−0.01
Y_{10}	0.161	0.929	0.211
Y_{11}	0.818	−0.059	−0.512

变量	1	2	3
Y_{12}	0.844	-0.055	-0.484
Y_{13}	0.903	0.086	0.104

表1-4-9　江苏省各市水资源承载力的综合得分

分区	Z_1	Z_2	Z_3	F_1	F_2	F_3	F	排名
南京	1.684	-0.138	-2.295	4.694	-0.245	-2.491	2.518	2
无锡	1.033	-0.769	0.391	2.879	-1.366	0.424	1.426	3
徐州	-0.412	1.245	-1.085	-1.148	2.212	-1.178	-0.255	7
常州	0.507	-1.004	0.688	1.414	-1.785	0.747	0.479	5
苏州	1.802	0.785	0.621	5.021	1.395	0.674	3.399	1
南通	0.179	1.011	0.914	0.498	1.797	0.992	0.824	4
连云港	-0.94	-0.468	-0.485	-2.618	-0.831	-0.526	-1.814	12
淮安	-0.871	0.056	-0.322	-2.427	0.1	-0.349	-1.457	11
盐城	-0.462	2.078	0.962	-1.287	3.693	1.044	0.223	6
扬州	-0.452	-0.571	0.329	-1.26	-1.014	0.357	-0.966	9
镇江	-0.035	-1.355	1.042	-0.096	-2.408	1.131	-0.54	8
泰州	-0.656	-0.671	0.312	-1.828	-1.192	0.339	-1.351	10
宿迁	-1.379	-0.202	-1.074	-3.842	-0.358	-1.165	-2.488	13

3　讨论与结论

（1）应用主成分分析法对江苏省的水资源承载力进行综合评价,能比较全面客观地反映江苏省水资源承载力的变化趋势及各市的水资源承载力状况,通过分析可把影响水资源承载力的驱动因子分为:经济发展因子、人口因子和水资源自然因子,并且经济发展水平对当地水资源承载力的影响最为关键。

（2）江苏省水资源承载力处于逐年稳步上升的发展趋势,但随着经济社会的不断发展,水资源的有限供给与持续增长的用水需求之间的矛盾将日益凸显。水资源的自然属性决定了其资源禀赋的相对稳定性,所以必须充分高效地开发水利资源,坚持以节流为主、开源为辅的水资源开发利用原则,必须大力推广节水技术,最大限度地提高工农业用水效率。

（3）江苏省较为丰富的入境水量为省内经济社会的发展提供了一定的支撑作用,沿江提水工程的建设有效地缓解了区域内的用水矛盾,这就要求相关部门进一步加强水利工程建设,充分挖掘水资源的开发潜力,提高工程的蓄水保水能力,避免入境的水资源在未实现其经济效益和社会效益之前又回流江中或流入大海。

（4）从江苏省各市水资源承载力的比较分析可以得出，苏南地区的水资源开发利用程度比较高，但随着水污染问题的日益加剧，水资源供需矛盾将进一步激化，为了实现市县经济的持续发展，必须转变原有经济发展模式，推行节水型经济，探索资源节约型的经济发展道路。而苏中苏北地区则需在可持续发展的基础上，充分挖掘水资源承载力的潜力，比如在地下水丰富的地区可以合理有效地开发利用地下水，使有限的水资源更好地为经济社会发展服务。

第5章

干旱分区视角下淮河流域农户灌溉用水效率研究

1 引言

　　中国是一个农业大国,更是一个灌溉大国,但同时也是一个干旱缺水严重的国家。我国淡水资源总量丰富,但人均水资源匮乏。依据世界银行的缺水标准,我国有 11 个省(市)已濒临严重缺水状态。2000 年以来,我国供水总量虽整体呈上升趋势,但随着当今社会工业和城市用水需求的不断增加,农业用水形势随之严峻。在我国的用水结构中,农业一直是用水大户,据水利部统计,截至 2017 年底,我国首次农业用水总量实现了零增长,但全国可利用水资源仍有 2/3 用于农业,其中灌溉用水又占 90% 左右。"十五"期间,全国平均每年灌溉缺水 300 亿 m³,其中农田受旱面积则高达 3.85 亿亩,每年因旱造成的粮食减产更是高达 350 亿 kg。"十二五"期间,全国农业节水灌溉面积占耕地面积 30% 左右,远远低于英、法、德等国家 80% 以上的节水灌溉面积比例。更有研究表明,我国现阶段灌溉用水有效利用系数只有 0.53 左右,而很多发达国家已达到 0.7~0.9。因此,灌溉节水措施越多,相对来说灌溉节水的空间就越大,故通过提高用水效率这个途径减少灌溉用水,意义重大。进一步地,要实现节水目标需要客观地评价灌溉用水效率和节水潜力,并清楚影响灌溉用水效率的各个因素的作用方向,从而实现有针对性地选择节水技术。

　　近年,全球各地均有不同程度的干旱、洪涝等自然灾害事件发生,与其他自然灾害相比,旱灾具有出现次数多、持续时间长、影响范围广等特点,因此被认为是造成农业经济损失最大的自然灾害类型之一。据统计,全球约有 1/3 的土地以及 20% 的人口长期遭受干旱灾害的影响,农业上受干旱影响造成的损失高达每年 260 亿美元,全球几乎全部的农业用地都处于干旱灾害极易发生的地区。

　　淮河流域地处我国东部,主要包含河南、安徽、江苏、山东四省,位于长江和黄河之间。由于该流域处于南北气候过渡带,所以流域降水量空间分布差异大,干旱发生频率较高。淮河流域是我国重要的农业生产基地之一,虽然其流域土地面积仅为全国的 2.9%,但耕地面积占全国的 12%,得益于其得天独厚的气候条件:温湿的气候、丰富的日照、较长的无霜期及优质的土地,淮河流域承担着全国近 20% 的粮食生产任务,是重要的粮棉油生产区。然而受地形和地理条件的影响,该流域属于气候变化的敏感性区域。加之流域处于大尺度环流之中,旱涝灾害频发对该区的农业生产影响深刻,特别是旱灾,高频率、大范围的旱灾已成为该地区农业生产的最大风险。据中国气象数据网显示,近 30 年来淮河流域地区多次发生重旱和特大旱灾害,如 1998 年秋冬季,河南受旱面积 793 300 hm²,严重地块小麦出苗率不足 70%,山东受旱面积 793 300 hm²(其中重旱 100 000 hm²),以及 2011 年淮北平原等地重旱。这些重大旱情对淮河流域乃至全国地区农业生产甚至粮食安全造成了严重威胁。同时,淮河流域面积广阔且地形复杂,作物类型多样,平原、山地及丘陵等地形的分布以及流域地形的起伏差异较大,导致流域内各区域采取的抗旱技术和措施等都存在明显的地域差异。因此,在研究农业灌溉效率的基础上,试图弄清干旱与农业灌溉效率的关系以及不同干旱分区下灌溉效率的差异,对有针对性地选择提高灌溉用水效率的技术路线意义极大。此外,鉴于干旱灾害对淮河流域作物生产造成的严重威胁,为保障粮食的稳定生产,科学应对干旱灾害,加强与深化干旱评估以及其与农业生产、灌溉关系方面的研究工作十分有必要。

自 2012 年标准化降水蒸散指数(SPEI)被引入国内以来,该指数的研究范围主要集中在气候变化背景下的研究,如分析干旱演变趋势、干旱与气候因子关系或者某区域干旱时空特征的分析等。近年,也有学者基于 SPEI 对农业生产问题深入研究,但多集中于干旱趋势对农作物产量的影响评估,包括用于作物生长模型中在不同生长期内计算干旱等级对产量的影响,但鲜有基于 SPEI 从干旱等级划分的角度对灌溉用水影响的评估。故本研究对基于 SPEI 多尺度、区域性的特点进行干旱特征分析,结合农户微观数据做回归分析,探究不同干旱等级下灌溉效率的差异。

本研究在对淮河流域进行干旱分区研究的基础上,分析不同地区间农业灌溉用水效率的差异特征及各地区的节水潜力,探索影响农田灌溉用水效率的关键因素,深入挖掘干旱分区与农业灌溉用水区域效率差异之间的内在联系,从而提出促进农户积极选择节水灌溉技术的对策建议,为我国农业高效用水政策制定与措施选择以及农业水资源管理制度的制定和完善提供理论依据与实证支持。同时,该研究对保障粮食安全、促进农业可持续发展具有重要意义。

2 概念界定、理论基础与文献综述

2.1 概念界定

2.1.1 干旱

通俗来讲,干旱是指水量不能正常满足需求的状态,即一种水分收支不平衡、水资源供求不平衡而造成的水分短缺现象。

对于干旱的定义,依不同学科、不同领域研究需求的不同而有所区别,主要分为四类:气象干旱、水文干旱、农业干旱和社会经济干旱。尽管定义不同,但降水是水资源的主要来源,气象灾害可以通过作用于其他三类灾害而对生产生活产生直接影响。故学术研究中,涉及干旱及其变化规律的研究多用气象干旱指标进行讨论。基于此,本研究从气象干旱角度进行淮河流域的分区研究,借助气象数据,利用不同的干旱指标对干旱程度进行量化。

2.1.2 灌溉用水效率

大约在 20 世纪 60 年代初,国外就提出了"灌溉效率"这一概念,包括灌溉效率(Irrigation Efficiency)、灌溉水利用效率(Efficiency of Irrigation Water Use)、水分生产率(Water Production)、作物水分利用效率(Crop Water Use Efficiency)、水分消耗百分比。其中,作物水分利用效率与水分生产率具有相似的内涵。

关于灌溉水的有效利用程度的描述,国际上常用"效率",国内常用"系数"。目前,除类似国际上的灌溉用水效率指标术语外,国内经常使用的还有灌溉水利用系数和灌溉水有效利用系数等。

2.1.3 农业灌溉用水效率

灌溉用水作为单一要素投入并不能带来经济效益产出,而需要与其他生产要素相配合才能实现。本研究所指的农业上的灌溉用水效率是指:达到最优产出或技术达到最大限度发挥时,农业灌溉用水的最小投入量与实际用水量的比。

2.2 理论基础

2.2.1 干旱的成因及 SPEI 的计算原理

从前文"干旱"的定义即可看出,造成干旱的原因由不同方面的因素构成,包括气象因素、地形地貌因素、水源条件与抗旱条件因素以及人为因素(如水资源有效利用率低)等。其中,长时间无降水或降水偏少等气象条件是造成干旱与旱灾的主要原因,地形地貌条件是造成区域旱灾的重要原因,水利工程设施不足带来的水源条件差也会引发干旱,生活和生产用水的增加造成一些地区水资源过度开发,一定程度上也会加重干旱。故针对不同的成因而采取的抗旱手段也不同,本研究从气象干旱角度,对研究区进行干旱研究。

SPEI 同时考虑了降水和温度对于干旱的影响,非常适合全球气候变暖背景下的气象干旱的特征分析。简单来说,标准化降水蒸散指数(SPEI)就是对降水量与潜在蒸散量的差值序列累积概率值做正态标准化处理。通过计算月潜在蒸散量,并利用 Log-Logistic 函数对时间尺度的累计序列进行拟合,再标准化处理后即得 SPEI 值。其中,计算月潜在蒸散量的方法有很多,如 P-M 法、Har 法和 Thornthwaite 方法等,本研究基于 GB/T 20481—2006《气象干旱等级》标准选择 Thornthwaite 方法计算月潜在蒸散量,选择小麦生长期为时间尺度计算 SPEI。通过干旱频率的统计与分析,并依据 SPEI 值对应分级标准,根据不同站点的 SPEI 值来确定淮河流域的干旱等级划分。

2.2.2 农户行为相关理论

农户行为通常是指农户对农业生产所涉及的投入产出的反应或决策。研究农户行为对于研究农业生产问题至关重要,农户行为的变化意味着农业生产要素投入的变动。农户行为受众多因素影响,要想理清楚对农户行为的内在逻辑则需研究其决策问题。农户作为生产者和决策者,其做出的决策不仅受家庭内部资源利用冲突的影响,还会受到社会资源分配的影响。依据本研究的研究思路,可能涉及的用以分析农户行为的相关理论如下。(1)分成制理论。Taylor 和 Adelman 认为,农户的生产行为下的生产目标是在一定的限制条件下的,即农户通过投入生产要素和劳动,期望获得最优的产出,因此会在一定的资源配置方案下想办法获得最大的产出。(2)利用最大化理论。该理论是基于理性人视角而阐述的。Schultz 提出农户进行的农业生产是符合帕累托最优原则的,即农业生产的过程是有效率的生产。(3)风险规避理论。Lipton 认为,农户在农业生产过程中会自觉规避不确定性和可能的风险,以达到避免损失的目的,因此,除政府或村内统一安排外,部分农户会因为节水技术的不确定风险及不明确的投资回报而选择不尝试全新的、具有更高节水效果的节水灌溉技术。

此外,本研究还将涉及一些经济学原理的分析,如边际效益递减规律。在一定时间内,其他条件不变的情况下,当开始增加消费量时,边际效用会增加,即总效用增加幅度大,但累积到相当消费量后,随消费量增加而边际效用会逐渐减少;若边际效用仍为正,表示总效用持续增加,但增加幅度逐渐平缓;消费量累积到饱和,边际效用递减至 0 时,表示总效用不会再累积增加。结合本研究可知,当水费发生变动时,若每亩耕地上的收费水平低于选择灌溉带来的边际收益,就无法促使农民节水。

2.3 文献综述

2.3.1 干旱评价指标研究

气温和降水是气候的主要因素,也是干旱的直接表征量。为了对干旱现象进行量化研究,需要建立不同形式的干旱指标以解决不同类型的干旱问题,因此干旱指标的建立也是一个不断筛选和逐步完善的过程。

基于水分亏缺量和持续时间对干旱程度的影响,Palmer提出了帕默尔干旱指数(PDSI)。美国科学家McKee等人提出了标准化降水指数(SPI),该指标可综合反映多尺度、多时间标量的降水异常问题,但忽略了影响干旱的一个重要因素——气温上升引起蒸散量的变化。Vicente Serrano提出的标准化降水蒸散指数(SPEI),继承了帕默尔干旱指数(PDSI)对于温度的灵敏性以及标准化降水指数(SPI)多时空的特点,同时考虑了降水和温度对于干旱的影响,非常适合全球气候变暖背景下的干旱特征分析。SPEI自提出以来,得到了学者的广泛关注,已成为国内外学者研究干旱特征的新的理想指标,不少学者尝试用SPEI分析干旱演变特征或趋势、干旱时间及空间特征、干旱与气候因子关系等。

由于造成干旱的原因各有不同,影响干旱的因素多且复杂,加之各个地区的气候、地理条件等差异,因此目前全国没有统一的干旱评判标准,研究内容不同所选用的干旱评估方法也大有不同。国内学者关于干旱评估的研究总体上可分为三类。第一类是基于单一干旱指标的研究,通过统计方法利用干旱指标对干旱程度进行量化。如用降水距平百分率来考察气象产量和作物不同生育阶段降水距平的关系;选取流域地貌特征指数、多年平均干旱指数和75%保证率年降雨量距平百分率指标,采用主成分分析法对云南省进行了干旱自然分区。第二类是基于综合干旱指数的研究,通过各种综合指数的计算对干旱程度进行评判,目前多在探讨阶段,不同的干旱指数侧重不同。常用的指数有标准化降水指数(SPI)、河川径流量的标准径流指数SRI(Standardized Runoff Index)、标准化降水蒸散指数(SPEI)等。第三类是综合上述两者,根据研究范围选取适当的干旱指标和干旱指数,通过统计方法或模型建立评价指标体系,在此基础上基于评价体系结合其他问题进行进一步的研究。这些学者对于不同干旱评价对象指标的选取表明,对于不同类型的干旱,指标的选择和评价方法的搭配十分重要,这也为本研究评价指标的选取提供了思路。

2.3.2　干旱评估及区划研究

对于干旱分区的研究,早期主要集中在干旱脆弱性分区,具有代表性的例如:倪深海等通过构造农业干旱脆弱性分区层次分析模型,对中国农业干旱脆弱性进行了分区。随着干旱分区研究方法论的逐渐成熟,越来越多的学者进行了干旱分区以及旱灾风险区划的研究,主要包括两个方面:一是分区/区划指标体系的构建,如孙仲益等利用自然灾害风险形成四因子理论,从气象、水文、社会和经济等几个方面选取 18 个指标,建立了安徽省旱灾风险评价模型,并对该省2000—2009 年干旱风险进行区划;二是分区/区划方法研究,如刘航等根据自然灾害风险理论,从致灾因子危险性、孕灾环境暴露性、承灾体易损性、防灾减灾能力等 4 个子系统选取指标,建立干旱灾害风险指数模型,在 GIS 中进行聚类分析,采用“自下而上”和“自上而下”相结合的区划方法,将淮河流域分为 6 个旱灾风险分区。以上这两方面多是独立研究,但也有不少学者尝试进行耦合研究。如杨平等基于自然灾害风险评估原理,综合运用了信息扩散法、加权综合评价法和层次分析法,利用黄淮海地区气象数据以及地形、土地利用类型等数据,同时结合 GIS 技术对黄淮海地区夏玉米干旱灾害进行风险评估与区划。其中,干旱自然分区的研究多偏向区划指标和区划方法相结合的形式,王栋等选用地形起伏度、多年平均干旱指数、75% 年降水负距平百分率及年降水变差系数这四个指标,基于主成分分析法对云南省进行干旱分区,分区结果与相关年鉴的统计结果大体一致,结果表明云南中东部比西部地区更易发生干旱,这对做好抗旱防灾提供了理论依据;张亭亭从气象干旱和水文干旱出发选取了不同指标,基于可变模糊评价法的框架采取主客观综合赋权法和等权重法两种方法,对辽西北干旱情况进行了综合评判,并对评判结果的级别特征值,从干旱频率与干旱程度两个方面进行了时空演变规律分析。

2.3.3　干旱对农业生产的影响研究

干旱会导致作物缺水,影响作物的生长发育,最终导致减产。国内外学者就干旱对作物产量的影响机理及影响规律等展开了广泛的研究。从研究方法上看,大致可以分为两类。第一类是基于作物生长动态模拟模型,模拟作物各生育阶段不同等级干旱对作物产量的影响。第二类是统计方法,借助气象数据和产量数据,利用不同的干旱指标对干旱程度进行量化,进而通过相关性分析、简单线性回归、C-D 生产函数及面板数据模型等数理统计方法,在控制了技术进步、经济因素和人为影响的基础上探讨了干旱与作物产量之间的关系。陈玉萍等基于干旱虚拟变量固定效应模型,利用湖北、广西、浙江三省份的降水和水稻生产历史数据分析了水稻生产对降雨量的弹性系数,并得出了干旱造成的水稻生产的直接损失。许朗等以历年的旱灾成灾面积作为衡量农业干旱程度的标准,利用面板固定效应模型实证分析了淮河流域干旱对于小麦以及水稻等粮食产量的影响。何永坤等基于逐旬干湿指数建立了中国西南地区的玉米干旱累积指数,结合玉米产量资料,构建了气候产量与干旱指数的线性回归模型。杨晓晨等利用农业干旱指标标准化降水蒸散指数(SPEI)从时、空两个维度分析了中国东北春玉米区干旱特征,并利用回归方法进行了 SPEI 与玉米气候产量的关系分析。

2.3.4 关于农业灌溉用水效率的研究

关于灌溉用水效率的测算方法大体上包括两类:一类是非参数方法,如利用超效率 DEA 方法、超效率 SBM-DEA 模型测算农业用水全要素生产率以及利用基于 DEA 的 Malmquist 法将农业灌溉用水效率分解为科技进步率和技术效率;一类是参数方法,如利用随机前沿生产函数(SFA)方法测算灌溉生产的技术效率与灌溉用水效率,利用 Translog 超越对数生产函数模型推导灌溉用水效率,利用 C-D 生产函数计算灌溉用水效率及节水潜力。

国内关于农业用水效率影响因素的研究已较为成熟,多通过 Tobit 模型的设定进行影响因素识别,具体可分为两个层面的研究:一是基于宏观数据的,通过查询各站点或全国各个地区农业用水的面板数据进行用水效率测算,然后根据各要素的作用机制对其作用方向进行预测,然后根据回归模型进行检验;二是基于农户微观数据的,通过农户生产行为进行效率的影响研究,或者通过农户的认知行为来考察灌溉效率问题。其中,宏观层面多从引入全要素生产率角度进行讨论。

2.3.5 文献述评

综上所述,人们已有一些关于干旱分区的研究,他们利用关联聚类法、REOF 方法、可变模糊评价法等对干旱等级序列进行分区并建立干旱分区的指标体系,但将干旱分区指标体系应用于农业灌溉用水效率和节水潜力的研究还较少,已有一些对淮河流域干湿情况的研究,但基于 SPEI 的干旱区划的系统研究较为罕见;在农田灌溉用水效率的研究方面,已有学者利用各种效率模型测度出灌溉用水效率,并利用 Tobit 模型识别影响灌溉效率的关键因素。但在农业灌溉用水效率的基础上测算节水潜力以及对于各个干旱分区用水效率差异的研究还有所欠缺。总而言之,在干旱分区的基础上进行灌溉用水效率、促进农户节水灌溉技术的选择意愿向行为转化、水资源管理制度改革的研究还很少,尤其是对淮河流域地区的灌溉用水效率系统研究尚属空白。

基于此,本研究通过定性分析与定量分析相结合的方法,对淮河流域地区进行干旱分区,并对各干旱分区灌溉用水效率和农田灌溉节水潜力进行研究,在分析各干旱分区不同干旱程度的区域特征与农业灌溉效率区域差异特征的基础上,将干旱等级引入模型,在控制其他影响灌溉用水效率的因素的同时,定量分析干旱程度对灌溉效率的影响,从而不断促进农业节水灌溉技术的选择意愿向节水行为转化,填补前人研究的空白。

3 淮河流域干旱特征分析

3.1 淮河流域概况

3.1.1 地理位置

淮河流域位于我国东部,介于长江和黄河两流域之间,位于东经 111°55′—121°25′,北纬 30°55′—36°36′,流域面积约 $2.7×10^4$ km²,流域干流全长为 1 000 km²。淮河发源于河南省南部桐柏山主峰太白顶,东临黄海(向东依次流经河南、湖北、安徽、江苏四省)。

3.1.2 气候特征

淮河流域地处我国南北气候过渡带,属于对气候变化敏感性极高的区域。流域以北属暖温带区,流域以南属亚热带区,流域以北气候由亚热带气候向暖温带气候过渡。流域多年平均降水量约为 920 mm,降水在空间上由南向北递减,降水主要分布在夏季和秋季,春冬季干旱少雨,流域四季分明、旱涝灾害转化急剧;流域气温变化幅度较大,多年平均气温约 11~16 ℃,极端天气的温度最高可达44.5 ℃、最低可达−24.1 ℃,月平均气温的最高值出现在 7 月,最低值出现在 1月,温度在空间上也大致呈现出由南向北递减的变化趋势。

3.1.3 农业生产概况

淮河流域的过渡性气候特征决定了其多样的气候环境,多样的气候环境又决定了流域的多种种植制度:既可以实行以水稻为主的种植制度,也可以实行以旱作物为主、一年两熟或两年三熟的种植制度。流域内丰沛的降水量、充足的光热资源、优越的农业生产条件,奠定了淮河流域发展多种作物的良好基础。流域耕地面积虽仅占全国耕地面积的 10%,但却产出全国近 20% 的粮食,是我国重要的粮、棉、油生产区和能源基地。流域内地貌特征多样造成气候差异明显,作物类型和生产能力造成经济基础的差异,基于这两点,流域内各地区采取抗旱技术和节水措施的基础条件也存在着明显的地域差异性。相关资料显示,中华人民共和国成立以后的近 60 年中,淮河流域先后共发生了 14 次大旱(发生频率为4.4 年一次),年均受旱面积高达 269.8 万 hm²,占全流域耕地面积的 21%,成灾面积 140.8 万 hm²,占全流域耕地面积的 11%,干旱灾害已严重威胁了农业生产。因此,为了保障淮河流域的粮食安全,揭示流域旱灾治理和水资源配置优化方向的区间差异性以及区内一致性,探讨该流域主要农作物的干旱规律与农田灌溉的关系具有十分重要的意义。

3.2 淮河流域干旱特征分析

3.2.1 数据来源

为保证分区的准确性以及考虑研究样本量的分布情况,本次研究只选取了全部(或超过一半)行政区域在流域内的城市作为研究对象,共计 29 个城市。研究使用的数据主要为淮河流域气象站 1988—2017 年共 30 年的气象数据,主要包括逐月降水量、平均气温和站点经纬度,数据来源为中国气象网和中国科学院资源环境科学数据中心。在淮河流经的城市中选取均匀分布在流域内的 27 个气象站点,且多为市级市或地级市气象站,具有较好的代表性。其中,部分站点没有逐月数据,可采用数据透视表转化为逐月数据;部分流经城市没有气象站点,可采用许朗等、张依南等的处理方法,经过 ArcGIS 配准校正及矢量化与叠加处理后确定研究区域范围和代替站点。

3.2.2 SPEI 的计算方法

标准化降水蒸散指数(SPEI)主要利用月降水量和月平均温度计算,计算原理同前文所述。具体的计算步骤如下。

第一步,计算降水量与蒸散量差值,即气候水平衡:

$$D_i = P_i - PET_i \tag{1-5-1}$$

式中:D_i 为降水量与蒸散量的差值(mm);P_i 为降水量(mm);PET_i 为潜在蒸散量(mm),通过 Thornthwaite 方法(参考 GB/T 20481—2006《气象干旱等级》标准)求得。

$$PET_i = 16K \left(\frac{10T_i}{H} \right)^a$$

式中:K 是由纬度和月序数决定的订正系数,$K = (d/12)(M/30)$;T_i 为月平均温度;H 是 2 个月的月平均加热指数累加得到的年热量指数;a 是由 H 决定的系数。

第二步,建立不同时间尺度气候学意义上的水分盈/亏累积序列:

$$D_n^k = \sum_{i=0}^{k=1} (P_{n-i} - PET_{n-i}), n \geq k \tag{1-5-2}$$

式中:k 表示时间尺度(可取日、月、季度、年等);n 为计算次数。

第三步,采用三参数的 Log-Logistic 概率分布函数 $F(x)$ 对 D 序列进行拟合,并对序列进行标准正态分布转化,然后得出每个 D 对应的 $SPEI$ 值:

$$SPEI = w - \frac{c_0 + c_1 w + c_2 w^2}{1 + d_1 w + d_2 w^2 + d_3 w^3} , \quad w = \sqrt{-2\ln(P)} \quad (1\text{-}5\text{-}3)$$

其中,P 是超过特定 D 值的累积概率,当 $P > 0.5$ 时,SPEI 值的符号逆转。SPEI 值的计算可采用以月为单位的不同时间尺度。SPEI 是具有多时间尺度、区域性的标准化干旱指标,根据 SPEI 值可以划分单站的干旱等级程度,本研究以淮河流域为例,结合《气象干旱等级》给出基于 SPEI 的干旱等级划分,如表 1-5-1 所示。

表 1-5-1 淮河流域基于 $SPEI$ 值的干旱等级划分及累积概率

	轻度干旱	中度干旱	重度干旱	极端干旱
$SPEI$ 值	$(-0.5, 0)$	$(-1.5, -0.5]$	$(-2, -1.5]$	$(-\infty, -2.0]$
累积概率(%)	2.48	16.83	32.62	50.00

3.2.3 干旱时间特征分析

图 1-5-1 给出了淮河流域平均 SPEI 年际变化趋势。本次研究的作物为小麦,淮河流域小麦的主要生长期为 10 月至次年 5 月,因此,基于 27 个代表性站

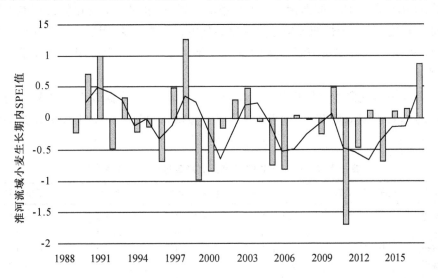

图 1-5-1 淮河流域平均 SPEI 年际变化趋势

点的气象数据以 8 个月为尺度的 5 月份的 SPEI 表示(下文用"SPEI 8-5"表示)。全流域年平均 SPEI 是 27 个气象台站 SPEI 8-5 的平均值,所有站台均匀分布在全流域各地区,具有很好的代表性。从图 1-5-1 中 SPEI 值的趋势线可以看出,仅有少数的年份偏湿润,大部分年份处于干旱状态,且淮河流域干旱发生呈周期性变化,同时相邻年份气候差异较大的情况经常发生。流域小麦生长期干旱始于 1994 年前后,此后的 20 年间干旱频繁发生。干旱最严重的前 3 个年份分别是 2011 年、2000 年和 1999 年,最湿润的前 3 个年份分别是 1998 年、1991 年和 2017 年,从 SPEI 的数值上来看,最干旱的年份偏离正常年份的程度略大于最湿润年份的偏离程度。从 1988—2017 年的 30 年间,该地区小麦生长期平均 SPEI 值以 0.031/10 a 的速度下降,说明小麦生长期的干旱趋势在明显增强。

3.2.4 干旱空间特征分析

SPEI 是具有多时间尺度的衡量指标,SPEI 的不同时间尺度常常被应用到不同领域和类型的干旱监测与评估当中。在计算时对气温和降水的数据累积的概率则为 SPEI 的时间尺度,常见的时间尺度有 1 个月、3 个月、6 个月及 12 个月。不同 SPEI 值都具有共同的数据特征:SPEI 值围绕着 0 值呈周期性上下波动,小时间尺度代表短周期,相应的短波动越频繁,尺度越长则周期越长,对应的波动频率也周期性地减小。因此,小时间尺度对多年间的周期变化不敏感,但对短期的干旱变化情况比较敏感,可用以研究短期干旱变化的相关问题;反之,时间尺度越长,则 SPEI 值则相对集中和稳定,因此对短期干旱变化的反应能力则降低,而更加适用于长期干旱趋势变化的分析。一般来说,用 3 个月和 6 个月尺度的 SPEI 可以反映出干湿程度的季节变化规律,因此常常被用于研究干旱对农业生产的影响。

根据标准化降水蒸散指数(SPEI 8-5)的计算结果,依据表 1-5-1 划分的干旱标准统计淮河流域 27 个站点的干旱发生频率(1988—2017 年),统计结果见表 1-5-2。

表 1-5-2 1988—2017 年淮河流域各地区干旱发生频率

站点	轻度干旱频率	中度干旱频率	重度干旱频率	极端干旱频率	干旱频率
淮北	0.206 9	0.137 9	0.103 4	0.034 5	0.482 7
亳州	0.172 4	0.069 0	0.206 9	0.034 5	0.482 8
宿州	0.034 5	0.137 9	0.172 4	0.034 5	0.379 3
蚌埠	0.137 9	0.206 9	0.103 4	0.034 5	0.482 7
六安	0.137 9	0.241 4	0.003 4	0.034 5	0.417 2
阜阳	0.172 4	0.172 4	0.172 3	0.034 5	0.551 6
淮南	0.172 4	0.275 9	0.069 0	0.034 5	0.551 8

续表

站点	轻度干旱频率	中度干旱频率	重度干旱频率	极端干旱频率	干旱频率
徐州	0.103 4	0.103 4	0.241 4	0	0.448 2
连云港	0.137 9	0.241 4	0.101 5	0.034 5	0.515 3
淮安	0.176 5	0.117 6	0.176 4	0	0.470 5
盐城	0.172 4	0.172 4	0.206 8	0	0.551 6
扬州	0.137 9	0.275 9	0.034 5	0.034 5	0.482 8
泰州	0.137 9	0.172 4	0.013 4	0.034 5	0.358 2
淄博	0.069 0	0.103 4	0.241 3	0	0.413 7
菏泽	0.206 9	0.068 9	0.206 8	0	0.482 6
济宁	0.931 0	0	0	0	0.931 0
临沂	0.206 9	0.103 4	0.137 9	0.034 5	0.482 7
日照	0.931 0	0.034 5	0	0	0.965 5
郑州	0.896 6	0.069 0	0	0	0.965 6
许昌	0.241 4	0.689 7	0	0	0.931 1
开封	0.931 0	0.034 4	0	0	0.965 4
平顶山	0.931 0	0.034 5	0	0	0.965 5
漯河	0.115 4	0.192 3	0.192 3	0	0.500 0
周口	0.275 9	0.655 2	0	0	0.931 1
驻马店	0.137 9	0.103 4	0.172 4	0.034 5	0.448 2
信阳	0.275 9	0.172 4	0.068 8	0.034 5	0.551 6
商丘	0.241 4	0.034 5	0.240 3	0	0.516 2
平均	0.307 1	0.171 1	0.106 1	0.016 6	0.150 2

注:缺失站点经过 ArcGIS 配准校正及矢量化与叠加处理后确定研究区域范围和代替站点。

为更直观地得到小麦生长期干旱发生的空间分布特征,通过 ArcGIS 运用反距离加权(IDW)的插值法得到干旱频率分布图。

(1)从全流域平均来看,1988—2017 年的 30 年中,流域小麦主要生长期干旱发生频率为 0.150 2(SPEI<0),平均每 4.5 年发生一次干旱(符合中国气象网资料中淮河流域在中华人民共和国成立 60 年内,干旱发生频率为 4.4 一次年的统计结果),其中轻度干旱发生频率较高,为 0.307 1(−1.0<SPEI≤−0.5),平均每 3 年发生一次,相比之下,中度干旱发生频率与重度干旱发生频率较小,频率分别为 0.171 1(−1.0<SPEI≤−0.5)、0.106 1(−2.0<SPEI≤−1.0),约每 6.7 年发生一次中度干旱、每 9 年发生一次重度干旱,极端干旱发生频率为 0.016 6(SPEI≤−2.0),发生频率虽然较低,但是从统计结果可知,在 30 年间全流域内约一半的区域遭受过极端干旱的旱情。

(2)从省级层面来看,河南省小麦干旱发生频率最高,为 0.188 2,平均每 5 年发生一次干旱,江苏省和安徽省发生频率较低且较为接近,平均每 8 年发生一次干旱,频率分别为 0.117 8 和 0.119 6,这与实际状况大体一致。具体来看,山东省轻度干旱发生的频率最高(0.469 0),河南省中度干旱发生的频率最高(0.220 6),江苏重度干旱发生的频率最高(0.129 0),安徽省极端干旱发生的频率最高(0.034 5),30年间每个地区都有极端干旱的情况发生。

(3) 依据各个站点的旱情发生频率可以看出,大部分站点的旱情都呈现出轻旱发生的概率最大,中旱、重旱发生频率较小,极端干旱发生的概率非常小的特点,说明淮河流域干旱灾害虽然发生频率较高但干旱强度并不严重。

轻度干旱发生频率在0.034 5到0.931 0之间,相较于其他干旱程度整体偏高,但各地区差异明显。频率高值区主要集中在平顶山、郑州、开封、济宁、日照一带,发生频率均在0.85以上,大部分地区一般干旱发生频率在0.10到0.27之间,其中发生频率在0.2以上的主要集中在许昌、周口、商丘、信阳一带,宿州和亳州等地发生频率较低。

中度干旱发生频率在0到0.689 7之间,地区干旱发生频率差异相较于轻度干旱小,但频率分布仍显示出明显的区域性。频率高值区主要为周口和许昌,淮河流域南部的六安以及淮北平原的淮南、蚌埠一带也属于中旱高频区,低频区主要集中在流域北部的郑州、开封、菏泽、济宁及周边区域。

重度以上干旱(包括重度干旱和极端干旱)总体来看地区差异不大,且发生干旱地区较为集中,重度干旱发生频率为0到0.241 4,极端干旱发生频率为0到0.034 5。重度干旱高频区主要集中在商丘、徐州一带及周边地区,发生频率大部分在0.15以上,除流域南部个别地区外,其余地区重度干旱发生频率也基本保持在0.1以上。极端干旱发生频率较低但是受灾区域较为集中,主要集中在淮河流域南部,包括安徽各地区以及江苏、河南的部分地区。

3.3 基于SPEI的淮河流域干旱分区

为了精确地考察小麦生长期内降水和气温对其干旱情况的累积影响,以1988—2017年SPEI 8-5的均值作为各站点干旱分区的依据。为了更直观地研究淮河流域小麦生长期干旱的特征以及干旱等级分区情况,将各站点的干旱指数SPEI 8-5数据导入ArcGIS中,利用自然间断法的分级方法得到流域内干旱等级区划。"自然间断点"分级法是基于数据中固有的自然分组,其分类原理是对分类间隔加以识别,可对相似值进行最恰当的分组,同时使各个类之间的差异达到最大化。结合ArcGIS分区结果、干旱频次分布以及SPEI的等级划分,淮河流域29个城市的干旱等级分区见表1-5-3。

表 1-5-3　淮河流域干旱等级区划

轻度干旱区	中度干旱区	重度干旱区
信阳、六安、阜阳、淮南、蚌埠、宿迁、淮安、盐城、扬州	驻马店、漯河、亳州、商丘、淮北、宿州、徐州、枣庄、临沂、连云港、泰州、淄博	平顶山、许昌、郑州、周口、开封、菏泽、济宁、日照

　　本研究的分区结果整体上与许朗、张依南所得出的淮河流域干旱分区的干旱强度和变化趋势一致,有极个别站点如六安、信阳与前人研究不同,原因是前两个学者是从农业干旱角度出发,其评价指标中自然因素除包含降水、温度等气象因子外,还包含了地貌形态等因素。理论上来说,地理因素、降雨量与旱灾形成相关,一定程度上来说会影响干旱程度的评估。由于研究问题的视角不同,本研究暂不考虑地形因素带来的影响。

4　淮河流域灌溉用水效率测算

4.1　数据来源与说明

　　由于水资源供给的有限性,伴随着近年气候变化的大背景,不同地区都存在着不同程度和类型的水资源紧缺压力。由于本研究是基于干旱分区角度研究灌溉用水效率,故选择气候特征较为特殊的"南北过渡带"——淮河流域作为研究样本地区,相关结论对该流域农业干旱防护与灌溉用水效率提高具有重要意义。本研究对于农户灌溉用水效率及其影响因素的研究所使用的数据,是基于 2016年 11 月—2017 年 3 月期间作者及课题组成员在淮河流域的调研数据,调研小组采取随机抽样法对淮河流域的部分地区就农户灌溉用水情况进行调研,调研方式包括对相关政府工作人员、村干部进行访谈,对农技站技术人员的访谈以及对农户的入户问卷调研。样本覆盖了河南省 5 市(郑州市、周口市、信阳市、平顶山市、驻马店市)、安徽省 4 市(六安市、淮北市、淮南市、蚌埠市)、江苏省 4 市(连云港市、宿迁市、盐城市、徐州市),包括 41 个自然村,共发放农户问卷 500 份,回收 453 份,问卷有效回收率为 90.6%,依据上文的干旱分区情况,问卷分布均匀,样本具体分布情况见表 1-5-4。调研样本中,各地区种植结构不同,但均种植冬小麦,因此本研究以小麦为研究对象进行效率测算及影响因素研究。

表 1-5-4　调研样本分布情况

干旱分区	样本地区	样本量
轻度干旱区	信阳、六安、淮南、蚌埠、宿迁、盐城	180 份(39.7%)
中度干旱区	驻马店、淮北、徐州、连云港	161 份(35.5%)
重度干旱区	平顶山、郑州、周口	112 份(24.8%)

4.2　效率测算方法与变量选择

4.2.1　效率测算模型选择

目前学者们使用较多的效率测算法有两种:参数方法和非参数方法。非参数方法以数据包络分析(DEA)(使用较为广泛)和自由可置壳(FDH)为代表,参数方法常用的是随机前沿分析法。参数与非参数方法的主要区别体现在两点:是否需要提前设定确定的生产函数形式、对生产相对无效性的原因的解释。虽然参数方法除了考虑外部不可控因素、测量误差等带来的随机误差,还将管理误差项进行区分,但这些需要事先基于不同的分布假定,基于农业生产系统多投入多产出的特殊属性,对其限定生产前沿面较为局限。因此,本次选择 DEA 模型来进行效率测定。DEA 方法相比于 SFA 方法更有优势,DEA 的使用可以更好地反映农业生产的投入产出要素的特征以及灌溉用水的非效率区,并可依据结果进行节水潜力分析以及提出具体的改进方向。

4.2.2　灌溉效率测定的变量选择

本研究在测算西部地区农户农田灌溉用水效率时,使用的投入指标分为三类:种子、农药、化肥等物质投入,机械费用、灌溉费用、劳动力等资本投入与灌溉用水量,产出指标为亩均收益,投入产出变量的描述性统计见表 1-5-5。由于种子、化肥、农药、灌溉水等要素可被农作物直接消耗,属于可变要素,为了使作物生产的可变投入要素与土地资源这些固定投入要素区分,从而更准确地反映农田灌溉用水效率,本研究效率测算所使用的投入产出变量均使用单位面积的数据。

从淮河流域整体样本的投入产出的描述性统计来看,流域各地区投入产出变量的差异较大,因各地区经济发展条件、农田水利设施、作物种植结构等的不同,各变量的标准差较大,数据的波动性较大。依据调研小组调研了解到的实际情况,从流域整体样本层面对灌溉用水效率的投入产出变量情况进行了概述。

(1)整体样本的亩均收益为 909.29 元/亩,最大值为 1 560 元/亩,最小值为 360.00 元/亩,标准差为 198.18 元/亩,该数据反映出淮河流域各地区经济发展水平差距较大,此外,由于不同地区的土壤类型差异,造成各地区土壤生产力不同。

表 1-5-5　主要变量的描述性统计

样本地区	统计量	种子投入（元/亩）	化肥投入（元/亩）	农药投入（元/亩）	灌溉用水量（m³/亩）	机械成本（元/亩）	灌溉成本（元/亩）	劳动力投入[(人·日)/亩]	亩均收益（元/亩）
淮河流域	均值	78.33	138.34	48.76	73.21	121.37	69.80	1.93	909.29
	标准差	56.59	50.77	38.49	118.42	60.72	99.87	1.60	198.18
	最小值	8.00	30.00	5.00	4.91	30.00	6.06	0.12	360.00
	最大值	820.00	430.00	200.00	628.23	600.00	787.80	10.68	1 560.00
轻度干旱	均值	70.32	144.78	11.84	18.16	96.32	25.58	1.99	982.35
	标准差	12.92	39.65	8.32	8.28	50.91	8.09	1.61	192.79
	最小值	45.00	80.00	5.00	11.36	14.00	14.00	0.12	560.00
	最大值	110.00	300.00	35.00	41.32	200.00	50.00	8.59	1 500.00
中度干旱	均值	74.40	158.12	57.71	129.71	138.86	94.15	1.99	958.22
	标准差	41.23	67.34	40.75	155.50	59.59	105.44	1.62	148.48
	最小值	8.00	60.00	10.00	4.90	30.00	6.06	0.32	600.00
	最大值	243.00	430.00	190.00	424.24	595.00	280.00	10.68	1 320.00
重度干旱	均值	86.85	116.66	63.73	56.94	121.32	75.94	1.84	820.08
	标准差	79.61	25.11	32.61	93.40	62.15	115.83	1.56	207.18
	最小值	22.00	30.00	10.00	6.38	50.00	8.00	0.16	360.00
	最大值	820.00	200.00	200.00	628.23	628.23	787.80	8.68	1 560.00

（2）种子投入均值为 78.33 元/亩，最大值为 820.00 元/亩，最小值为 8.00 元/亩，标准差为 56.59 元/亩。据调研情况可知，种子投入差距较大的原因是河南地区为了保持小麦品种纯度、防止粮食混杂退化、保持优质品种的优良性，种植经验丰富的部分农户会根据往年的连年选种、留种使用自留种进行小麦种植，所以该部分农户当年的种子投入成本较低。

（3）化肥投入均值为 138.34 元/亩，最大值为 430.00 元/亩，最小值为 30.00 元/亩，标准差为 50.77 元/亩。调研样本中蚌埠市、淮南市和淮北市属于淮北河间低平原地区，土壤中砂姜黑土占比较大，该种土由于地下水位高导致土壤质地较黏重、土壤通透性较差，加之土壤有机质含量偏低、养分分布不协调，土壤生产力较其他地区弱，因此化肥使用量较多、投入成本也相应增大。

（4）农药投入均值为 48.76 元/亩，最大值为 200.00 元/亩，最小值为 5.00 元/亩，标准差为 38.49 元/亩。机械成本均值为 121.37 元/亩，最大值为 600.00 元/亩，最小值为 30.00 元/亩，标准差为 60.72 元/亩。由于样本农户中有少数种植大户，其种植面积较大且地块较为平整，为了降低未来机械投入的边际成本不租用公共机械设备，而是选择购买自用农用机械；一部分农户粮食种植主要是满足自家食用，种植面积较小，播种、收割压力较小，因此可能会选择人工进行劳作；此外，有些地区公用机械的使用费和燃油费是分开结算的，因此本研究所指的机械成本,不仅包括各种机械设备的使用费,还包括燃油费。

(5)灌溉成本均值为69.80元/亩,最大值为787.80元/亩,最小值为6.06元/亩,标准差为99.87元/亩。造成各地区灌溉成本差异的原因较为复杂,主要原因有两个方面:其一是灌溉水源、农田水利设施建设程度的不同,随着现代化农业的发展,灌溉也逐步实现自动化、智能化,如河南省郑州市中牟县政府出资打井、村里出资铺设地埋进行机井灌溉射频卡控制器试点,农户可以自主取水,这部分农户灌溉成本中还包含了射频卡安装费用,但也有部分农户选择自家打井,没有地埋管道而使用水带灌溉,再如江苏省盐城市阜宁县施庄镇,部分农户选择自家电泵灌溉,但雇佣专门人员进行管理,这些农户灌溉成本中又包含了雇佣费用;其二是水费收取方式不同,部分村镇按电量收费,部分村镇按亩收费,部分村镇缴定量水费但无使用量限制。

(6)劳动力投入均值为1.93(人·日)/亩,最大值为10.68(人·日)/亩,最小值为0.12(人·日)/亩,标准差为1.60(人·日)/亩。从调研样本中农户的基本特征及家庭特征可以看出,样本农户存在老龄化比例高、兼业化比例高的现象,有极少数样本存在"年轻人返乡"现象,这些因素都影响着劳动力投入的多少,因此本研究所指的劳动力不简单指农业劳动人数,而是根据各地区的实际情况统一转化为平均劳动工时。

(7)灌溉用水量均值为73.21 m³/亩,最大值为628.23 m³/亩,最小值为4.91 m³/亩,标准差为118.42 m³/亩。由于淮河流域特殊的气候特征,各地的降水量差异较大、干旱强度不同,导致不同地区小麦种植的灌溉次数少则2至3次,多则10次左右,且为尽量使灌溉用水量保持准确,针对不同地区水费的不同计费方法,采用两种水量测算方式:灌溉用水量=[亩均用水费/(农业电费价格×水泵功率)]×水泵每小时出水量;灌溉用水量=灌溉次数×每次亩均灌溉时长×水泵每小时出水量。其中,水泵功率、水泵每小时出水量的具体数据由各村镇的农技站或管水员提供。

4.2.3 DEA效率测算模型

基于以上对DEA效率模型的阐述,结合本研究区域与灌溉用水效率的特点,在模型选取上主要从以下几个角度考虑。(1)DEA评价模型的设定要分为规模报酬不变(CRS)和规模报酬可变(VRS),由于本研究区域是淮河流域,研究区农业生产情况多样而复杂,流域人均年耕地面积差异较大,没有产生规模收益的条件,故选取规模报酬不变的DEA模型。(2)从"投入-产出"角度看,以投入为导向的模型是在保证产出不变的情形下使投入最小化,以产出为导向的模型是在投入不变的情形下实现产出最大化;对作物灌溉而言,灌溉用水作为农业生产的前期投入较易得到控制,同时基于上文对"灌溉用水效率"给出的定义(农业灌溉用水的最小投入量与实际用水量的比),假定产出和其他投入要素水平不变。因此,本研究选择基于投入角度的 DEA 模型对农户灌溉用水效率进行测定,由灌溉用水量最少的农户组成生产技术水平充分利用的逐段前沿面。(3) 为了进一步明确影响灌溉用水效率的影响因素以及干旱分区对效率的影响程度,在 DEA 模型的基础上采用了两阶段法,即将测算出的灌溉用水效率作为被解释变量建立回归模型,从而对不同解释变量的影响方向及程度进行检验。

初始的 DEA 模型 CRS 是一个分式规划,将分式规划为与其等价的线性规划模型,以线性规划的最优解来定义决策单元的有效性。基于学者 Speelman 等的研究,假设第 i 个农户的灌溉用水效率的分标量为 θ_i^w ,则线性规划模型如下:

$$WE_i = \min_{\theta,\lambda} \theta_i^w$$
$$\text{s. t.} -Y_i + Y\lambda \geqslant 0$$
$$\theta_i^w X_i^w - X^w \lambda \geqslant \theta_i^w X_i^w - X^w \lambda \geqslant 0$$
$$X_i^{n-w} - X^{n-w} \geqslant 0 \qquad\qquad (1\text{-}5\text{-}4)$$
$$X_i - X\lambda = 0$$
$$\lambda \geqslant 0$$

其中:θ_i^w 代表第 i 个农户的灌溉用水效率的分标量;λ 是 $N \times 1$ 阶常数向量;Y_i 代表第 i 个农户的 $M \times 1$ 阶产出向量;X_i 代表第 i 个农户的 $K \times 1$ 阶投入向量(包括灌溉用水在内);Y 是 $M \times N$ 阶产出矩阵;X 是 $K \times N$ 阶投入矩阵;第二个约束条件中的矩阵 X_i^w 和 X^w 仅指灌溉用水投入;第三个约束条件中的 X_i^{n-w} 和 X^{n-w} 则代表灌溉水以外的其他农业投入;θ_i 为无量纲项且 $0 < \theta_i \leqslant 1$,当 $\theta_i = 1$,表明农户 i 为生产有效点。

4.3　淮河流域农户灌溉用水效率测算

根据 4.2.3 小节中 DEA 模型 CRS 的线性规划式,基于淮河流域 453 个农户样本的截面数据,运用 Deap 2.1 软件测算出淮河流域整体样本农户的生产技术效率,即本研究所定义的灌溉用水效率。表 1-5-6 呈现了效率值的频率分布与累计频率百分比。

表 1-5-6　淮河流域整体样本农户灌溉用水效率频率分布表

效率	频数	频率(%)	累计频率(%)
[0,0.1)	0	0	0
[0.1,0.2)	0	0	0

效率	频数	频率(%)	累计频率(%)
[0.2,0.3)	33	7.28	7.28
[0.3,0.4)	39	8.61	15.89
[0.4,0.5)	67	14.79	30.68
[0.5,0.6)	67	14.79	45.47
[0.6,0.7)	69	15.23	60.70
[0.7,0.8)	53	11.70	72.40
[0.8,0.9)	62	13.69	86.09
[0.9,0.10)	29	6.40	92.49
1	34	7.51	100.00

从表1-5-6可以看出,流域整体样本中有34个样本农户生产技术效率值为1,即13.91%的样本点灌溉用水效率在生产前沿面上,表明这些农户在小麦生产可能集的前沿包络面上实现了水资源的最有效利用,即在该研究区域内实现了生产投入的相对有效配置。这也意味着,较这些有效生产点,其他86.09%的样本农户均处于生产的相对无效状态,即该部分农户存在着灌溉用水过量甚至浪费的现象,水资源利用存在很大的改进空间。根据杨扬基于1988—2012年全国31个省份的面板数据测算的我国各地区农业灌溉用水的技术效率结果可知,截至2012年,全国的平均灌溉用水效率值为0.83,则本研究全流域样本中,仅有不到20%的样本农户灌溉用水效率达到全国平均水平以上,因此,淮河流域各区域需要进一步完善要素的投入结构。

具体来看,样本农户中,灌溉用水效率最小值仅0.21,意味着在技术水平充分发挥的情况下,小麦生产平均每亩可减少近80%的灌溉用水,即该农户存在严重的低效使用导致的水资源浪费现象。对流域全部样本进行描述性统计后发现,流域灌溉用水效率的平均值为0.64,说明保持其他条件不变的情况下,相对于现有生产条件下可行的最低水平的灌溉用水量,该区域的每个农户在小麦生产过程中平均浪费了近40%的灌溉水。同时,从全部样本的灌溉用水效率的测定结果可明显看出,流域内各地区灌溉用水效率表现出极大的波动与可变性,农户间效率差值高达79.3%,有近50%的样本生产技术效率值在平均值以下,更有7.3%的样本农户效率值低于0.3,只有约6.4%的样本效率值高于0.8。故全流域未达到水资源有效配置的农户比例较高,流域节水潜力巨大,灌溉用水效率亟待提高。

4.4 淮河流域不同干旱分区的农户灌溉用水效率测定与比较

根据4.2.3小节中DEA模型CRS的线性规划式,以及表1-5-4的调研区域干旱分区情况,初步利用 Deap 2.1 软件分别对轻度干旱地区 112 个样本、中度干旱地区的 161 个样本以及重度地区的 180 个样本的截面数据进行灌溉用水效率测定,表 1-5-7 呈现了不同程度干旱地区所得效率值的频率分布与累计频率百分比。由表 1-5-7 可以看出,流域内不同干旱分区均存在不同程度的灌溉用水低效或无效的问题。

表 1-5-7　淮河流域不同干旱分区样本农户灌溉用水效率频率分布表

效率值	轻度干旱			中度干旱			重度干旱		
	频数	频率(%)	累计频率(%)	频数	频率(%)	累计频率(%)	频数	频率(%)	累计频率(%)
(0,0.1)	0	—	—	0	—	—	0	—	—
[0.1,0.2)	0	—	—	0	—	—	0	—	—
[0.2,0.3)	0	—	—	0	—	—	0	—	—
[0.3,0.4)	0	—	—	2	0.62	1.24	8	0.56	4.44
[0.4,0.5)	0	—	—	10	6.21	7.45	9	5.00	9.44
[0.5,0.6)	3	0.89	2.68	15	9.32	16.77	37	20.56	30.00
[0.6,0.7)	10	8.93	11.61	19	11.80	28.57	28	15.56	45.56
[0.7,0.8)	23	20.53	32.14	21	13.04	41.61	41	22.77	68.33
[0.8,0.9)	28	25.00	57.14	30	18.64	60.25	21	11.67	80.00
[0.9,1.0)	24	21.43	78.57	35	21.74	81.99	21	11.67	91.67
1	24	21.43	100.00	29	18.01	100.00	15	8.33	100.00
样本量	112			161			180		
均值	0.86			0.81			0.72		
标准差	0.12			0.17			0.17		
最小值	0.52			0.38			0.32		
最大值	1			1			1		

由上表可初步看出,由于 DEA 模型测算的技术效率属于相对效率,对不同干旱地区分别进行效率测定时,以各自分区的样本投入为可能的生产投入集合进行测算,不同干旱分区的灌溉用水效率均值较淮河流域整体样本均有不同程度的提高,这说明全流域内部的灌溉效率差异比不同干旱分区间的效率差异小,从侧面反映出基于 SPEI 进行的干旱分区是合理的,同时也说明全流域范围内部未达到生产前沿面的样本比例更高,效率损失更多。在规模报酬不变的前提下,具体来看各干旱地区的灌溉效率的频率分布:

轻度干旱地区灌溉用水效率均值为 0.86,即有超过 70% 的农户样本效率值低于地区均值,有 24 个样本农户生产技术效率值为 1,即 21.43% 的样本点灌溉用水效率在生产前沿面上,最小效率值为 0.52,样本农户间效率差值为

97.32％;中度干旱地区灌溉用水效率均值为 0.81,即有近 60％的农户样本效率值低于地区均值,有 29 个样本农户生产技术效率值为 1,即 18.01％的样本点灌溉用水效率在生产前沿面上,最小效率值为 0.38,样本农户间效率差值为 98.76％,为三个分区中最大;重度干旱地区灌溉用水效率均值为 0.72,即大约 68％的农户样本效率值低于地区均值,有 15 个样本农户生产技术效率值为 1,即 8.33％的样本点灌溉用水效率在生产前沿面上,最小效率值为 0.32,样本农户间效率差值为 95.56％。

5 淮河流域农户灌溉用水效率影响因素研究

5.1 模型设定与变量选择

由于灌溉用水效率的取值区间为[0,1],即被解释变量为受限的因变量,面临着数据截取问题,若用普通最小二乘法进行回归,可能会产生有偏估计或不一致估计的结果,因而本研究采用 Tobit 模型进行灌溉用水效率影响因素的分析,本节将进一步对灌溉用水效率的影响因素进行计量分析,重点关注干旱程度不同对灌溉用水效率的具体影响。表 1-5-8 为变量及其统计描述,进而得到回归模型的方程如式(1-5-5),其中,虚拟变量干旱分区($aridlevel$)是关注的核心变量。

$$TEW_i = \sigma_0 + \sigma_1 age_i + \sigma_2 education_i + \sigma_3 agrilabor_i + \sigma_4 A/T-income_i$$
$$+ \sigma_5 IRR-cost_i + \sigma_6 IRR-land_i + \sigma_7 D_1 + \sigma_8 D_2 + \sigma_9 IRR-source_i$$
$$+ \sigma_{10} recognition + \sigma_{11} aridlevel + \delta$$

$$(1-5-5)$$

式中:σ_0 表示常数项;σ_1—σ_{11} 表示待估系数;δ 表示误差项;i 表示农户个数;D_1、D_2、$aridlevel$ 表示虚拟变量。各变量名代表的具体含义见表 1-5-8。

表 1-5-8 农户特征及灌溉用水影响因素的统计描述

变量		均值	标准差	最小值	最大值
年龄(岁)	age	47.84	12.26	21	80
受教育年限(年)	education	7.66	7.66	0	16
农业劳动力人数(人)	agrilabor	2.39	0.93	1	6
农业收入占总收入的比例(%)	A/T-income	0.27	0.28	0	0.97
灌溉成本(元/亩)	IRR-cost	69.98	99.87	6.06	787.8
灌溉面积(亩)	IRR-land	9.86	26.82	0	300

续表

变量			均值	标准差	最小值	最大值
			样本数	所占比例(%)		
是否为村干部	D_1	0=是	5	1.10		以是村干部为基准
		1=否	448	98.90		
是否使用节水技术	D_2	0=是	366	80.79		以使用节水技术为基准
		1=否	87	19.21		
灌溉水来源	IRR-source	1=河灌	205	37.0		
		2=井灌	240	43.32		
		3=水库	109	19.68		
对灌溉水资源紧缺的认知程度	recognition	1=不紧缺	25	5.51		
		2=有时紧缺	225	49.56		
		3=紧缺	109	24.01		
		4=非常紧缺	95	20.93		
干旱分区等级	aridlevel	1=轻旱区	179	39.51		
		2=中旱区	162	35.76		
		3=重旱区	112	24.72		

5.2 回归结果分析

基于以上的理论分析和模型设定,用 Stata.13.0 对 Tobit 模型进行回归分析,所得模型的回归结果如表 1-5-9 所示,其中,模型以轻度干旱区为基准组。

表 1-5-9 Tobit 模型回归的估计结果

变量		系数	标准差
常数项	C	0.511 0***	0.067 9
年龄(岁)	age	0.001 3*	0.007
受教育年限(年)	education	0.009 8***	0.002 8
农业劳动力人数(人)	agrilabor	−0.053 6***	0.008 7
农业收入占总收入的比例(%)	A/T-income	0.156 2***	0.042 8
灌溉成本(元/亩)	IRR-cost	−0.000 9***	0.000 1
灌溉面积(亩)	IRR-land	0.001 3***	0.000 4
是否为村干部(0=是,1=否)	D_1	−0.141 9*	0.076 2
是否使用节水技术(0=是,1=否)	D_2	−0.063 2**	0.024 6
	IRR-souurce		
灌溉水来源(1=河灌,2=井灌,3=水库)	2	0.132 9***	0.033
	3	0.075 1***	0.021 7
	recognition		
对灌溉水资源紧缺的认知程度(1=不紧缺,	2	0.152 4	0.037
2=有时紧缺,3=紧缺,4=非常紧缺)	3	0.037	0.039 4
	4	0.067 4*	0.039 3

变量		系数	标准差
干旱分区等级(1=轻旱区, 2=中旱区,3=重旱区)	*aridlevel*		
	2	0.163 8***	0.022 4
	3	0.173 0***	0.035 7

注:"＊＊＊""＊＊"和"＊"分别表示在1％,5％和10％水平上显著。

（1）农户的年龄在10％的置信水平上显著,这说明年龄较大的农业劳动者可能会对农户的灌溉用水效率产生正向影响。一方面,调研区农户多为散户种植户,小农经济的生产特征决定了农户对农业生产活动的安排是依据劳动经验进行的,因此,农作经验和农技的掌握或熟练度可能会随着年龄的增长而更丰富,特别是对农作物生长周期的把握,农作经验丰富的人更能精准地把握在小麦生长期内不同阶段灌溉的次数和频率,这都是促进农业生产效率的表现,即会促进灌溉用水效率的提高。另一方面,农户年龄虽显著但不是高度显著,可能是因为随着农村水利设施的建设和完善,农田灌溉不像过去那么随意,部分节水工程的管理需要更专业的人员来进行,这些可能是农户自身不能完成的。

（2）农户受教育程度在1％的置信水平上对灌溉效率有正向影响且高度显著。王晓磊等基于井灌区农户灌溉行为的节水潜力分析表明,随着农户受教育年限的提高,农户生产技能的优势更加明显,但同时也因农民兼业化现象影响,受教育年限越高的农户越趋于从事回报率高的非农产业,从而导致对灌溉效率的影响不够显著。但随着我国对农业发展关注度的提高、惠农政策的出台及推广,农业劳动力出现"回流潮"。在乡村振兴的大背景下,2015—2018年中央相继出台了支持下乡返乡人员创业的政策,为返乡人员回归农业生产奠定了良好的环境。此外,除农民工返乡务农现象外,一些大学生、科技人员等也在城市户籍制度、高生活成本、严峻的就业环境等因素的冲击下选择下乡,从表1-5-8变量的描述性统计中也可看出,农户受教育年限的最大值为16年,即大学生不再以城市发展作为第一选择。这些高素质人才的返乡,伴随着更快的学习速度、更多元的农业视角和更高效更智能的生产技术,这些因素都可能促进灌溉用水效率提高。

（3）作物种植中,农业劳动力是重要的投入要素。本研究模型结果显示,劳动力人数的增加对灌溉用水效率是负向影响。理论上,农业劳动力作为不可替代的投入要素,会促进灌溉用水效率的提高,本研究中影响作用相反且高度显著的原因可能是:一方面由于调研区样本抽样的原因,部分农户劳动力老龄化严重(农户年龄最大值为80岁),导致劳动力的质量大打折扣;另一方面,从效率测算的机械成本的平均水平可以推测,调研部分区域农业机械化程度较高,可能有部分的农业劳动被机械作业所替代,从而出现了模型所显示的回归结果。

(4)农业收入占家庭总收入的比重在1%的置信水平上显著,表明农业收入占比越高,农户灌溉用水效率也越高。随着"一二三产融合发展"的战略推进以及农民生产形式的多元化,农户的收入结构也随之呈现出多样化,除农业生产的效益外,非农收入成为家庭总收入的重要组成部分。因此,在兼业化的趋势下,只有以农业生产为主要家庭收入来源的农户才会在作物种植方面投入更多的人力物力,其灌溉用水的效率相对才会更高。而农业收入比例较低的农户,其大多是粗放式农业生产,对作物种植的管理和维护倾入心血较少,所以灌溉用水效率可能较农业收入比例高者低。

(5)农户灌溉成本对效率的提高具有负影响,且在1%的置信水平上高度显著。从价格理论角度考虑,这似乎不符合常理,一般来说灌溉成本的增加一定程度上会促进灌溉效率的提高。从调研区域的实际情况来看,可能是两方面的原因。

一是经济发展水平对灌溉农业的影响。经济发展水平与农田水利投资水平紧密相关,由于本研究所选的调研区域涵盖了3个省的13个市,因此农田水利建设水平相应地也呈现出区域差异。经济发达地区相应地对农田水利的投资就较多,而且发达地区农民的素质和节水意识也更强,政府对农户的节水行为评估也更加到位(如节水灌溉技术使用的政策补贴等),这些都可能是提高灌溉用水效率的原因。反观经济发展水平较差的地区,其农田水利投资也少,相应地农业灌溉设施水平也较差,农户不愿意选择成本更高的灌溉措施。即使选择了高成本的节水灌溉,也可能因缺乏相应的技术培训和政策支持无法达到预估的节水效果,或者政府的节水技术的补贴激励政策变相地减轻了农户用水的"支付成本",农户会潜意识认为实际用水成本下降,反而降低了灌溉效率。从这个角度来看,补贴政策的尺度也会间接影响农户生产行为。

二是灌溉用水的需求价格弹性较低,提高计量水价不能产生显著的节水效果,这一定程度上是现有的水价管理政策造成的。首先,由于按亩收费的水资源管理成本较低,是很多地区广泛实施的管理办法。但是这样的收费方式可能不会起到节约灌溉水的效果,因为支付的灌溉成本与实际用水量之间没有必然联系。其次,从调研区域管水站和农户反映的水费收取情况来看,即使是计量水价,部分地区也是"粗放式"计量,各种取水方式均不能进行用水量的精确计量,从而降低了水资源的商品属性,灌溉水费远远不能体现水资源的价值。因此,灌溉成本的增加并不能提高灌溉用水效率。这也从侧面反映出,淮河流域地区应及早完善现有的农业灌溉水价机制。

（6）高度显著的作物灌溉面积表明，灌溉面积的扩大有利于灌溉效率的提高，这在农业生产中是有理可寻的。首先，不同的农田灌溉设施输水过程中的效率损失不同，灌溉面积越大越有利于水资源的整合和资源配置；其次，从规模报酬的角度考虑，灌溉面积越大意味着越容易达到规模化生产的要求，这一定程度上也会促进灌溉用水效率的提高。

（7）村干部的特殊身份对灌溉用水效率有正向影响但显著程度不高。一方面随着乡村振兴的战略实施，国家对于村干部的遴选和培训越来越重视，打破了部分农村地区村干部"形同虚设"的现象，不仅要求村干部思想政治素质好，更要带富能力强和协调能力强，既有丰富的农业经营管理经验，更有熟练的农业生产技术和理论知识，村干部或村级其他行政领导的职能越来越具体化。但另一方面，本研究调研区域村干部样本农户较少，了解到的具体情况有限，因此可能导致显著度较低。

（8）从模型回归结果可知，不使用节水技术会显著降低灌溉用水效率。研究区主要的节水灌溉设施有渠道防渗和地埋管道，分别占 55.95％和 23.35％，低压管道也占一定比例，为 19.38％，其他有较少比例的喷灌技术。节水灌溉设施提高灌溉用水效率的核心作用是提升灌溉用水的输送能力，灌水较传统漫灌均匀，减少了水资源通过各级渠道输送的水损失，从根本上提高了灌溉效率。渠道防渗是为减少渠道的透水性或建立不易透水的防护层来达到节水的目的，从而具有输水快、调控地下水位等优势。低压管道则是通过避免灌溉过程中的输水损失来减少浪费。

（9）从灌溉水来源对灌溉用水效率的影响可看出，相比于河灌，渠水灌溉和井灌方式的灌溉用水效率更高，而井灌水源又较渠水水源更有利于灌溉用水效率的提高。首先，调研区的河灌水利工程年限较久，设备老化情况较为普遍，同时，渠道渗透是造成灌溉用水浪费的重要原因之一，所以相比于其他两种灌溉水源，河灌的灌溉效率最低。相比之下机井灌溉有一个不可替代的优势，机井离农田较近，可大大节省灌溉高峰期水输送的时间，且一半机井灌溉均会配合安装软管喷头使用，这样可做到均匀灌溉，从而促进作物的水吸收。水库和机井灌溉一样，都可以根据作物的不同生长期的需水要求安排灌溉，有利于作物的生长，但是水库的容量和蓄水能力均会影响灌溉用水效率的变化，且水库在输水过程中的效率损失可能也大于机井灌溉，所以水库作为灌溉水源存在更多的不确定性，因此会一定程度上促进灌溉用水效率提高，但效果没有机井灌溉那么明显。

（10）从农户的认知角度来看，农户认知程度虽对灌溉用水效率有正向作用，但认知程度需达到一个临界点才会促使农户做出提高灌溉效率的行为。从模型回归结果可看出,只有农户认知为"非常紧缺"时才在 10% 的置信水平上显著。理论上,农户认为灌溉水资源越紧缺,其用水危机感应该会越强,同时用水行为随之变得谨慎,在农田灌溉过程中能更多地考虑节水灌溉以节约水资源,尽量减少灌溉水的损失和浪费,从这个角度来看农户节水意识的引导和培养定会促进灌溉用水效率的提高。但是结果显示,农户的水危机意识虽会对灌溉用水效率产生正向影响,但显著程度却不高,可能是因为本研究所选的调研区域中,很多村镇的农田水利设施不够完善,节水措施和节水技术比较单一,而且农户对节水技术的掌握也不够成熟,即农户虽有节水意识,但现有的节水设施仍不能进行高效节水。这个现象也说明,仅仅对农户进行节水灌溉的合理宣传和引导是远远不够的,农户的强节水意识和完备的农田水利设施相结合才能更好地促进农户灌溉用水效率的提高。

(11) 将干旱分区作为虚拟变量放入模型,以轻旱区为基准进行回归,结果显示不同干旱分区在 1% 的置信水平上高度显著,且与轻旱区相比,中旱区和重旱区的农户的灌溉用水效率均有提高。进一步地,以中旱区为基准进行差值计算,结果显示,与中旱区相比,重旱区效率不一定比中旱区灌溉效率高。以上这两点说明不同干旱分区对灌溉效率有显著的影响,但随着干旱强度的不断增加,灌溉用水效率不一定会一直提高。结合调研区实际情况,对这一变量的回归结果可从两方面进行解释。一是有学者研究表明,小麦生长期地区的年均降水量远小于小麦的实际需水量,即若干旱程度越高,该地区的降水量越不能满足小麦生长期的需水量;相应地,假设小麦生长需水量不变的情况下,农户的灌溉用水量就会越大,从灌溉水的价格弹性角度来看,此时用水的边际价值超过边际成本,从而计量水价发挥作用促进灌溉用水效率提高。二是农户对干旱的不同反应以及用水需求弹性的相对强度取决于区域、政策、制度等多方面因素,加上自然环境和生产情况呈现出的差异性,所以灌溉效率的结果不一定会严格按照理论方向发展,这也说明了为什么以不同干旱为基准,随着干旱强度的增加,灌溉用水效率不一定显著提高。

6 结论与政策建议

6.1 主要结论

淮河流域特殊的气候特征决定了其干旱时空特征的典型性,面对水资源供给的严峻形势,基于农业灌溉用水利用低效的事实,提高灌溉效率、节约农业用水资源迫在眉睫。为响应控制灌溉用水量的"红线"的政策导向,本研究试图研究在气候干旱即降水量供给减少的情况下灌溉用水效率的变化,进一步地,在干旱频发的气候变化大背景下,如何有效提高灌溉用水效率。

基于以上两个问题的思考,本研究利用小麦生长期内 8 个月时间尺度的 SPEI 对淮河流域的主要 29 个城市进行干旱分区,得到调研样本区域的干旱分区情况,然后通过测算农户微观层面的灌溉用水效率,初步考察流域内不同干旱分区的灌溉用水效率值的统计特征,在此基础上建立 Tobit 回归模型进行实证分析,进一步探究影响灌溉用水效率的因素并重点关注不同干旱程度对其变化的影响,所得的基本结论如下。

第一,根据淮河流域 SPEI 值的计算结果及干旱区划结果可知,从干旱的时间特征来看,1988—2017 年的 30 年中仅有少数的年份偏湿润,大部分年份处于干旱状态,干旱年际变化呈周期性变化,且干旱年份偏离正常年份的程度大于湿润年份;从干旱的空间特征来看,1988—2017 年的 30 年中,流域小麦主要生长期干旱发生频率为 0.150 2(SPEI<0),平均每 4.5 年发生一次干旱,其中轻度干旱发生频率较高为 0.307 1(−1.0<SPEI≤−0.5),平均每 3 年发生一次,中度干旱发生频率与重度干旱发生频率次之,极端干旱发生频率较低但涉及的区域面积较大且分布较为集中,在 30 年间全流域内约一半的区域遭受过极端干旱的旱情。以 1988—2017 年 SPEI 8-5 的均值对各站点进行干旱分区,可从气象干旱角度将淮河流域分为三个等级的干旱地区,分别为轻度干旱区(信阳、六安、淮南、蚌埠、宿迁、盐城)、中度干旱区(驻马店、淮北、徐州、连云港)、重度干旱区(平顶山、郑州、周口)。

第二,对淮河流域整体样本进行效率测算发现,流域内 13.91% 的农户灌溉用水效率处于生产前沿面,即实现了流域内生产投入的相对有效配置;92.49% 的样本农户均处于生产的相对无效状态;流域灌溉用水效率的平均值为 0.64,说明保持其他条件不变的情况下,相对于现有生产条件下可行的最低水平的灌溉用水量,该区域的每个农户在小麦生产过程中平均浪费了近 40% 的灌溉水,用水过量现象严重,资源优化配置存在很大的改进空间。再对流域内不同干旱分区进行分样本效率测算,轻度干旱地区灌溉用水效率均值为 0.86,中度干旱地区灌溉用水效率均值为 0.81,重度干旱地区灌溉用水效率均值为 0.72,即不同干旱分区的灌溉用水效率均值较淮河流域整体样本有不同程度的提高,这说明全流域内部的灌溉效率差异比不同干旱分区间的效率差异小,但是全流域范围内部未达到生产前沿面的样本比例也更高,效率损失更多。

第三,灌溉水来源、农户对灌溉水资源稀缺程度的认知有显著的正向影响。

其中,相比于河水灌溉,井灌对灌溉用水效率提高的促进作用大于水库,即不同节水灌溉设施节水效果不同,这对农村农田水利的建设与完善有很好的导向作用;农户对灌溉水资源稀缺程度的认知要达到"非常紧缺"才能促使农户灌溉行为发生改变,即农户认知需与水资源管理制度、政策导向等相结合才能让农户从"意识节水"转化为"行动节水"。

第四,不同干旱分区对农户灌溉用水效率有显著的正向影响。以轻旱区为基准的回归结果表明,与轻旱区相比,中旱区和重旱区的农户的灌溉用水效率均有提高;以中旱区为基准的回归结果表明,与中旱区相比,轻旱区灌溉效率较低且显著,而重旱区虽然比中旱区灌溉效率高但并不显著。即不同干旱分区对灌溉效率有显著的影响,但随着干旱强度的不断增加,灌溉用水效率不一定会一直提高。这说明干旱强度增加灌溉用水效率不一定随之提高,即针对不同区域的具体干旱特征,需要采取的提高用水效率的干旱灾害防护也要采取"差异化"措施,这对不同干旱地区节水技术的选择提供了很好的参考方向。

6.2 政策建议

根据上述干旱分区视角下对淮河流域灌溉效率差异的研究,本研究从不同层面针对不同问题提出相应的政策建议,在气候变化的背景下需要不同方面的改善措施组合实施才能更好地进行高效节水。

6.2.1 从干旱灾害防护层面

第一,从预防角度考虑,应该在小麦种植的关键时期,加强开展农业气象服务工作,积极开展大田调查,实时了解生产情况,针对性地开展专题气象服务,及时提供农业气象预报服务信息,通过党政网、手机短信等渠道滚动发布;其次,必要时可进行人工干预,从而减轻干旱危害。

第二,从农户应对干旱的适应能力角度考虑,除了发挥生产要素投入在提高小麦产量上的重要作用之外,加强农业基础设施建设也是提高农户对气候变化适应能力的重要途径,尤其是加大农田水利设施的投资。为实现持续增加农业基础设施的补贴和投入,可建设专项资金,也可通过社会或民间投资等方式;对于农田水利设施要多措并举着力解决重建轻管问题,既要严抓建设更要注重维护,更新陈旧的灌溉设施,从根本上增强农业抗御气象灾害的能力。

第三,从干旱影响的地区差异考虑,相关部门应根据各地区小麦生产受干旱的影响程度,结合各地的区域特征,给予不同的补贴和投入,同时针对性地采取措施,降低干旱的负面影响。比如,在小麦生产系统受干旱影响最为明显的地区,考虑到因地形导致的供水不足问题,可以实施高效水肥利用技术,科学分析小麦需水关键期,合理补水。

6.2.2　从提高灌溉节水效率层面

第一,优化灌区的水利条件,保障灌溉水源供应。不同的灌溉条件下的灌溉用水效率差异明显,但大部分地区主要表现出灌溉设施效率较低。因此,不同干旱地区的农田水利的基本建设需要考虑灌溉水源及灌溉设施的效率差异问题,保证水源充足的同时还要推进灌溉水源的多元化。在区域各方面条件的基础上,尽可能地提高机井的使用频率,并引导农户更多地从河灌向机井、水库引水灌溉转化。

第二,完善水资源的管理制度,改革灌溉水价机制。研究结果已经表明,计量水价不会必然导致灌溉用水效率的提高,但是水资源管理的落后一定会一定程度上影响灌溉用水效率。因此,农业水价改革要进行创新,要充分发挥水资源市场化以及水资源商品价值的作用,综合考虑地区灌溉方式、农技与农艺等因素,找出适合淮河流域特色的水资源管理制度。

第三,灌溉用水效率影响因素动态监控。影响灌溉用水效率的因素有很多,但由于数据的滞后性,有时候不能及时了解灌溉用水效率的变化,所以即使灌溉用水效率出现较大幅度的降低,政府也不能及时发现并采取措施。所以为了更好地进行高效节水,努力达到"灌溉用水量"红线,需要对灌溉用水效率不利的因素进行监控,从而多角度提高灌溉用水的效率,促进粮食生产和粮食安全。

6.2.3　从紧抓农户节水认知层面

利用各种途径切实提高农民节水意识。从 Tobit 模型所选变量的描述性统计分析可以看出,淮河流域有近 50% 的农户认为该区域水资源"不太紧缺",且只有认知程度达到"非常紧缺"才会激励农户提高灌溉用水效率。这个结果说明,该地区的农户虽有基本的节水意识但没落实到行为。因此,需要各种更有效的途径,如价格激励和宣传影响。首先,亟待解决的问题是水资源管理制度,一方面要规范农业用水制度,另一方面要完善水费收费方式,向技术上和经济上双重约束下的精准收费方式改进,既要避免折合水价过低,且能达到激励农户节水行为的效果,也要避免水价过高而增加用水成本。最重要的是,让精确化的量化形式不再"立而不用",只停留在表面功夫,切实做到水量精确计量与相应的水费收取。从前文的研究已知,仅仅农户具有高节水意识是不够的,政府和有关部门应加强农田水利投资,配套相应的节水灌溉设施,同时利用好媒体这一渠道进行全民节水宣传,提高全民对农业水资源稀缺程度的高度关注。

本 篇 小 结

随着水资源问题的日益严峻,用水效率的提高是节水型社会建设的根本要求,本篇主要围绕农业灌溉用水效率问题进行相关研究。主要研究内容为以下几个方面。

(1) 农业灌溉用水是我国的用水大户,测算灌溉用水的技术效率对于制定合理的灌溉用水政策,提高灌溉用水效率尤为重要。通过实地调查,运用随机前沿分析方法从农户的微观层面对农业生产的灌溉用水效率进行测算,并在此基础上用 Tobit 模型对影响灌溉用水效率的因素进行深入分析,结果表明:农户的平均灌溉用水效率仅为 0.482 1,存在很大的节水潜力,农户种植经验的提高、农业的规模化生产、农户节水意识的增强、井灌方式的推广、节水灌溉技术的采用、灌溉水价的改革等都对提高灌溉用水效率产生积极的影响。

(2) 当前我国井灌区面临着地下水位下降、灌溉用水效率低下的困境。通过对河南省滑县、山东省巨野县农户进行调研,对获得的调研数据进行分析,使用超越对数随机前沿生产函数测算玉米种植农业技术效率,使用偏要素生产率模型测算农户的玉米灌溉用水效率,使用 Tobit 回归模型分析不同农户玉米灌溉用水效率差异的影响因素。结果表明:井灌区农户的玉米灌溉用水效率均值为 0.543,其中畦田的宽度、畦田的土地平整度、是否使用地埋管道等节水设施、农户对水资源稀缺的认知程度等对灌溉用水效率有显著影响。

(3) 应用 DEA 方法测算出中国 13 个粮食主产区 2000—2012 年的农业生态效率,并运用 Malmquist 指数方法进行动态分析。结果表明:2000—2012 年中国粮食主产区农业生态效率均值仅为 0.928,只有 6 个省份的投入产出达到最优水平,其余省份的生产资源投入存在一定程度的效率损失。从 2000 年和 2012 年的对比分析来看,辽宁、内蒙古、江苏、湖北、湖南和四川的农业生态效率一直保持较高水平,河南、河北、山东和安徽则都处于非 DEA 有效状态。从动态分析结果来看,虽然中国粮食主产区农业生态效率整体呈上升趋势,但农业生产技术进步和综合技术效率损失并存,技术进步、纯技术效率和规模效率是影响农业生态效率的主要因素。

参 考 文 献

［1］OMEZZINE A, ZAIBET L. Management of modern irrigation systems in Oman: Allocative vs. irrigation efficiency［J］. Agricultural Water Management, 1998, 37(2): 99-107.

［2］KARAGIANNIS G, TZOUVELEKAS V, XEPAPADEAS A. Measuring irrigation water efficiency with a stochastic production frontier［J］. Environmental and Resource Economics, 2003, 26(1): 57-72.

［3］KANEKO S, TANAKA K, TOYOTA T. Water efficiency of agricultural production in China: Regional comparison from 1999 to 2002［J］. International Journal of Agricultural Resources, Governance and Ecology, 2004(3): 231-251.

［4］DHEHIBI B, LACHAAL L, ELLOURNI M, et al. Measuring irrigation water use efficiency using stochastic production frontier: An application on citrus producing farms in Tunisia［J］. African Journal of Agricultural and Resource Economics, 2007, 1(2): 1-15.

［5］SPEELMAN S, HAESE M D, BUYSSE J, et al. Technical efficiency of water use andits determinants, study at small-scale irrigation schemes in North-West Province, South Africa［EB/OL］. ［2011 - 08 - 18］. http://www. ageconsearch. umn. edu/bitstream/ 123456789/28982/1/sp07sp01. pdf.

［6］BATTESE G E, COELLI T J. A model for technical inefficiency effects in astochastic frontier production function for panel data［J］. Empirical Economics, 1995, 20: 325-332.

［7］KOPP R J. The measurement of productive efficiency: Reconsideration［J］. The Quarterly Journal of Economics, 1981, 96(3): 477-503.

［8］FARRELL M J. The measurement of production efficiency［J］. Journal of Royal Statistical Society, Series A, General, 1957, 120(3): 253-281.

［9］FARE R, LOVELL C A K. Measuring the technical efficiency of production［J］. Journal of Economic Theory, 1978, 19: 150-162.

［10］WBSCSD. Eco-efficient leadership for improved economic and environmental performance ［M］. Geneva: WBSCSD, 1996: 3-16.

［11］VERFAILLIE H, BIDWELL R. Measuring eco-efficiency: A guide to reporting company performance［R］. Geneva: World Business Council for Sustainable Development, 2000: 2

-30.

[12] OECD. Eco-efficiency [R]. Paris：Organization for Economic Cooperation and Development,1998：7-11.

[13] 王晓娟,李周.灌溉用水效率及影响因素分析[J].中国农村经济,2005(7)：11-18.

[14] 王晓磊,李红军,雷玉平,等.石家庄井灌区农户灌溉行为调查及节水潜力分析[J].节水灌溉,2008(6)：12-15.

[15] 马建琴,夏军,刘晓洁,等.中澳灌溉水价对比研究与我国水价政策改革[J].资源科学,2009,31(9)：1529-1534.

[16] 牛坤玉,吴健.农业灌溉水价对农户用水量影响的经济分析[J].中国人口·资源与环境,2010,20(9)：59-64.

[17] 韩青,袁学国.参与式灌溉管理对农户用水行为的影响[J].中国人口·资源与环境,2011,21(4)：126-131.

[18] 刘海若,白美健,刘群昌,等.华北井灌区地下水水位变化现状及应对措施建议[J].中国水利,2016(9)：25-28.

[19] 王昕,马海燕,倪新美.华北平原井灌区节水农业运行管理模式研究与示范[J].中国农村水利水电,2013(7)：47-49,57.

[20] 赵勇,王玉坤,张绍军,等.河北平原井灌区农户灌溉用水量差异的分析[J].节水灌溉,2007,3(2)：7-9,13.

[21] 李国正,苏晓虹,王玉娜.河北省井灌区节水灌溉发展的主要影响因素及对策[J].节水灌溉,2006(2)：29-30.

[22] 曹建民,王金霞.井灌区农村地下水位变动：历史趋势及其影响因素研究[J].农业技术经济,2009(4)：92-98.

[23] 王晓磊,李红军,雷玉平,等.石家庄井灌区农户灌溉行为调查及节水潜力分析[J].节水灌溉,2008(6)：12-17.

[24] 冯保清,崔静.全国纯井灌区类型构成对灌溉水有效利用系数的影响分析[J].灌溉排水学报,2013,32(3)：50-53.

[25] 王学渊.农业水资源生产配置效率研究[M].北京：经济科学出版社,2009：163-194.

[26] 许朗,黄莺.农业灌溉用水效率及其影响因素分析——基于安徽省蒙城县的实地调查[J].资源科学,2012,34(1)：107-115.

[27] 卢福财,朱文兴.鄱阳湖生态经济区工业生态效率研究——基于区域差异及其典型相关视角[J].华东经济管理,2012,27(12)：75-80.

[28] 杨斌.2000—2006年中国区域生态效率研究——基于 DEA 方法的实证分析[J].经济地理,2009,29(7)：1197-1202.

[29] 李惠娟,龙如银,兰新萍.资源型城市的生态效率评价[J].资源科学,2010,32(7)：1296-1300.

[30] 丁宇,李贵才.基于生态效率的深圳市交通环境与经济效益分析[J].中国人口·资源与

环境,2010,20(3):155-161.

[31] 刘宁,吴小庆,王志凤,等.基于主成分分析法的产业共生系统生态效率评价研究[J].长江流域资源与环境,2008,17(6):831-838.

[32] 付丽娜,陈晓红,冷智花.基于超效率 DEA 模型的城市群生态效率研究——以长株潭"3+5"城市群为例[J].中国人口·资源与环境,2013,23(4):169-175.

[33] 周震峰.关于开展农业生态效率研究的思考[J].农业科技管理,2007,26(6):9-11.

[34] 吴小庆,徐阳春,陆根法.农业生态效率评价——以盆栽水稻实验为例[J].生态学报,2009,29(5):2481-2488.

[35] 吴小庆,王亚平,何丽梅,等.基于 AHP 和 DEA 模型的农业生态效率评价——以无锡市为例[J].长江流域资源与环境,2012,21(6):714-719.

[36] 陈遵一.安徽农业生态效率评价——基于 DEA 方法的实证分析[J].安徽农业科学,2012,40(17):9439-9440,9443.

[37] 潘丹,应瑞瑶.中国农业生态效率评价方法与实证——基于非期望产出的 SBM 模型分析[J].生态学报,2013,33(12):3837-3845.

[38] 程翠云,任景明,王如松.我国农业生态效率的时空差异[J].生态学报,2014,34(1):142-148.

[39] 张子龙,鹿晨昱,陈兴鹏,等.陇东黄土高原农业生态效率的时空演变分析——以庆阳市为例[J].地理科学,2014,4(34):472-478.

[40] 张雪梅.西部地区生态效率测度及动态分析——基于 2000—2008 年省际数据[J].经济理论与经济管理,2013(2):78-85.

[41] 冯光娣,陈珮珮,田金方.基于 DEA-Malmquist 方法的中国高校科研效率分析——来自 30 个省际面板数据的经验研究[J].现代财经,2012(9):61-73.

[42] 廖虎昌,董毅明.基于 DEA 和 Malmquist 指数的西部 12 省水资源利用效率研究[J].资源科学,2011,33(2):273-279.

[43] 张悟移,陈天明,王铁旦.基于 DEA 和 Malmquist 指数的中国区域环境治理效率研究[J].华东经济管理,2013,27(2):172-176.

[44] 李君,庄国泰.中国农业源主要污染物产生量与经济发展水平的环境库兹涅茨曲线特征分析[J].生态与农村环境学报,2011,27(6):19-25.

[45] 刘战伟.我国欠发达地区粮食生产效率的实证研究——基于 DEA 和 Malmquist 指数法分析[J].江西农业大学学报:社会科学版,2011,10(2):9-15.

[46] 惠泱河,蒋晓辉,黄强,等.水资源承载力评价指标体系研究[J].水土保持通报,2001,20(6):30-34.

[47] 邵金花,刘贤赵.区域水资源承载力的主成分分析法及应用——以陕西省西安市为例[J].安徽农业科学,2006,34(19):5017-5018.

[48] 施雅风,曲耀光.乌鲁木齐河流域水资源承载力及其合理利用[M].北京:科学出版社,1992.

[49] 夏军,朱一中. 水资源安全的度量:水资源承载力的研究与挑战[J]. 自然资源学报,
　　　2002,17(3):262-269.

[50] 周亮广,梁虹. 基于主成分分析和熵的喀斯特地区水资源承载力动态变化研究——以贵
　　　阳市为例[J]. 自然资源学报,2006,21(5):827-833.

[51] 孙毓蔓,夏乐天,王春燕. 基于主成分分析的南京市水资源承载力研究[J]. 人民黄河,
　　　2010,32(10):74-75.

[52] 陈慧,冯利华,孙丽娜. 南京市水资源承载力的主成分分析[J]. 人民长江,2010,41(12):
　　　95-98.

[53] 刘佳骏,董锁成,李泽红. 中国水资源承载力综合评价研究[J]. 自然资源学报,2011,26
　　　(2):258-269.

[54] 曾晨,刘艳芳,张万顺,等. 流域水生态承载力研究的起源和发展[J]. 长江流域资源与环
　　　境,2011,20(2):201-210.

[55] 王维维,孟江涛,张毅. 基于主成分分析的湖北省水资源承载力研究[J]. 湖北农业科学,
　　　2010,49(11):2764-2767.

[56] 王伏虎. SPSS 在社会经济分析中的应用[M]. 合肥:中国科学技术大学出版社,2009:
　　　231-238.

[57] 傅湘,纪昌明. 区域水资源承载能力综合评价——主成分分析法的应用[J]. 长江流域资
　　　源与环境,1999,8(2):168-173.

第二篇
DI ER PIAN

农业灌溉中的节水灌溉技术应用研究

第1章

农户采用节水灌溉技术支付意愿研究

——基于蒙阴县调研数据的分析

我国是一个水资源极度短缺的国家,水资源是农业生产必需的投入要素,由于全球范围气候变暖的影响,大面积持续性干旱气候是影响农业生产最不利因素之一,与此同时我国运用传统的大水漫灌方式灌溉,导致用水效率低下,与发达国家相比有很大差距。中央一号文件提出"大力发展高效节水灌溉技术"、"要建立农业可持续发展长效机制,分区域规模化推进高效节水灌溉行动"等要求,采用先进的节水灌溉技术不仅能节省水资源,还能提高用水效率,因此,大面积采用节水灌溉技术是必然趋势。现阶段我国节水灌溉技术投资基本由政府完全承担,由此一方面会导致政府财政压力大,另一方面导致节水灌溉技术推广效率低。孔祥智等对农村公共产品的供给现状及农户支付意愿做过深入研究,认为准公共产品或俱乐部产品可以以政府和农户共同出资的方式来提供,即政府投资公共产品供给的主体部分,诱导农民投资配套部分。因此,结合国内实际情况深入研究农户采用节水灌溉技术支付意愿,对完善政府关于节水灌溉技术资金投入机制有重要意义,可为政府采取有效的支持和激励政策提供政策咨询,也对节水灌溉技术的改进以及推广应用具有现实意义。

Ramesh C. Srivastava 等指出农户对现代灌溉设备的投资依赖于多种因素,包括耕作成本、产量等。在节水灌溉技术的设备成本及运行维护费用都较高的前提下,这些费用都由政府承担势必会加重国家的财政支出,同时又不能有效督促农户参与节水灌溉的运行管理。Christine Heumesser 等运用 SDPM 模型分析最佳农户投资现代灌溉技术的策略,建议政府通过为滴灌技术设备提供补贴政策影响农户的投资决策。国外研究表明,不断增长的财政压力迫使各国政府在推广新技术时采用政府和农户共同投资的方式,而如何界定农户的投资方式并确定投资比例或额度是政府推广技术过程中必须解决的问题,也是国外学者研究讨论的重要问题。周芳、霍学喜以及韩青研究表明,我国农业发展现状决定了农业节水灌溉技术由当地政府和农户共同提供必然成为普遍趋势。张兵等在研究欠发达地区的农户科技投入意愿时强调农户基本特征、农业经营特征、农户所在社区的特征因子影响投入。管仪庆等运用 CVM 方法,对青岛地区节水灌溉系统服务价值进行评估,得出农户对于灌溉系统服务的年平均支付额度为117.93 元/(hm² · 户)。刘军弟、霍学喜等通过实证分析得出当政府补贴标准为节水灌溉技术成本的 217% 时,才能有效激励农户采纳该技术,年龄、受教育程度、农户对现有灌溉了解程度、农户对节水预期效果的认可度、政策对农户影响程度等因素显著影响着农户的支付意愿。

国外研究中探讨节水技术投融资方式的内容较多,经验丰富,值得国内研究借鉴,但国内节水灌溉技术仍处于探索阶段,学者多将投资作为因素探讨节水技术采用行为,较少从农户角度对节水灌溉技术投入做深入分析。基于此,本研究根据国内实地调研数据,从微观层面来探索影响支付意愿的主要因素,在此基础上提出促进节水灌溉发展和推广、提高用于基础水利设施的财政资金使用效率的政策建议。

1 数据来源与描述分析

1.1 调研区域与数据来源

本研究数据来源于 2013 年对山东省蒙阴县农户的实地调研。蒙阴县是水资源匮乏地区,从经济因素考虑,当地农户人均收入水平处于全国中等,对于技术采用具有一定的支付能力;从社会因素考虑,该县在 2011 年被确定为全国高效节水灌溉试点县,已经完成部分节水灌溉工程项目。综合以上分析,选取了山东省蒙阴县作为调研地点,并选取了野店镇、旧寨乡、高都镇 3 个镇(乡)作为初级抽样单位,再从 3 个镇(乡)中选取 11 个村,在每个村不定量随机选取农户开展入户调查,回收有效问卷 290 份,有效问卷率为 93.55%。

有关支付意愿的研究主要采用条件价值评估法(Contingent Valuation Method,简称 CVM),该方法假定在市场环境下消费者对某一环境或服务改善的支付(Willingness To Pay,简称 WTP)。本文通过在蒙阴县问卷调研方式获得农户对节水灌溉的认知态度和支付意愿,运用 CVM 法进行情景描述,假设节水灌溉设备成本由政府和农户共同承担,访问过程中向农户提供节水灌溉相关政府政策信息及市场行情。本研究结合国内外相关研究成果和研究对象的基本特征,采用双阶二分选择法来询问农户的支付意愿,即二分式选择法结合开放式询问,说明技术设备市场信息后,首先询问农户是否愿意支付,若愿意支付,再询问愿意支付的最大额度。

1.2 支付意愿影响因素分析

1.2.1 农户基本特征

此次调研对象均为农户,其中年龄在 45 岁以下的占 26.9%,而 45 岁及以上的占 73.1%,所访问的农户年龄较大者居多。此外农户的教育程度在初中水平最多,小学程度其次,高中及以上教育水平占比较少,调研农户的文化程度普遍不高。年收入在 5 万元以上的较少,在 2 万~5 万之间的居多(见表 2-1-1)。

表 2-1-1　农户基本特征统计

农户基本特征	类别	频度(户)	百分比(%)
年龄	45 岁以下	78	26.9
	45 岁及以上	212	73.1
文化程度	小学及以下	98	33.8
	初中	109	37.6
	高中或中专	72	24.8
	大专或本科及以上	11	3.8
收入	小于 1 万	40	13.8
	1 万~2 万	74	25.5
	2 万~5 万	150	51.7
	5 万以上	26	9.0

1.2.2 农户生产经营特征

本研究以家庭耕地面积为反映生产经营特征的变量。调查显示,接受调研的 11 个村庄中,只有 7.9% 的农户拥有 0.667 hm² 及以上规模的耕地,其余的农户家庭耕地面积均小于 0.667 hm²,农户家庭的平均耕地面积为 0.266 hm²。

1.2.3 农户对节水灌溉的认知特征

(1)农户对灌溉水资源紧缺程度的认知。所访问的农户中,有 16.1% 的农户认为灌溉水资源不紧缺,而有 57.9% 的农户认为灌溉水资源非常紧缺,26.0% 的农户表示有时候会紧缺,由此可知,绝大多数的农户认为水资源会缺乏,存在着灌溉水资源需求得不到满足的情况。

(2)农户对原有灌溉方式的成本的认知。据实地了解,传统灌溉成本包括购买喷灌机成本、油或电费用以及部分地区收取的水资源费,有 5.8% 的农户认为偏低,而 80.6% 的农户认为成本较高,13.6% 的农户认为原有灌溉成本价格合适。大部分农户认为原有成本高,寻求较低成本且更便捷的灌溉方式来代替原有灌溉方式的愿望较强烈。

（3）农户对节水灌溉技术的了解程度。均值为 1.821,总体而言,农户对技术认知程度不高。有 19.4％的农户认为自己对节水技术了解,而 43.4％的农户表示只是村里安装后知道,但并不是很了解,37.2％的农户反映不了解该技术。

（4）对节水灌溉技术预期效果的认可度。在问卷列举的 8 项作用中,95.9％的农户对该技术的作用予以认可,这些农户中有 90.7％表示该技术能够节省劳动力,不需要像传统灌溉那样到处搬动喷灌机,并且能够保证山坡上的部分作物能得到浇灌,使灌溉更为便捷。而其中有 81.2％认为可以节省水资源,用有限的水资源保证更多的作物能够得到灌溉。有 12 户农户表示所使用的节水灌溉设备并没有效果。

（5）对节水灌溉技术政策的满意度。有 57.0％的农户对于目前实施的节水灌溉政策持满意态度,21.5％的农户对政府的相关政策持中立态度,21.5％对目前的政策不满意,这说明政府的政策中仍有不足之处,有一定的改善空间。

农户对节水灌溉的认知特征见表 2-1-2。

表 2-1-2　农户对节水灌溉的认知特征统计

农户的认知特征	类别	频度(户)	比例(%)	均值
水资源紧缺程度	1＝不紧缺	47	16.1	2.417
	2＝有时紧缺	75	26.0	
	3＝非常紧缺	168	57.9	
农户对原有灌溉方式成本的认知	1＝偏低	17	5.8	2.755
	2＝合适	40	13.6	
	3＝偏高	234	80.6	
农户对节水灌溉技术的了解程度	1＝不了解	108	37.2	1.821
	2＝听说过	126	43.4	
	3＝了解	56	19.4	
对节水灌溉技术预期效果的认可度 ①＝增加产量;②＝提高保苗株数; ③＝提高作物品质;④＝省工省时; ⑤＝节省油、电;⑥＝节省用水量; ⑦＝节省农药、化肥;⑧＝节省水费	0＝无用	12	4.1	3.348
	1＝有 1 种作用	74	21.5	
	2＝有 2 种作用	131	45.0	
	3＝有 3 种作用	205	27.7	
	4＝有 4 种作用	5	1.7	
	⋮	0	0	
	8＝有 8 种作用	0	0	
农户对政策的满意度	1＝很不满意	16	5.4	3.486
	2＝不太满意	47	16.1	
	3＝一般	62	21.5	
	4＝比较满意	110	38.0	
	5＝满意	55	19.0	

1.2.4 农户支付意愿统计

被访问的农户中,有 86.3% 的农户表示愿意支付,平均支付水平为 4086 元/hm²,农户的支付水平不是很高,支付额度在 1 500 元/hm²,4 500 元/hm² 两者最多(见图 2-1-1),分别占 16.5%,18.2%。

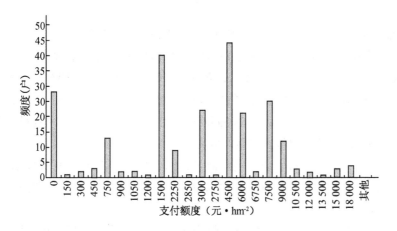

图 2-1-1 农户支付意愿统计图

2 农户采用节水灌溉技术支付意愿的实证分析

2.1 模型设定

通过上文分析,可以将农户的支付意愿分为 2 类:WTP=0 和 WTP>0。农户不愿意支付,为 WTP=0;农户愿意支付,则为 WTP>0。因而本研究探讨的支付意愿是二分选择 Logistic 模型。用 Logistic 模型分析 WTP 的研究最早于 20 世纪 90 年代在国外就存在,后被国内外学者广泛推广使用。本研究将农户的支付意愿 Y_i(当 WTP>0 时,$Y_i=1$;WTP=0 时,$Y_i=0$)设为因变量,以年龄、文化程度、收入、耕地面积、对节水灌溉技术预期效果的认可度、对节水技术的了解程度、对水资源紧缺程度的认知、对传统灌溉成本的认知等为自变量。Logistic 回归模型形式可具体表示为:

$$Y_i = \ln\left(\frac{P}{1-P}\right) = \beta_0 + \beta_1 Age_i + \beta_2 Edu_i + \beta_3 Inc_i + \beta_4 Area_i + \beta_5 Defi_i + \beta_6 Tec_i + \beta_7 Expec_i + \beta_8 Poli_i + \beta_9 Cost_i + \xi_i \tag{2-1-1}$$

式中：P 为愿意支付的概率，$(1-P)$ 表示不愿意支付的概率；Age，Edu，Inc，$Area$，$\cdots$，$Cost$ 分别为年龄、文化程度、收入、耕地面积、对传统灌溉方式成本的认知等 9 个因素；β_0 为常数项；β_1，β_2，$\cdots$，β_9 为回归系数；ξ_i 为随机干扰项。

2.2　二元回归结果分析

通过 SPSS 17.0 软件对模型进行二元回归分析，结果见表 2-1-3。模型系数的综合检验结果表明，卡方值为 175.220，自由度为 9，显著性概率为 0。模型的 Hosmer-Lemeshow 检验结果 $Sig.$ 值为 1.00，大于 0.05，说明统计不显著，接受观测值和预测值没有显著差异的原假设。同时，-2Likelihood（-2LL）值为 17.561，大于卡方临界值 16.92，Nagelkerke R^2 的值为 0.938，这些指标都表明模型的总体拟合效果较好，方程整体效果显著。

从表 2-1-3 可以看出，农户的年龄、文化程度、农户对节水灌溉技术的了解程度、对节水技术预期效果的认可度以及对相关政策满意度在 5% 的水平上具有统计上的显著性。

农户的年龄、文化程度的回归系数为正，与支付意愿正相关，在不愿意支付农户中，75% 的农户为 45 岁以下，这说明，农户的年龄越大和文化程度越高，支付意愿越强，这与访谈过程中所了解的情况一致。年龄越大的农户，农耕经验丰富但拥有的专业技能较少，体能也逐渐减弱，他们的收入主要依靠农业，因此对农业生产也更为重视。年龄越小的农户越不愿意支付，原因在于他们不依靠农业来增加收入，认为自己有足够的体力完成每年旱季的浇灌，不愿意在节水技术设备中投入，而且担心投入的资金不能用到实处，其主体意识强烈，对于村干部表现出不信任的态度，因而支付意愿不强。其他条件不变的情况下，农户的文化程度越高，表现出越强的支付意愿。

表 2-1-3　Logistic 模型估计回归结果

自变量	B	$S.E.$	$Wald$	$Sig.$	$\mathrm{Exp}(B)$
Age	5.315**	2.629	4.087	0.043	203.332
Edu	3.991**	2.018	3.914	0.048	54.129
Inc	0.487	1.055	0.213	0.645	1.627
$Area$	$-0.841*$	0.432	3.789	0.052	0.431
$Defi$	0.981	1.039	0.891	0.345	2.666
Tec	3.179**	1.402	5.144	0.023	24.018
$Expec$	6.388**	2.821	5.126	0.024	594.442
$Poli$	5.089**	2.038	6.238	0.013	162.292
$Cost$	0.890	1.441	0.381	0.537	2.434

续表

自变量	B	S. E.	Wald	Sig.	Exp(B)
Constant	−32.338	12.771	6.472	0.011	0
综合性检验	卡方检验值为175.220		自由度为9	显著性概率为0	
模型拟合优度检验	−2LL值为17.561	Cox&Snell R^2 为0.515		Nagelkerke R^2 为0.938	

注：* 表示在10%水平上显著，** 表示在5%水平上显著；B 为回归系数值，$S.E.$ 为相应回归系数的标准差，$Wald$ 为回归系数与标准误差比值的平方，$Sig.$ 为差异显著性概率，$Exp(B)$ 为对回归系数 B 进行指数计算的结果。

农户对节水灌溉技术的了解程度与支付意愿正相关，这表明，农户越了解技术，越有意愿投入资金。在访谈过程中了解到，大多数村在安装此技术时并没有进行宣传，也没有在农户使用前对其进行相关技术培训，只有村干部对于该项技术有一定的了解，这使得农户在应用的过程中遇到了很多问题且不懂得如何解决，村中相关负责人也没有安排专业人员及时解决，信息的不完全使得农户对于投资该项技术设施有所顾忌。

对节水技术效果的认可度可以反映节水灌溉技术对作物种植发挥的作用程度，发挥作用越大，越有利于产量的提高，从而收益越大，因此农户认可度越高，越愿意为其支付。部分农户认为技术设备的弊大于利，例如节水灌溉设备管道铺设位置、设计不合理以及管道容易破裂而造成耕种不便。

农户对政策满意度越高，越信任政府，则更愿意为政府推广的农业技术投入。对于持不满意态度的农户，调研组又深入询问原因，得知该技术设备产品质量不过关、村组织对设备维护管理不善2类问题是农户反映的最主要的问题。

回归结果表明耕地面积在10%的水平下显著。耕地面积的回归系数为负，表明耕地面积越多，其对节水技术的支付意愿越不强。所调研的村庄中，农户都是按家庭人数分得土地，少数农户通过租用耕地而拥有较多的土地，户均土地面积0.266 hm²。访谈中了解到，农户使用传统喷灌机灌溉（成本约为5 000元，使用寿命5~6年），各自根据耕地离水源的距离购买水管，2~4家耕地较少的农户合起来购买一台喷灌机可满足耕地的灌溉需求，他们愿意用购买喷灌设备的成本来投资节水技术，认为节水灌溉设备浇灌更省工省时。拥有大量耕地（通常是自有土地加上租用的土地）的农户家庭单独购买喷灌机能够满足所有的灌溉需求，相较于不熟悉的节水技术，前者灌溉设备单位面积成本可能更低。基于此，笔者认为农户通过对其他灌溉方式的资金投入来满足耕地灌溉需求，意味着其愿意对水利灌溉投入资金，只是更倾向于总成本低、更熟悉的灌溉方式。

此外，农户家庭收入、水资源紧缺程度以及对传统灌溉方式成本的认知对支付意愿有正向影响，不具有统计上的显著性。

3 研究结论及政策建议

3.1 研究结论

本研究通过 CVM 方法对山东蒙阴县农户对节水灌溉技术支付意愿进行了实证分析。通过上述的分析可知,随着农村经济和人口的变化,农户主体性增强,对政府的不信任阻碍了农户对节水技术的支付意愿,较少的技术宣传和培训教育、现行推广的节水设备质量低且没有专门的机构进行维护管理,导致农户获得信息不完全,而对节水技术的投资更谨慎。农户支付意愿较高,平均支付水平为 4 086 元/hm²。农户的认知特征显著影响农户支付意愿,而年龄、文化程度、耕地面积也是主要影响因素。

3.2 政策建议

结合调研资料和实证分析结果,提出以下几条政策建议。

(1)普及相关政策与科技知识,加强节水灌溉技术的宣传与培训工作。实证结果表明,年龄、文化程度、对技术了解程度等因素显著影响着农户的支付意愿。随着社会经济的发展,长期住在农村的大多数为年龄较大的农户,越来越少的年轻人选择从事农业,他们的主体性逐步增强,表现出对政府的不信任态度,较难和政府进行合作。因此普及政府出台的相关政策,是当前的重要任务。调查结果显示,农户对技术了解程度不高,政府在加大宣传和推广节水灌溉技术的力度以及加强组织农户接受节水灌溉技术的教育与培训工作方面负有义不容辞的责任。可以学习韩国政府的推广方式,通过网络和其他媒介,对节水灌溉技术进行指导,让更多的农户了解并懂得使用技术。

(2)吸取国外节水技术先进应用经验,科学规划耕地,因地制宜推广节水灌溉技术。政府应在规划建设节水灌溉项目前,重新规划土地,让耕地形成规模,学习发达国家已广泛应用和推广的地面平整技术,方便浇灌,同时还助力于增加耕地规模,形成规模效应而减少成本,增加农户的收入。

(3)加大对节水灌溉技术研发的扶持力度,加强对节水技术设备质量监管,成立专门机构管理维护。从农户对预期效果的认可度可知,农户认为该项技术不适用于部分地区的耕地,存在设备容易破损等质量问题,也会减弱农户的支付意愿。政府应加大对灌溉行业研发、生产、销售企业的监管,通过市场化提升节水灌溉设备的质量,同时向国外先进技术学习,加强对技术研发的支持力度,从而有力改善广大受干旱地区农户的灌溉问题。

(4)参照发达国家节水技术投资推广模式,构建金融支持节水灌溉建设的长效机制,明确政府投资界限。基于本研究结果,在考虑农户价格承受能力情况下,尝试政民结合的投资方式,若每户家庭按照 4 086 元/hm² 承担一部分成本,则为 100 hm² 的耕地铺设节水灌溉设施能够为财政分担 40.86 万元资金。同时鼓励金融机构参与,出台给予农户贷款投资优惠的政策,既能减轻财政负担,提高财政资金利用效率,又能鼓励民众参与兴建和使用节水灌溉项目。

第2章

农户节水灌溉技术选择行为的影响因素分析

——基于山东省蒙阴县的调查数据

中国是水资源相对贫乏的国家。2011年,中国人均水资源量是1 730 m³,不到世界人均水资源的1/4,比上年下降了25.1%。作为农业大国,中国农业用水量占社会用水总量的60%左右。虽然农业用水中90%以上是灌溉用水,但是,全国平均灌溉用水利用系数只有0.45左右。鉴于水资源日益短缺对农业生产造成的不利影响,发展节水灌溉技术成为中国农业提高水资源利用率、摆脱缺水危机、保障粮食安全的必然选择。

农户是农业生产中的基本单位,作为独立的生产者,其对农业技术的采用有独立的选择权。只有农户采纳有效的节水灌溉技术,才能将潜在的生产力转化为现实的生产力,才能更有效地利用水资源,促进农业发展。那么,农户对具有公共物品性质的节水灌溉技术的采纳现状如何? 其采纳行为受到哪些因素影响? 如何采用正确的激励措施促进农户选择该技术? 本节试图回答这些问题,旨在为节水灌溉技术的进一步推广提供理论支持和现实指导。

20世纪80年代中期以来,国内外学者对农户节水灌溉技术采纳行为的影响因素做了较多研究。Caswell等通过对美国加利福尼亚州果农灌溉方式选择的影响因素的定量研究,认为与传统技术相比,现代灌溉方式的节水程度越高、市场网络越广泛、水价越高、果农收入水平越高,他们采用节水技术的可能性越大。对果农征收水资源使用税能够促使其采用节水技术,而且使用地下水的农户比使用地表水的农户更容易使用现代灌溉方式。Carey等运用灌溉技术采用的随机动态模型,把未来干旱程度的随机性和经济激励因素的不确定性(如水价格和水市场)考虑进去,得出潜在的水市场使水资源充足地区的农户比水资源短缺地区的农户更易采用节水技术的结论。在水资源供给短缺地区,水市场的存在使农户延期采纳节水技术,原因是他们认为能够通过水市场获得更多的水资

气候变化、农业灌溉用水与粮食生产研究

090

源供给。农户只有在预期的水市场交易收益大于交易成本的条件下,才会采用水灌溉技术。Schuck等利用美国科罗拉多州历史上严重干旱的数据,研究了干旱程度如何影响农户对节水灌溉技术的选择,发现干旱程度提高促使农户采用更有效的喷灌技术,影响农户节水灌溉技术选择行为的主要因素为租地制、田地规模和灌溉水的可获得性。

国内学者对农户节水灌溉技术选择行为的研究主要是在实地调查的基础上,运用计量经济学模型对农户选择行为的影响因素进行实证分析。刘红梅等运用全国9个省的农户调查数据进行了实证分析,结果表明:政府扶持、农户的文化程度、水资源短缺程度、耕地细碎化程度、水权能否交易、是否加入用水者协会、农户在节水灌溉财政投入决策过程中的参与程度等,对农户节水灌溉技术的采用有显著的影响。刘宇等的研究表明,水资源短缺程度、政策支持程度对农户节水技术的采用有显著的正向影响;作物结构、人均耕地面积、非农就业比例和受教育程度等因素也不同程度地影响农户节水技术的采用。陆文聪等对浙江省16个县(市)的农户进行了问卷调查,将认知变量引入所构建的影响因素模型,并通过因子分析法和Logistic回归模型分析各变量对农户节水灌溉技术选择意愿的影响,结果表明:年龄、收入因子、制度因子、增收因子和风险因子都是显著的影响因素。

以上研究对激励农户选择节水灌溉技术具有重要的理论价值和现实意义。本研究在借鉴已有研究成果的基础之上,对山东省蒙阴县的农户展开问卷调查,引入认知变量,运用Logistic模型分析该县农户节水灌溉技术选择行为的影响因素。

1　样本点基本情况

中国现阶段采用的节水灌溉技术主要包括节水灌溉工程技术、农业耕作栽培节水技术和节水管理技术。其中,节水灌溉工程技术是核心,它包括渠道防渗技术、管道输水技术、喷灌技术、微灌技术和渗灌技术5种,其直接目的在于减少输配水过程中的跑漏损失和田间灌水过程中的深层渗漏损失,提高灌溉效率。本次研究的灌溉技术特指节水灌溉工程技术,并依据各种技术的节水效果,将渠道防渗技术称为"传统技术",将管道输水技术和喷微灌技术称为"现代技术"。

1.1　样本选取依据

本研究选取山东省蒙阴县作为考察对象,主要基于以下原因:蒙阴县位于山东省东南部,是典型的山丘农业县,水资源较为匮乏,平均径流深为 289 mm,人均占有水资源 805 m³,远低于人均 1 000 m³ 的严重缺水界限。截至 2008 年底,全县农田有效灌溉面积达 15.36 万亩,占耕地总面积的 32.8%;节水灌溉面积达 6.95 万亩,占耕地总面积的 14.9%。该县大多数地方仍采用大水漫灌的方式,加上地面不平整,灌溉水的利用率较低。同时,蒙阴县位于南方、北方过渡地带,降雨年内、年际变差较大,时空分布不均,水旱灾害发生频繁、时间长、范围广、危害大,对农业生产影响较大。蒙阴县水资源短缺且节水灌溉技术落后,在中国山丘农业缺水地区具有很强的代表性,因此,基于该县得出的研究结论具有普遍意义。本研究依据节水灌溉技术已经覆盖或者即将覆盖的范围,选取了 2 个镇(高都镇和野店镇)和 1 个乡(旧寨乡),并从中抽取了 11 个样本村,最终获得有效问卷 245 份。

1.2 以户为调查单位的依据

节水灌溉技术与农户采用的新型作物品种和病虫害防治技术相比,其所需的资金投入较高,并不是当前从事小规模家庭经营的农户所能采用的。节水灌溉技术具有公共物品的属性,农户的采用往往是一种集体行为,因此,技术选择是以乡(村)为单位集体行动的结果。但是,笔者在调查中发现,由于蒙阴县农村经济发展水平较为落后,依靠村集体来促进先进技术的采用是不可能的。虽然政府的支持行为具有一定的强制性,但是,农户作为独立的市场主体,如果采用先进技术不仅不会提高收入,反而还会增加额外的劳动投入,那么,作为理性人的农户仍然会采用"传统技术"。政府行政干预下实施"先进技术"只是起到临时的示范作用。蒙阴县部分乡镇的节水灌溉工程已在 2012 年竣工,2013 年还有一些乡镇的节水灌溉工程仍在继续扩展建设中。其中,节水技术主要包括微喷灌、小管管灌和管道灌溉。由于工程不完善,修建好的灌溉设施无法将水库的水送到山坡上;同时,由于管理不善,铺好的灌溉设施一直未投入使用,变压器和水泵被偷,部分地区的农户自发采用了传统的漫灌方式或者自家机器抽水的灌溉方式。从上述分析中可以看出,蒙阴县农户的节水灌溉技术选择行为表现为较强的个体行为,因而本研究选择以农户为单位进行调查。

1.3 样本点的基本情况

在所调查的两镇一乡中,野店镇和旧寨乡的农户主要以种植果树为主。其中,野店镇还拥有朱家坡水库,此水库的最大库容量为 1 230 万 m³。2012 年,节水灌溉设施在野店镇和旧寨乡的部分村庄已经建成,却一直未投入使用,其最重要的原因是所修建的工程无法适应当地的情况。虽然农户对节水灌溉技术期待很高，但无法实际使用。高都镇大面积推广的节水灌溉技术是管道灌溉，也包括微喷灌和小管管灌，该工程在 2013 年 4 月下旬竣工。按照"政府引导、农民自愿、依法登记、规范运作"的原则，野店镇、高都镇和旧寨乡都成立了农民用水协会，承担小型农田水利工程的维修、使用和管理职责。

2　模型和变量选择

2.1　模型选取

农户对节水灌溉技术的选择行为有"选择"和"不选择"两种情况。每一个农户都会在理性地综合衡量各种影响因素的基础上，做出最佳选择，这是一个典型的二元决策的问题。因此，本研究运用二元 Logistic 回归模型分析农户节水灌溉技术选择行为的影响因素。模型设定如下：

$$P = F(y=1 \mid X_i) = \frac{1}{1+\mathrm{e}^{-y}} \tag{2-2-1}$$

式中：y 代表农户节水灌溉技术选择行为，当农户选择节水灌溉技术时，$y=1$，反之则 $y=0$；P 代表农户选择节水灌溉技术行为的概率；$X_i(i=1,2,\cdots,n)$ 为可能影响农户节水灌溉技术选择行为的因素。

式(2-2-1)中，y 是变量 $X_i(i=1,2,\cdots,n)$ 的线性组合，即：

$$y = b_0 + b_1 x_1 + b_2 x_2 + \cdots + b_n x_n \tag{2-2-2}$$

式中：$b_i(i=1,2,\cdots,n)$ 为第 i 个解释变量的回归系数。对于式(2-2-1)和式(2-2-2)进行变换，得到以发生比表示的 Logistic 模型：

$$\ln\left(\frac{p}{1-p}\right) = b_0 + b_1 x_1 + b_2 x_2 + \cdots + b_n x_n + \varepsilon \tag{2-2-3}$$

2.2　数据来源和变量选择

本研究所用数据是笔者 2013 年 4 月在山东省蒙阴县两镇一乡 11 个村实地调查所获得的。被调查对象为当地的普通农户和村干部，其中，农户占 90.3%。根据相关理论和实地调查，影响农户节水灌溉技术选择行为的因素有：①农户自身特征，包括性别、年龄、受教育程度、政治面貌、职务；②农户家庭特征，包括家庭年收入、收入主要来源、农业收入占家庭总收入比例；③生产经营方面，包括耕地面积、有效灌溉面积、耕地细碎化程度；④农户获取技术信息方面，主要是获取技术的渠道；⑤农户对技术的认知方面，包括对技术了解程度、对技术满意程度、技术对农户本身的影响程度、对现有灌溉方式的满意程度；⑥政策环境方面，包括政府对节水灌溉技术的宣传力度、农户对节水灌溉政策的满意程度；⑦水价格制度方面，包括用水收费方式、现行水价、水价认知；⑧建设工程方面，主要指对节水灌溉技术投资方式的满意程度。根据 245 份调查问卷，得出各变量的统计特征（见表 2-2-1）。

表 2-2-1　模型变量的解释、统计特征及其预期影响方向

	变量名称	变量含义	标准差	均值	预期影响
农户自身特征	性别	女＝0；男＝1	0.460	0.698	正向
	年龄	单位：岁	15.151	45.788	负向
	受教育程度	小学及以下＝0；初中＝1；高中＝2；大学及以上＝3	0.798	0.725	正向
	政治面貌	群众＝0；党员＝1	0.346	0.139	正向
	职务	普通村民＝0；村干部＝1	0.298	0.098	正向
农户家庭特征	家庭年收入	小于 1 万元＝1；1 万～2 万元＝2；2 万～5 万元＝3；5 万元以上＝4	0.995	2.584	正向
	主要收入来源	种植业＝1；养殖业＝2；其他农业＝3；非农业＝4	2.452	1.718	负向
	农业收入占家庭总收入比例	20% 以下＝1；20%～50%＝2；50%～80%＝3；80% 以上＝4	0.764	3.310	正向
生产经营特征	耕地面积	单位：亩	3.472	5.141	正向
	有效灌溉面积	单位：亩	3.168	3.812	负向
	耕地细碎化程度	单位：块	2.787	5.437	正向
农户获取技术信息方面	获取技术的渠道	市场购买＝1；技术员推广＝2；协会推广＝3；村推广＝4；政府推广＝5；自己琢磨＝6；其他农民教＝7	1.541	4.865	不确定
农户对技术认知方面	对技术了解程度	了解＝1；知道＝2；不了解＝3；不知道＝4（完全是集体安排）	1.051	2.376	负向
	对技术满意程度	满意＝1；基本满意＝2；一般满意＝3；不满意＝4	0.972	2.776	负向
	技术对农户本身的影响程度	影响很大＝1；影响一般＝2；影响很小＝3；没有影响＝4	0.610	1.257	负向
	对现有灌溉方式的满意程度	不满意＝1；一般＝2；满意＝3	0.686	1.927	负向
工程建设方面	对节水灌溉技术投资方式的满意程度	很不满意＝1；不太满意＝2；一般＝3；较满意＝4；很满意＝5	1.055	3.584	正向

续表

变量名称		变量含义	标准差	均值	预期影响
水价格制度方面	水价认知	很高＝1；偏高＝2；合适＝3；偏低＝4；不知道＝5	0.521	2.355	负向
	用水收费方式	按人头＝1；按用水量＝2；按用电量＝3；按小时＝4；按耗油量＝5；免费＝6	1.544	3.586	不确定
	现行水价	单位：元/亩	36.196	79.424	正向
政策环境方面	政府对节水灌溉技术的宣传力度	经常＝1；偶尔＝2；几乎没有＝3	0.526	2.718	负向
	对节水灌溉政策的满意程度	很不满意＝1；不太满意＝2；一般＝3；较满意＝4；很满意＝5	1.296	3.302	正向

3 模型估计结果与分析

利用 Eviews 5.0 软件估计式(2-2-3)模型,所得结果见表 2-2-2。可以看出,模型整体的拟合度较好。农业收入占家庭总收入比例、土地面积、用水收费方式、对节水灌溉政策的满意程度、对节水灌溉技术投资方式的满意程度、水价认知和政府对节水灌溉技术的宣传力度对农户节水灌溉技术选择行为有显著的正向作用;有效灌溉面积、对技术了解程度、对技术满意程度、技术对农户本身的影响程度和对现有灌溉方式的满意程度对农户节水灌溉技术选择行为有显著的负向作用。换言之,上述因素是影响农户选择节水灌溉技术与否的重要因素。

表 2-2-2 农户节水灌溉技术选择行为影响因素模型的估计结果

变量	系数	标准差	Z统计量
常数	3.311	4.820	0.687
性别	0.366	0.848	0.431
年龄	0.016	0.019	0.841
受教育程度	−0.381	0.630	−0.605
政治面貌	−2.035	1.882	−1.081
职务	1.464	2.057	0.712
家庭收入	0.441	0.472	0.934
收入来源	0.443	0.274	1.619
农业收入占家庭总收入比例	1.227**	0.545	2.251
耕地面积	0.728**	0.260	2.795
有效灌溉面积	−0.487**	0.238	−2.043
耕地细碎化程度	−0.157	0.145	−1.087
用水收费方式	0.410*	0.241	1.704

变量	系数	标准差	Z 统计量
现行水价	−0.000 4	0.009	−0.047
对技术了解程度	−0.626*	0.335	−1.867
获取技术的渠道	−0.523	0.518	−1.009
对技术满意程度	−6.484***	1.134	−5.720
技术对农户本身的影响程度	−1.109**	0.562	−1.972
对现有灌溉方式的满意程度	−1.580**	0.646	−2.448
对节水灌溉政策的满意程度	0.644*	0.352	1.833
对节水灌溉技术投资方式的满意程度	0.669*	0.386	1.734
水价认知	1.562*	0.810	1.928
政府对节水灌溉技术的宣传力度	1.321*	0.719	1.836
回归标准差		0.213	
赤池信息检验值		0.518	
对数似然值		−39.732	
显著性		0.000	
残差平方和		9.944	
施瓦茨检验值		0.850	
LR 检验统计量		247.975	

注：＊＊＊，＊＊，＊分别表示在1％，5％，10％的水平上显著。

第一，农户对节水灌溉技术的认知程度是影响其选择行为的重要因素。模型估计结果表明，农户对节水灌溉技术越了解，且意识到节水灌溉技术对自身的影响越大，就越倾向于选择节水灌溉技术。先进的节水灌溉技术可以为农户带来较大的经济效益。但实际上，调查中有60.4％的农户没有选择节水灌溉技术；其中，43.2％的农户主要是因为对节水灌溉技术不了解或者不知道而没有选择。因此政府应该加大对节水灌溉技术宣传和对农户培训的力度，使农户真正了解节水灌溉技术的功能和优点，促使他们选择节水灌溉技术。

第二，农业收入占家庭总收入比例是影响农户节水灌溉技术选择行为的经济因素。农业收入占家庭总收入比例越大，农户越倾向于选择节水灌溉技术。通过实地调查可知，蒙阴地区87.5％的农户农业收入的比重超过了50％；其中，55.7％的农户农业收入的比重超过了80％。由于蒙阴县属于沂蒙山区，且农户的收入来源主要是种植业，收入来源上的差异很小，因此，在该县推广节水灌溉技术，不仅可以节约水资源，还能帮助当地农户节省劳动力，拓宽收入渠道，促进当地农村经济增长。

第三，耕地面积和有效灌溉面积对农户选择节水灌溉技术有显著的正向影响，这与预期相符。耕地面积越大，应用节水灌溉技术的单位成本就越低，产生的效益越大，容易形成规模效应。相反，耕地面积越小，越不能形成规模效应，农户看不到节水灌溉技术带来的好处,自然就不会采用。有效灌溉面积越小,农户会越倾向于选择节水灌溉技术,以保证有效灌溉。

第四,政府对节水灌溉技术的宣传力度、农户对节水灌溉政策的满意程度和对节水灌溉技术投资方式的满意程度是激励农户节水灌溉技术选择行为的重要因素。模型估计结果表明,政府对节水灌溉技术的宣传力度越强、农户对节水灌溉政策和节水灌溉投资方式的满意程度越高,农户越倾向于选择节水灌溉技术。先进的节水灌溉技术节水效果明显,但成本较高。若采用节水灌溉技术的成本完全由农户承担,则会制约农户的选择行为。从实地调查中可以看出,政府充当节水灌溉基础设施的供给方,将极大地促进农户对节水灌溉技术的选择;但政府在促进农户对节水灌溉技术的需求方面,例如,对采用节水灌溉技术的农户进行补助,却做得不够。

第五,水价认知对农户采用节水灌溉技术有正向影响。

4 激励农户采用节水灌术的政策建议

本研究实证分析的结果表明,政策因素是影响农户节水灌溉技术选择行为的重要因素。因此,提出如下政策建议。

(1) 健全农民技术培训机制。农民是农业生产的主体,农户本身的知识水平和能力素质在很大程度上决定农户是否采用节水灌溉技术。因此,提高生产决策者采用节水灌溉技术的能力,是成功推广节水灌溉技术的关键,也是促进科技向现实生产力转化的动力。政府及科研推广决策部门在推广节水灌溉技术和项目时,首先,要考虑农户在技术风险、资金投入方面的承受能力以及对技术的掌握能力,帮助农民客观认识技术的风险和资金方面的信息。其次,要强调农民的主体作用,不能只见技术不见人,要深入分析农民的需求和心理特点,吸引农民积极主动地参与和合作,让农民感受到自己的参与权利。最后,要充分发挥广播电视、农业院校和协会组织等社会各方力量,开展适应农民需要的多种形式的培训活动,建立真正意义上的由政府组织、农业部门主导、农科教结合、社会广泛参与的农民教育培训网络。

(2) 制定采用节水灌溉技术的激励和扶持政策。在节水灌溉技术推广初期,政府采取相应的激励政策和扶持政策能够激发农户采用新技术的积极性。对于采用节水灌溉技术的农户,可以通过生产资料补贴等物质补助的形式或奖励政策加以鼓励,或者通过降低农业用水价格来提高农户采用技术的概率。同时,政府要加强对鼓励和扶持政策的宣传工作,让农户了解鼓励政策的目的和相应的实施办法。

（3）加快土地整合，形成规模化经营。农户经营的土地面积越大，其应用节水灌溉技术的成本越低，产生的效益越大，易形成规模效应。蒙阴山区土地比较分散，农户采用节水灌溉技术有很多不便之处，因此，加快土地流转，将小的、细碎化的地块整合，有利于提高农户采用节水灌溉技术的积极性。

（4）调节水资源价格。根据实地调查结果，在中国广大农村，农业用水价格长期偏低，远远低于农业水资源的真实价值，且农户采用节水灌溉技术缺乏很强的经济激励。本研究的分析表明，农户对水价的认知影响其节水灌溉技术选择行为。因此，为了激励农户采用节水灌溉技术，必须合理地、逐步地提高水价，并逐步把政府对农业水价的暗补变为明补。

第3章

河南省滑县农户采纳玉米新品种的影响因素分析

玉米是我国重要的粮食作物之一。2014 年全国玉米播种面积 3 707.6 万 hm²，总产量 2.156 7 亿 t，在稳定全国粮食总产量上发挥了重要作用。面对国内日益增长的玉米消费需求，依靠良种兴农，加快玉米新品种扩散成为提高产量的必然选择。农户是农业生产的主体，作为玉米新品种的采纳者和受益者，其行为最终决定玉米新品种的推广。

国内外学者对影响农户新品种技术采纳行为的因素已进行了较深入的分析。Gafsi 等研究发现农户对新品种的接受速度与其自身的风险偏好相关。Hayami 通过研究得出农户水稻品种的采纳行为与其种植规模之间呈负相关的结论。Herath 对斯里兰卡地区农民的研究发现，农户对水稻新品种的采纳行为不仅受到新技术的成本和期望产量的影响，还受个人风险态度的影响。Barkley 等认为影响农户小麦品种选择的关键因素是品种的质量和生产特征。Horna 等分析了尼日利亚农户选择水稻新品种的偏好及意愿，结果表明农户在选择水稻新品种时主要根据自身的社会经验、经济条件以及对品种特性的了解。王秀东等研究表明，影响农户采纳小麦新品种的因素主要有新品种可获得性、农户风险意识以及良种是否增加效益等。李冬梅等研究发现农技员推广和亲戚朋友的购种行为会对农户采纳水稻新品种产生正面影响。唐博文等通过比较分析得出文化程度、借款难易和信息可获得性对农户采纳新品种具有显著影响的结论。齐振宏等基于湖北省水稻种植户的调研发现农户的年龄、受教育程度、健康状况、水稻种植面积、收入等特征都是影响农户采纳新品种的因素。黄武等研究表明，家庭人均收入、示范户身份及打工收入占家庭总收入中的比例对农户采纳花生新品种具有重要影响。候麟科等研究发现，农户风险偏好对其玉米品种选择行为具有显著影响。

目前关于农户农业新品种选择行为的研究在研究内容上多是基于水稻或者小麦等品种的选择，尤其是国外的研究。水稻和小麦的产出主要是作为食用口粮，而玉米除了食用之外，还是主要的饲用粮食和重要的工业原料，与水稻和小麦有一定差别。鉴于此，本次以玉米作为研究对象，引入农户的风险态度和认知变量，运用二元 Logistic 模型分析河南省滑县农户玉米新品种选择行为的影响因素，有针对性地提出提高农户采纳玉米新品种积极性的可行途径，也为建立合理的农技推广体系提供有力依据。

1 理论分析与研究假设

1.1 理论分析

舒尔茨提出，利润或效果最大化的目标前提下，农民将结合自身现有的资源状况，进而采纳适当的农业技术。Saha 等研究认为，农户是否采纳农业新技术取决于其采纳新技术的期望收入和需付出的成本。但本研究认为，农户是否采纳玉米新品种实质上取决于新老品种生产效果的比较结果。在假定其他条件不变情况下，如果农户对采纳新品种的预期净收益大于现有品种所获得的净收益，就会采纳该新品种。反之，即使新品种的预期边际净收益大于 0（即边际收益大于边际成本），农户也不会采纳。

假定农户采纳玉米新品种的新增单位成本为农户自身可知的定值 w，设使用老品种的成本为 r。根据前人的相关研究思路，把新品种采纳的条件设定为：

$$\lambda p \cdot g(m) - (w+r) \cdot m \geqslant p_0 \cdot f(m) - r \cdot m$$

式中：λ 为风险偏好系数；p 为农户采纳玉米新品种后的产品价格，p_0 为采纳老品种的产品价格；m 为决策规模；$g(*)$ 为采纳新品种后的生产函数，$f(*)$ 为使用老品种的生产函数。

由上式可知，农户是否采纳新品种受到农户采纳新老品种的成本、风险偏好系数、生产规模、农户对采纳新品种的预期收益等因素影响，同时受到农户的主观风险偏好、农户个体特征、家庭经营特征、农技推广特征等因素的影响。

1.2 研究假设

根据上述分析，将玉米种植户的特征变量分为 5 组：个体特征变量、家庭特征变量、对新品种的认知程度变量、农户风险态度变量和农技推广特征变量，并就农户采纳玉米新老品种的行为及其影响因素提出以下假说。

（1）农户个体特征变量，包括农户的性别、年龄和受教育程度。假设玉米种植户的性别、年龄和受教育程度与玉米新品种的采纳行为有关。从理论上来说，女性思想较男性保守，采纳玉米新品种的意愿偏弱；随着农户的年龄增加，其种植经验越丰富，越有可能采用新品种；受教育年限对农户玉米新品种采用具有正向影响，农户受教育程度越高，其接受新事物和新知识的速度越快，越有可能选择新品种。

（2）家庭经营特征变量，包括家中成员是否有干部、是否为示范户、家庭主要收入来源、玉米种植面积与耕地细碎化。农户家中有人担任干部，意味着有更多机会接触了解新品种技术的相关信息，更利于做出采用新品种技术的选择。一般认为，示范户比普通农户更容易接受新事物，其采纳新品种的行为也比一般农户快。通常情况下，主要收入来源是种植业的家庭，其对粮食生产的依赖程度比较高，为了在单位面积耕地上得到更高的效益，农户会倾向于采用新品种技术；而对于以其他作为家庭收入主要来源的农户家庭，由于种植玉米所获得的收益对其家庭总收入的贡献不大，因而，他们对于选择新品种的积极性也比较低。农户玉米种植规模对其新品种选择具有正向作用。随着农户玉米种植面积扩大，玉米种植收入在家庭收入中的比例也会增加，农户对其所种植的玉米品种关注度提高，更乐于尝试新品种以求提高产量收益。耕地相对分散的农户具有降低种植新品种风险的条件，其采纳新品种的可能性会高于其他农户。

（3）农户对玉米新品种的认知程度变量，主要以农户是否了解新品种特性来进行判断。作为理性的消费者，农户决定是否采用新品种与其对新品种特性的认知程度相关，农户只有了解该品种的某些特性，认为新品种适宜种植并能带来显著效益时才会有所行动。因此，本研究预期农户的认知水平对其采纳新品种具有正效应。

（4）农户的风险态度变量。农户是风险意识较强的群体，农户的主观风险态度与其是否积极采用新品种密切相关。一般来说，风险偏好型的农户采用新品种的积极性较高，而风险规避型的农户更倾向于选择周边普遍种植的传统品种，采用新品种的积极性较低。农户的风险态度在问卷中反映为其对玉米新品种选择的先后。在问卷中设置了如下题目："若市场上出现了一个新的玉米品种，您会怎么做"，选项包括："立即采用并大面积种植""先具体了解新品种的情况，然后小面积种植，如果好就大面积种植""看别人种植的表现，如果大家种植的都好，我就大面积种植""等到大部分人种植了，再考虑种植""不考虑，老品种比较保险"。本研究将前两者归为风险偏好型，其他归为风险规避型。

（5）农技推广特征变量,包括农户参加品种培训次数、与农技员联系次数。通常情况下,农户参加品种培训次数以及与农技员联系次数越多,农户越有可能采纳玉米新品种。通过品种培训这一经验交流平台,农户可以从农技员就新品种技术知识的相关讲解以及部分成功农户的示范经验分享中获得更多关于新品种特点和经济价值的信息,减少其对新品种技术的不确定性,从而更愿意采用新品种技术。农户与农技员联系次数越多,越能接触到更多来自政府有关新品种推介的信息,获得相关配套技术的指导也会更多,这对农户选择玉米新品种都是正向的激励。

2 调查基本情况

滑县是河南省粮食生产第一大县,常年粮食播种面积18万 hm²,总产量135万 t 左右。尽管玉米种植面积和总产量近年来都有所提升,但当地单产变化幅度小,这与目前国内玉米生产的总体情况一致。本次调研以河南省滑县玉米主产区作为典型区域,在调查中主要选取种植玉米的农户,根据玉米种植规模的大小在滑县选择了4镇(白道口镇、牛屯镇、留固镇、王庄镇)、3乡(半坡店乡、枣村乡、赵营乡),共12个自然村,于2015年1月16—27日进行实地调研。调查采取调查员直接进入农户的方式进行,充分保障调查问卷的有效性和回收率。调研共取得300份调查问卷,其中,有效问卷279份,有效率为93%。

2.1 调查区农户基本情况

总体上看,被调查农户有如下特征。第一,以小规模生产为主。被调查农户玉米种植面积主要集中在 0.67 hm² 以下(占71.7%),玉米种植面积超过 1.33 hm² 的被调查农户仅占被调查农户总数的14%。第二,从事玉米种植的农民以中老年劳动力为主。被调查农户的平均年龄为47.32岁,年龄在41~60岁的农户所占比例超过64.2%。第三,农户受教育程度普遍偏低。受教育程度为初中及以下的农户占被调查农户总数的73.1%左右,而受教育程度为大专及以上的农户仅占2.9%(见表2-3-1)。

表2-3-1 变量的统计描述

变量	户数	占比(%)	变量	户数	占比(%)
性别			文化程度		
男	207	74.2	小学及以下	74	26.5

续表

变量	户数	占比(%)	变量	户数	占比(%)
女	72	25.8	初中	130	46.6
年龄			高中或中专	67	24.0
30 岁及以下	17	6.1	大专及以上	8	2.9
31~40 岁	52	18.6	是否有村干部		
41~50 岁	117	42	有	45	16.1
51~60 岁	62	22.2	没有	234	83.9
60 岁以上	31	11.1	是否示范户		
耕地面积			是	80	28.7
0~0.33 hm²	109	39.1	不是	199	71.3
0.33~0.67 hm²	91	32.6	主要收入来源		
0.67~1.33 hm²	40	14.3	种植业	126	45.2
1.33~3.33 hm²	17	6.1	其他	153	54.8
3.33 hm² 以上	22	7.9			

2.2 农户玉米种子选择购买情况

2.2.1 种子选择相关情况

在农户回答"影响您选择玉米品种的最重要因素"问题时,279 个农户中,73.4%的农户选择了"产量",17.6%的农户将"抗逆性(抗病性、抗倒伏、耐旱性)"作为影响其选择种子的首要因素,选择"品质"的占 8.6%,选择"生长期"的占 0.4%。由此可见,产量是农户选择种子时首要考虑的品种特性。由于目前农户种植玉米主要作为饲料用,对玉米品质的要求并不高,因此农户更倾向于选择高产型的玉米品种。在调研中,部分农户表示玉米品种抗逆性强,尤其是抗倒伏性强,玉米产量就能得到一定的保证,因此种子的高抗性也是农户选择种子时重点考虑的因素。

在农户回答"选择品种时对您影响最大的人"这一问题时,被调查农户中30.8%的农户都选择了"自己以往的经验",选择"农技员"的占 25.8%,选择"种子销售人员"的占 22.9%,选择"示范户"的占 12.9%,选择"邻居、亲戚朋友"的占 7.6%。由此可见,农技员与种子销售人员对农户选择玉米品种具有很大的影响,但农户最终决定是否种植农技员或是种子销售人员推荐的新品种仍是根据自己的以往经验。

2.2.2 种子信息获取及购买渠道

在农户回答"您了解玉米新品种的主要途径"这一问题时,47.7%的农户选择了"种子公司",21.5%的农户选择"种子经销商",选择"农技站"的有 13.6%,

选择"邻居、亲戚朋友"的占 8.2%,选择"电视报刊"等媒体的占 2.5%,选择"其他"的占 6.5%。由此可见,大部分农户最主要的农业信息获取渠道为农业技术推广服务,其次为人际关系,而选择媒体的农户很少。在"您平时最主要在哪里购买玉米种子"这一问题时,59.1%的农户选择到"县种子公司"购买,27.6%的农户选择从"当地个体经销商"处购买,9.3%的农户在"乡镇农技站"购买种子,选择"科研机构""外地经销商""通过自己的社会关系获得"的依次占 1.4%、0.7%、0.7%,选择"其他"的占 1.1%。

农户玉米种子选购情况如表 2-3-2。

表 2-3-2　农户玉米种子选购情况

分类	户数	占比(%)	分类	户数	占比(%)
对您选择品种影响最大的人			选择玉米种子最看重的因素		
农技员	72	25.8	产量	205	73.4
种子销售人员	64	22.9	抗逆性(抗病性、抗倒伏、耐旱性)	49	17.6
示范户	36	12.9	品质	24	8.6
邻居、亲戚朋友	21	7.6	生长期	1	0.4
自己以往的经验	86	30.8	购买种子的主要地点		
了解玉米新品种的主要途径			县种子公司	165	59.1
种子公司	133	47.7	当地个体经销商	77	27.6
种子经销商	60	21.5	乡镇农技站	26	9.3
农技站	38	13.6	科研机构	4	1.4
邻居、亲戚朋友	23	8.2	外地经销商	2	0.7
电视报刊	7	2.5	通过自己的社会关系获得	2	0.7
其他	18	6.5	其他	3	1.1

3　实证分析

3.1　模型选择

农户对玉米新品种的采纳行为有"采纳"和"不采纳"两种情况。每个农户都会在理性地综合衡量各种影响因素的基础上,做出最佳选择,这是一个典型的二元决策的问题。因此,本研究运用二元 Logistic 回归模型分析农户玉米新品种采纳行为的影响因素。模型设定如下:

$$Y = b_0 + b_1 x_1 + b_2 x_2 + \cdots\cdots + b_n x_n$$

式中:Y 表示农户玉米新品种采纳行为,当农户采纳玉米新品种时,$Y=1$,反之,

则 $Y=0$；$x_i(i=1,2,\cdots,n)$ 为可能影响农户采纳新品种的因素；$b_i(i=1,2,\cdots,n)$ 为第 i 个解释变量的回归系数。

3.2 变量选取

基于理论分析和实地调查，本研究将影响农户采纳玉米新品种行为的因素划分为 5 部分：(1) 农户个体特征变量，包括性别、年龄、受教育年限；(2) 家庭经营特征变量，包括家中是否有干部、是否是示范户、主要收入来源、玉米种植面积、耕地细碎化程度；(3) 农户对新品种的认知程度变量，以农户对新品种特性是否了解来说明；(4) 风险态度特征变量，主要是指农户的主观风险偏好；(5) 农技推广特征变量，包括农户参加品种培训次数、与农技员联系次数。根据 279 份问卷，得出各变量的统计特征(表 2-3-3)。

表 2-3-3　模型变量的解释及统计特征

变量分类	变量名称	变量解释	标准差	均值
被解释变量	是否采纳玉米新品种	采纳新品种=1	0.501	0.51
		不采纳新品种=0		
解释变量				
农户个体特征变量	性别	女=0；男=1	0.438	0.74
	年龄	单位：岁	10.093	47.32
	受教育年限	单位：年	3.323	8.66
家庭经营特征变量	家中是否有干部	没有=0；有=1	0.368	0.16
	是否是示范户	不是=0；是=1	0.567	0.31
	主要收入来源	其他=0；种植业=1	0.499	0.45
	玉米种植面积	单位：亩	46.493	19.13
	土地细碎化程度	单位：块	1.304	2.40
农户对新品种的认知程度变量	是否知道新品种特性	否=0；是=1	0.467	0.68
风险态度特征变量	农户主观风险偏好	风险规避=0；风险偏好=1	0.499	0.55
农技推广特征变量	参加品种培训次数	单位：次	0.916	1.53
	与农技员联系次数	单位：次	1.396	2.35

3.3 模型结果与分析

采用 SPSS 18.0 统计软件，以强制回归(Enter)方法进行模型估计，其回归结果如表 2-3-4 所示。从表 2-3-4 可以看出，方程拟合度较好($P>0.1$)，说明因变量的观测值与模型预测值不存在差异，因此，不能拒绝原假设，认为数据拟合效果好。

由回归结果可以看出，显著性水平较高的变量有农户受教育年限，家中是否有干部、是否是示范户、主要收入来源、玉米种植面积、农户对新品种认知、农户风险态度以及农户与农技员联系次数。具体分析如下。

表 2-3-4　影响农户采纳玉米新品种因素的 Logit 分析

变量	B	S.E.	Wals	df	Sig.	Exp(B)
性别	−0.356	0.438	0.660	1	0.416	0.701
年龄	0.002	0.019	0.016	1	0.898	1.002
受教育年限	0.228***	0.073	9.676	1	0.002	1.256
是否有村干部	−1.299*	0.605	4.606	1	0.032	0.273
是否是示范户	0.934*	0.494	3.574	1	0.059	2.546
主要收入来源	0.652*	0.391	2.781	1	0.095	1.920
玉米种植面积	0.039*	0.024	2.723	1	0.099	1.040
耕地细碎化程度	0.098	0.155	0.397	1	0.529	1.103
是否了解新品种特性	1.456***	0.401	13.136	1	0.000	4.287
主观风险偏好	1.343***	0.378	12.637	1	0.000	3.831
参加品种培训次数	0.405	0.277	2.128	1	0.145	1.499
与农技员联系次数	0.411***	0.153	7.197	1	0.007	1.509
常量	−5.886	1.250	22.171	1	0.000	0.003
−2 对数似然值	204.418					
Cox 和 Snell R^2	0.480					
Nagelkerke R^2	0.640					
拟合优度检验	0.742					

注：*，**，***分别表示回归系数在 10％，5％，1％置信水平上显著。

（1）农户个体特征变量中，农户受教育年限通过模型的显著性检验，与农户采纳玉米新品种行为呈正相关关系。说明对玉米新品种而言，受教育时间长的农民比受教育时间短的农民更愿意接受。调研过程中还发现，农户文化水平越高，其获取新品种信息的渠道更广，对新品种技术的接受和理解能力也更强，他们会通过比较新品种和传统品种的优劣继而决定是否选择种植新品种。鉴于市场上推出的新品种总体性状一般优于老品种，因此受教育水平越高的农户更愿意采纳新品种。

（2）家庭经营特征变量中，家中成员是否有干部、是否是示范户、主要收入来源、玉米种植面积均通过了显著性检验。干部家庭对农户选择玉米新品种表现为显著的负向影响，这与预期不符。模型结果表明，农户家中有人担任干部，其选择玉米新品种的可能性更小。从实地调查中可以发现，家中有干部的农户一般家庭经济比较好，其对农业生产的关注度不多，即便有机会获得更多的农业新品种信息，对玉米品种的替换使用也并不太在意。示范户特征对于农户采纳新品种表现为显著的正向影响，说明示范户在玉米新品种推广过程中起着示范和标杆作用。调研中发现,作为示范户的农户家庭通常情况下都是村中的农业先行者,其比普通农户更早接触到新品种,并且示范户进行新品种示范种植可以获得相应的补贴,进而加大其采纳新品种技术的可能性。

农户家庭主要收入来源对农户玉米新品种的采纳行为有影响且呈正相关关系。通过调研数据分析可知,滑县 54.8% 的农户家庭主要收入来源于种植业以外的其他行业。由于当地农户玉米种植规模偏小,导致农户种粮收入有限,大多数家庭都存在成员外出务工的现象。对这部分家庭来说,种植业收入在其家庭总收入中的比重不大,其对品种的选择并不太看重,只要当前投入使用的玉米品种产量不是很差的话,一般不会去选择采纳新品种。而主要收入来源于种植业的家庭对农业生产的依赖性大,这部分农户平时会更多地关注最新的农业技术信息,种植的品种也基本上都是近年政府推广的新品种。

玉米种植面积对农户采纳玉米新品种有正向影响。农户对新品种技术的应用与否,主要取决于新品种被采纳后增加的经济效益是否明显。农户种植面积太小,投入新品种后获得的增产不明显,难以引起农户对新品种技术的兴趣。而玉米种植面积较大的农户,其采纳新品种技术能获得更大的规模效益,因此会更愿意种植新品种,期望获得高产高收。同时,笔者在调研过程中发现,目前农技推广的重点对象主要是种粮大户,相较普通农户,大户更易得到新品种技术信息及农技员的直接指导,这对农户采纳新品种也有积极的促进作用。

(3)农户对新品种的认知是影响其采纳行为的重要因素。模型估计结果表明,农户对新品种技术越了解,越倾向于选择新品种。因为对于农户来讲,新品种能否为农户带来明显的收益还无法确定,这种不确定性在很大程度上影响了农户采纳这种新品种的积极性。但如果农户能够很好地了解这一新品种的特性,则可以实现在较小的风险水平上获得大幅的收益增长。在实地调研过程中,我们发现农户在采纳新品种之前会通过各种渠道获得有关新品种的信息,通过了解新品种的特点、作用等相关信息,再决定是否采纳新品种。

(4)农户的风险态度对农户采纳玉米新品种行为具有显著影响,风险偏好型的农户比风险规避型的农户更有可能选择采纳玉米新品种。通过实地调查可知,54.8% 的农户表示在新品种推出后会立即大面积投入使用或是先试种一块面积,根据试种结果再决定明年是否继续选择种植;45.2% 的农户则表示自己不会种植或不会马上选择种植新品种,而是采取观望态度。因此,政府应加强对农户采纳新品种后的扶持力度,降低新品种可能为农户带来的收入损失,从而促使他们可以放心地采纳新品种。

(5)农技推广特征变量中,农户与农技员的联系次数对农户采纳新品种技术具有显著正向影响。作为新品种技术与农户之间的桥梁,农技员在指导农户农业生产过程中,同时也将有关新品种技术的信息传达给农户,以此加强农户对新品种相关特性作用的认知,促使农户更多地采纳新品种。此外,农户的性别、年龄、耕地细碎化程度、参加品种培训次数等变量在模型中不显著,即这些变量对农户玉米新品种采纳行为没有影响。其原因仍需进一步研究。

4　结论与建议

本研究基于 2015 年 1 月对河南省滑县 4 镇 3 乡 279 户农户进行的玉米生产调查数据,实证检验了农户个体特征、家庭经营特征、农户对品种的认知、农户的主观风险偏好特征以及农技推广特征变量对农户采纳玉米新品种行为的影响。研究表明:农户个人特征中,农户受教育年限对玉米新品种采纳有显著的正向作用;家庭特征中,家中是否有干部、是否是示范户、主要收入来源与玉米种植面积影响了农户对玉米新品种的采纳;农户对玉米新品种特性的认知和农户的主观风险偏好均显著影响其对新品种的采纳;除此之外,农技推广特征中,农户与农技员联系次数影响了其采纳玉米新品种的行为。根据以上分析,对玉米新品种推广提出以下建议。

(1) 健全农民技术培训机制。农民自身科技文化素质的提升是促进农业新品种技术普及与传播的根本途径。一方面,政府应进一步加大对农村教育事业的投入力度、提高九年义务教育质量,以此提高农户的科技文化素质;另一方面,农业技术推广部门应充分利用各种形式向农户进行新品种宣传,如通过农技人员面对面讲解、科学试验示范等来提高农户对新品种的认知,进而推动农户采纳新品种。

(2) 加快土地流转,鼓励规模种植。实证分析表明,扩大种植规模可以促进玉米新品种的采纳。实地调研发现,滑县玉米种植区大多为平原区,适宜规模化种植,但目前农户玉米种植规模普遍偏小。因此,当地政府应大力鼓励农户规模种植,对种植大户在规模种植过程中所需的硬件和软件设施给予一定支持,并为种植大户提供资金补助或放宽借贷准许,借此调动起农户扩大种粮规模的积极性,进而促使农户自发地采纳新品种技术。

(3) 加强和完善补贴政策,增加玉米种植比较收益。从实证结论可知,主要收入来源于种植业的农户更倾向于采纳新品种。为了提高农户采纳玉米新品种的积极性,政府一方面可以加大财政补贴,如粮食直接补贴款和农户用具购买补贴,增加农户收入,进而提高农户种粮积极性;另一方面可以间接降低玉米种植成本,例如主动实施税收减免政策,促进农民在生产和销售中获得更多经济收益,提高农户种植新品种的积极性。

(4) 提供农村商业保险,降低农户收入风险。农户的风险态度在很大程度上影响其对新品种的采纳。因此政府及科研推广部门在推广玉米新品种时,可以通过商业保险的形式,为农户采纳新品种提供保险,这将有助于降低农户采纳新品种过程中所可能面临的风险,增强农户采纳新品种的积极性,对促进农业生产和保障国家粮食安全具有重要意义。

第4章

农户对节水灌溉系统中智能 IC 卡应用的满意度研究

——以山东省兰陵县为例

2011 年的中央一号文件吹响了全面加快水利建设的新号角,水利信息化建设得以迅猛发展。信息化切入到农村水利建设中去发挥作用,是进一步落实科学发展观的客观要求,是新农村建设取得预期效果的助推器。智能 IC 卡系统作为一项水利基础设施被引进到机电井灌溉中,近年来已在许多缺水的地区开始应用,并逐步在机电井灌溉中得到普及。根据 IC 卡系统的技术特点,IC 卡系统在机电井灌溉中的应用将有很大潜力。另外,IC 卡系统还有可能成为水利部门管理地下水资源,提高水资源利用效率的有效手段。

目前关于智能 IC 卡系统的研究基本属于以下范畴:一是智能 IC 卡系统的描述和研发;二是智能 IC 卡系统的特点以及实现的经济效益。但对该项技术的应用状况及存在的问题缺乏系统的研究,尤其是基于农户层面的研究尚属空白。

本研究以山东省兰陵县为例,通过考察农户对于智能 IC 卡应用的满意度及其影响因素,从农户的角度分析现有系统在推广使用过程中出现的问题和需要改进的地方,并对进一步研发和推广智能 IC 卡系统提出建议。

1 研究区概况、数据来源及统计

兰陵县是临沂市唯一的国家级优质粮生产示范县,位于鲁南低山丘陵南缘,土壤肥沃,适种面广,瓜菜、畜牧、干鲜果品等农产品资源非常丰富。全县有 220 kVA 输变电站 1 座、110 kVA 输变电站 4 座,电力供应充足。主要河流 12 条,大中型水库 5 座。本调研选取的兰陵县层山镇(现已撤销,并入庄坞镇)位于县城东南 20 km 处,辖 34 个村,4.3 万人,总面积 51.2 km²,耕地面积 3 466.7 hm²,其中蔬菜种植面积 2 400 hm²,优势果林面积 533.3 hm²,拥有蔬菜批发市场 2 处,年成交量 6 万 t。

　　采取调查问卷和走访的形式,调查了该镇前銮墩村、后銮墩村和小池头村。这些村基本完成了智能 IC 卡系统的管道铺设,覆盖范围内的农户已经使用智能 IC 卡达一年以上,对系统已较熟悉。针对有使用经历的农户发放问卷 100 份,问卷有效率为 96%。问卷的基本信息统计如表 2-4-1 所示。

　　采用五级量表来度量农户对智能 IC 卡的满意度,其中 1 表示不满意,2 表示比较不满意,3 表示一般,4 表示比较满意,5 表示满意。满意度的理论平均分为 3 分,处于 3 分以上说明满意度较高,处于 3 分以下则表明满意度较低。

表 2-4-1　问卷基本信息统计

项目		频数	百分比(%)
农户性别	男	57	59.4
	女	39	40.6
年龄	30 岁以下	3	3.2
	30~40 岁	8	8.3
	40~50 岁	32	33.3
	50~60 岁	36	37.5
	60 岁以上	17	17.7
受教育情况	小学及以下	3	4.5
	初中	32	47.8
	高中或中专	24	35.8
	大专及以上	8	11.9
家庭总收入	1 万以下	11	11.5
	1 万~2 万	35	36.5
	2 万~3 万	26	27.1
	3 万~4 万	23	24.0
	4 万~5 万	1	1
	5 万以上	0	0
农业收入占总收入比重	20% 以下	13	13.5
	20%~50%	42	43.8
	50%~80%	22	22.9
	80% 以上	19	19.8
操作简便程度	很简便	45	47.4
	比较简便	34	35.8
	一般	14	14.7
	比较难	2	2.1
	很难	0	0
系统质量好坏	质量不好,经常出问题	46	47.9
	质量一般	28	29.2
	质量不错	22	22.9
水价	便宜	47	49.5

项目	频数	百分比(%)
合适	30	31.6
较贵	18	18.9

从表2-4-2可以看出,农户对于智能IC卡整体评价上是比较满意的,其均值为3.66。有30.2%的农户认为这个系统比较满意,有31.2%的农户对智能IC卡持非常满意的态度。认为比较不满意和不满意的农户分别只有12.5%和7.3%。由此可见,智能IC卡在被调查农户中的满意度较高。

表2-4-2　农户对智能IC卡的满意度总体状况

满意度	频数	百分比(%)	有效百分比(%)	累积百分比(%)
1	7	7.3	7.3	7.3
2	12	12.5	12.5	19.8
3	18	18.8	18.8	38.6
4	29	30.2	30.2	68.8
5	30	31.2	31.2	100.0
合计	96	100.0	100.0	

2　农户对智能IC卡满意度的实证分析

由于种植条件、社会环境以及个体特征的差异,农户对智能IC卡所表现出的满意程度也不尽相同。本研究在借鉴满意度影响因素研究成果的基础上,结合农户灌溉行为特征和问卷调查实际,确定自变量和因变量(表2-4-3)。

表2-4-3　变量设定

	变量名	变量设定
因变量	对智能IC卡系统的满意度	1=不满意;2=比较不满意;3=一般;4=比较满意;5=满意
自变量	性别	1=男;2=女
	年龄	岁
	文化程度	1=小学及以下;2=初中;3=高中或中专;4=大专及以上
农户特征	农业收入	元
	非农业收入	元
	是否具备某项专业技能	0=否;1=是
	农户节水意识	1=节水意识弱;2=一般;3=节水意识强
	农户接受科技和信息化的意愿	1=意愿弱;2=一般;3=意愿强

	变量名	变量设定
政府行为	政府是否派人对设备进行运维	0＝否;1＝是
	收费合理程度	1＝便宜;2＝合适;3＝较贵
IC卡系统特征	1C卡操作简便程度	1＝很难;2＝比较难;3＝一般;4＝比较简便;5＝很简便
	系统质量评价	1＝质量不好,经常出问题;2＝质量一般;3＝质量不错

Logistic 模型属于概率型非线性回归模型,它允许被解释变量的取值不为计量连续性随机变量,可通过变量变换将非线性回归模型转化为线性回归模型。由于本研究中的经济变量之间的关系不符合变量线性的特点,因此将采用多元 Logistic 模型进一步分析影响智能 IC 卡满意度的因素。

本研究以农户满意度一般为基准,运用 SPSS 16.0 软件,采用多元 Logistic 模型分析农户不满意、比较不满意、比较满意和满意等情况下的影响因素。对模型的检验结果(表 2-4-4)说明方程的拟合程度良好,各变量在总体上有统计学意义。

表 2-4-4　模型检验结果

卡方值	自由度	P 值
37.770	11	0.019

模型的回归结果(表 2-4-5)显示,在所有组中,性别、年龄、系统操作简便程度、受教育程度的检验统计量 Z 的 P 值均大于 0.1,对智能 IC 卡满意度的影响不显著。原因可能是智能 IC 卡系统的使用较为容易,因此各年龄段、各知识水平层次的农户都能够很快掌握智能 IC 卡及其刷卡设备的使用情况。年龄因素对智能 IC 卡应用的满意度影响不显著还可能是因为样本中农户的年龄普遍偏大,不能表现出很强的差异性。受教育程度因素对智能 IC 卡应用的满意度影响不显著,可能是样本农户整体上受教育程度较低,影响该系统使用的主要是农户使用该系统的主观能动性,而不是知识水平的差异。

在非常不满意组中,具备某项专业技能、非农业收入因素的检验统计量 Z 的 P 值均超过 0.5,说明两者对智能 IC 卡应用满意度的影响较小。可能的原因是,如果农户具有某些专业技能,那么农户的非农收入也会随之增加,以非农收入为主要收入的农户对智能 IC 卡系统的关注度较少。农业收入因素是农户对智能 IC 卡系统非常不满意的主要影响因素,可能的原因是农业收入高的农户对该灌溉系统会抱有更高的预期。系统质量因素是农户对智能 IC 卡系统非常不满意的又一主要影响因素,主要农村公共品供给质量差已经取代供给数量不足成为农村公共品供给中的首要问题;在实际调查中,农户反映灌溉系统由于设计上的部分缺陷,有可能在水流量较大的情况下发生从管道连接处断裂的情况,从而影响农户的正常灌溉。在比较不满意组中,收费是否合理是农户对智能 IC 卡系统比较不满意的显著影响因素之一,原因是农户对灌溉成本较为敏感,即使智能 IC 卡的使用提高了灌溉效率,但如果收费超过预期或者承受能力,农户对该系统的不满意度将激增。农户接受科技信息化的意愿是农户对智能 IC 卡系统比较不满意的又一个主要影响因素,原因是农户接受科技信息化的意愿越强,对该系统的了解和掌握就越透彻、熟练,满意程度较高。在比较满意组和非常满意组中,农业收入、收费合理程度、系统质量以及农户接受科技信息化的意愿是农户对智能 IC 卡系统满意程度的主要影响因素。

在非常不满意、比较不满意两组中,因素"政府是否派专人对设备进行运维"的检验统计量 Z 的 P 值均小于 0.05,达到了 5% 的显著性水平,而在比较满意、非常满意各组中该因素不显著。这说明智能 IC 卡设备缺乏人员运维会显著降低农户对智能 IC 卡的满意度,反之也不会提高农户对智能 IC 卡的满意度。这符合管理学中的保健因素和激励因素理论,即智能 IC 卡设备运维人员是明显的保健因素,改善该因素不能提高农户的满意度,但是缺乏该因素会显著降低农户对智能 IC 卡灌溉系统的满意度。

表 2-4-5　智能 IC 卡满意度的影响因素分析

变量	非常不满意组		比较不满意组		比较满意组		非常满意组	
	系数	P 值	系数	P 值	系数	P 值	系数	P 值
性别	−1.123	0.454	−0.84	0.314	−0.248	0.373	−2.59	0.291
年龄	0.64	0.355	−0.017	0.709	0.063	0.624	−0.097	0.424
受教育程度	−1.54	0.364	−0.426	0.241	−0.056	0.899	−0.362	0.638
农业收入	1.454	0.043	1.514***	0.009	0.837**	0.039	1.005**	0.041
非农业收入	0.097	0.521	1.126	0.131	0.579	0.322	−0.082	0.863
系统操作简便程度	−2.344	0.322	0.635	0.453	−0.175	0.928	−1.729	0.659
收费合理程度	1.632	0.256	1.091*	0.073	0.559	0.081	0.964*	0.073
系统质量	−6.077**	0.023	−1.125***	0.007	−0.246*	0.073	−0.918*	0.078
农户节水意愿	0.489	0.429	0.236	0.562	−0.363	0.590	0.654	0.253
农户接受科技和信息化的意愿	1.508	0.264	−0.079*	0.091	0.193*	0.087	1.765*	0.690
具备某项专业技能	−0.363	0.735	−0.083	0.735	−0.639	0.429	−1.433	0.146
政府是否派专人对设备运维	−1.146**	0.37	0.683**	0.049	0.698	0.190	0.046	0.834

注:*,**,***分别表示回归系数在 10%,5%,1%的置信水平上显著。

3　结论及建议

3.1　结论

　　本研究认为农户对于节水灌溉系统中的智能 IC 卡满意程度较高。农业收入、收费是否合理、系统质量、农户接受科技信息化的意愿和政府是否派人对智能 IC 卡设备进行运维 5 个因素对智能 IC 卡系统满意度的影响比较显著。从对农户的走访和目前的运行情况看,智能 IC 卡系统应用于节水灌溉,操作方式简单,农户易于掌握。但是该系统的进一步推广和应用,仍然还需要农户、政府和系统生产厂家等各个方面的努力。

3.2　给政府管理部门的建议

　　(1)加大资金扶持力度,灵活运用有关的财政和金融政策,缓解推广中资金不足的难题。在地下水资源严重超采的地区,除考虑采用收取水资源费和发放取水许可证等措施外,还应将推广智能 IC 卡系统作为其有效管理地下水资源的一个重要手段,促进地下水资源的持续利用。

　　(2)加大宣传推广力度,通过技术培训使农户具备基本排除故障能力,提醒农户安全使用设备、爱护设备,防止漏电触电现象的发生。采取以点带面的方法,组织相关部门管理人员和农民去智能 IC 卡系统推广较好的地方参观学习。

　　(3)完善农村公共产品管护机制。在农村公共产品供给中,要注意管护和建设并重,安排专人巡视和运维,保证设备安全和完好,严厉打击破坏设备来盗水的行为。对于已经破坏掉的设备应督促厂家进行维修维护。

　　(4)加强工程质量监督。从招投标过程开始严抓,包括材料采购和工程实施都有专人负责监督,确保工程质量过硬,保证设备基本使用寿命。

3.3　给系统生产厂家的建议

　　(1)管护和建设并重,IC 卡系统的控制箱内有电度表、空气开关、控制器等核心部件,由于控制箱长期暴露在自然环境下,易磨损老化,蘑菇头之间的水管连接也容易出现问题,对质量要求较高,需要定期检修维护,完善售后服务。

　　(2)强化技术改造,降低成本。我国农村经济发展水平层次不一,调查发现大部分村集体都是举债运营,对 IC 卡系统进行投资,各村都遇到了资金上的困难,所以厂家应该强化技术改造,降低成本。

本 篇 小 结

　　随着水资源供需矛盾日益突出,推广水资源匮乏地区农户使用节水灌溉技术是必然趋势,本篇主要围绕农业灌溉中的节水灌溉技术应用进行研究。主要研究内容为以下几个方面。

　　(1) 依据农户的承受能力让农户参与节水灌溉的投入对于减轻财政负担、提高节水管理效率具有积极作用。以山东省蒙阴县为例,运用条件价值评估法从微观视角来探索农户对节水灌溉技术成本的承受能力,在此基础上用 Logistic 模型深入分析影响农户支付意愿的因素。研究结果表明:农户对节水灌溉技术的支付意愿较高,平均支付水平为 4 086 元/hm²,农户的年龄、文化程度、耕地面积以及对技术预期效果的认可度等因素成为影响农户支付意愿的主要因素。

　　(2) 利用山东省蒙阴县的农户调查资料,运用二元模型对农户节水灌溉技术选择行为的影响因素进行了实证分析。研究结果表明:农户对节水灌溉技术的认知程度、家庭收入来源及其中农业收入所占比重、耕地面积、有效灌溉面积、政府对节水灌溉技术的宣传力度、农户对节水灌溉政策的满意度、农户对节水灌溉技术投资方式的满意度以及水价认知,都是影响农户节水灌溉技术选择行为的重要因素。

　　(3) 农业新品种的采纳是提高农业生产效率和农民收入的重要途径。基于河南省滑县 279 个农户的微观调查数据,运用二元 Logistic 模型,对影响农户采纳玉米新品种行为的因素进行实证分析。研究结果表明:农户的受教育年限、是否示范户、家庭主要收入来源、玉米种植面积、农户对新品种的认知程度、农户的风险态度以及与农技员联系次数对农户玉米新品种采纳行为有显著正向影响,家中是否有干部对农户玉米新品种采纳行为有显著负向影响。

气候变化、农业灌溉用水与粮食生产研究

参 考 文 献

［1］RAMESH C，SRIVASTAVA，HARISH C，et al. Investment Decision model for Drip Irrigation System［J］. Irrigation Science，2003(22)：79-85.

［2］DELPHINE LUQUET，ALAIN VIDAL，MARTIN SMITH，et al. More Cropper Drop：How to Make it Acceptable for Farmers? ［J］. Agricultural Water Management，2005(76)：108-119.

［3］CLEAVER K，GONZALEZ F. Challenges for Finacing Irrigation and Drainage［M］. Washingtong DC：Agriculture and Rural Development Department，2008.

［4］GEBREHAWERIA GEBREGZIABHER，REGASSA E NAMARA，STEIN HOLDEN. Poverty Reduction with Irrigation Investment：An Empirical Case Study from Tigray，Ethiopia［J］. Agricultural Water management，2009(96)：1827-1843.

［5］CAREY J，ZILBERMAN D. A model of Investment Under Uncertainty：modern Irrigation Technology and Emerging markets in Water［J］. American Journal of Agricultural Economics，2002,84(1)：171-183.

［6］CHRISTINE HEUMSSER. Investment in Irrigation System under Precipitation Uncertainty［R］. Water Resources management，2012(26)：3113-3137.

［7］WILSON A R. Contingent Valuation：Not an Appropriate Valuation Tool［J］. The Appraisal Journal，2006：55-58.

［8］FLACHAIRE E，HOLLARD G. Controlling Starting-Point Bias in Double-Bounded Contingent Valuation Surveys［J］. Land Economics，2006,82(1)：104-108.

［9］CASWELL M，ZILBERMAN D. The Choices of Irrigation Technologies in California［J］. American Journal of Agricultural Economics，1985(5)：223-234.

［10］DINAR A，DAN Y. Adoption and Abandonment of Irrigation Technologies［J］. Agricultural Economics，1992(6)：315-332.

［11］SCHUCK ERIC C，FRASIER W MARSHALL，WEBB ROBERT S，et al. Adoption of More Technically Efficient Irrigation Systems as a Drought Response［J］. Water Resources Development，2005(12)：651-662.

［12］GAFSI S，ROE T. Adoption of unlike high-yielding wheatvarieties in Tunisia［J］. Economic Development and Cultural Change，1979(28)：119-133.

［13］YUJIRO H. Induced innovation，green revolution and income distribution：Comment［J］. Economic Development and Cultural Change，1981(30)：169-176.

［14］H ERATH H M G,HARDAKER J B,ANDERSON J R. Choice of varieties by Sri Lanka rice farm ers：Comparing alternative decision models［J］. American Journal of Agricultural Economics,1982(64)：87-93.

［15］BARKLEY A P,PORTER L L. The determinants of wheat variety selection in Kansas, 1974—1993[J]. American Journal of Agricultural Economics,1996(78)：202-211.

［16］HORNA J D,SMALE M,OPPEN M VON. Farmer willingness to pay for seed-related information：rice varieties in Nigeria and Benin［J］. Environment and Development Economics,2007(12)：799-826.

［17］ATANU SAHA, H ALAN LOVE, ROBEIT SCHWAR. Adoption of Emerging Technologies under Output Uncertainty［J］. American Journal of Agricultural Economics,1994,76(11)：836-846.

［18］韩青,谭向勇.农户灌溉技术选择的影响因素分析[J].中国农村经济,2004(1)：64-69.

［19］孔祥智,李圣军,马九杰,等.农村公共产品供给现状及农户支付意愿研究[J].中州学刊,2006(4)：54-58.

［20］周芳,霍学喜.简论发达国家的农业扶持政策及启示[J].经济问题,1999(2)：42-45.

［21］张兵,周彬.欠发达地区农户农业科技投入的支付意愿及影响因素分析——基于江苏省灌南县农户的实证研究[J].农业经济问题,2006(1)：40-44.

［22］管仪庆,魏建辉,张丹蓉,等.基于CVM方法的青岛地区节水灌溉系统服务价值评估[J].节水灌溉,2009(12)：41-44.

［23］刘军弟,霍学喜,黄玉祥,等.基于农户受偿意愿的节水灌溉补贴标准研究[J].农业技术经济,2012(11)：29-40.

［24］刘红梅,王克强,黄智俊.我国农户学习节水灌溉技术的实证研究——基于农户节水灌溉技术行为的实证分析[J].农业经济问题,2008(4)：21-26.

［25］刘宇,黄季焜,王金霞,等.影响农业节水技术采用的决定因素——基于中国10个省的实证研究[J].节水灌溉,2009(10)：1-5.

［26］刘红梅,王克强,黄智俊.影响中国农户采用节水灌溉技术行为的因素分析[J].中国农村经济,2008(4)：45-54.

［27］陆文聪,余安.浙江省农户采用节水灌溉技术意愿及其影响因素[J].中国科技论坛,2011(11)：136-142.

［28］王秀东,王永春.基于良种补贴政策的农户小麦新品种选择行为分析——以山东、河北、河南三省八县调查为例[J].中国农村经济,2008(7)：24-31.

［29］李冬梅,刘智,唐殊,等.农户选择水稻新品种的意愿及影响因素分析——基于四川省水稻主产区402户农户的调查[J].农业经济问题,2009(11)：44-50.

［30］唐博文,罗小峰,秦军.农户采用不同属性技术的影响因素分析——基于9省(区)2110户农户的调查[J].中国农村经济,2010(6)：49-57.

［31］齐振宏,梁凡丽,周慧,等.农户水稻新品种选择影响因素的实证分析——基于湖北省的调查数据[J].中国农业大学学报,2012(2)：164-170.

[32] 黄武,韩喜秋,朱国美.花生种植户新品种采用的影响因素分析——以安徽省滁州市为例[J].农业技术经济,2012(12):12-21.

[33] 侯麟科,仇焕广,白军飞,等.农户风险偏好对农业生产要素投入的影响——以农户玉米品种选择为例[J].农业技术经济,2014(5):21-29.

[34] 西奥多·W.舒尔茨.改造传统农业[M].梁小民,译.北京:商务印书馆,1987.

[35] 孔祥智,方松海,庞晓鹏,等.西部地区农户禀赋对农业技术采纳的影响分析[J].经济研究,2004(12):85-95+122.

[36] 韩献中,张丽敏,庞约瑟.射频IC卡智能控制系统在农业灌溉中的应用[J].河南水利,2004(5):43.

[37] 郭新禧,相跃进.井灌区IC卡收费系统的实践与认识[J].山西水利,1999(2):25-26.

[38] 王福卿,高明山,金江波.井灌类型区节水灌溉监控设施——IC卡机井取水控制器[J].南水北调与水利科技,2006,4(5):62-64.

[39] 张丽娟,王金霞.智能IC卡系统在机电井灌溉中的应用及影响[J].水利经济,2005,23(2):42-44.

[40] 王蕾,朱玉春.农民对农村公共产品满意度及影响因素分析——来自西部地区735户农户的调查[J].农业经济与管理,2011(5):27-36.

[41] 陈俊红,吴敬学,周连弟.北京市新农村建设与公共产品投资需求分析[J].农业经济问题,2006(7):9-12.

[42] 李强,罗仁福,刘承芳,等.新农村建设中农民最需要什么样的公共服务——农民对农村公共物品投资的意愿分析[J].农业经济问题,2006(10):15-20.

[43] 岳书铭,綦好东,杨学成.基于农户意愿的农村公共品融资问题分析[J].中国农村经济,2005(11):47-52.

[44] 耿金花,高齐圣,张嗣瀛.基于层次分析法和因子分析的社区满意度评价体系[J].系统管理学报,2007(12):673-677.

[45] 李燕凌,曾福生.农村公共品供给农民满意度及其影响因素分析[J].数量经济技术经济研究,2008(8):3-18.

[46] 何精华,岳海鹰,杨瑞梅,等.农村公共服务满意度及其差距的实证分析——以长江三角洲为案例[J].中国行政管理,2006(5):91-95.

[47] 涂荣庭,赵占波.顾客满意度测量探讨:量表设计、信度和效度[J].管理学报,2008,5(1):33-39.

[48] 马林靖,张林秀.农户对灌溉设施投资满意度的影响因素分析[J].农业技术经济,2008(1):34-39.

[49] 赵宇,姜海臣.基于农民视角的主要农村公共品供给情况——以山东省11个县(市)的32个行政村为例[J].中国农村经济,2007(5):52-62.

第 三 篇
DI SAN PIAN

农业灌溉中的农田水利建设问题研究

第1章

小型农田水利设施需求及其影响因素研究

——以江苏如东县为例

　　农业是我国的第一产业,也是农村的产业基础,而农业综合生产能力的提高,在很大程度上取决于农村水利事业的发展。特别是小型农田水利建设,它实际上覆盖了我国全部农田灌溉面积、排涝面积以及旱作农业抗旱补灌面积,被称为农田水利工程的"最后一公里"。随着农村经济的飞速发展,农民的需求也变得越来越多样化。在这种背景下研究小型农田水利设施的需求,一方面能真正揭示农民的偏好,使得财政资金用在刀刃上,做到真正地用好财政资金;另一方面,市场需要供需平衡来达到最佳状态,只有准确认识到小型农田水利设施的需求,才能更准确地确定投资方向,做到真正使农村集体及农户受益,调动好群众的建设积极性,提高民间资本的参与性。

1　数据来源

　　为了更好地研究小型农田水利设施需求现状及其影响因素,笔者及其团队2012年8月对国家小型农田水利重点县——如东县进行了实地调查。如东县隶属江苏省南通市,位于江苏省东南部,2011年被列为国家小型农田水利重点县。农户作为小型农田水利设施的直接受益人,设施运行维护的状况与他们的粮食产量及家庭收入息息相关,因此他们的看法能一定程度上反映当地小型农田水利设施的真实情况,具有较高价值。因此,笔者就农户对当地小型农田水利设施的现状看法及其需求进行了询问。此次研究根据随机抽样原则对如东县的540个农户进行了访谈与问卷调查。其中有效样本数为521个,有效率为96.5%。

2 小型农田水利设施需求存在的问题

通过对如东县的实地调研数据分析,笔者将目前小型农田水利设施需求存在的问题概括为以下几点。

2.1 小型农田水利设施需求呈现差异性

不同类型农村地区的生活环境、资源禀赋与外界发生作用的程度不同,影响了农村各地居民的生活方式以及生活态度,从而产生了不同社区间居民的需求偏好的差异。另外,随着区域经济发展不平衡的影响,各地区的财政支出数量与结构差异较大,使得农民可享有的小型农田水利设施的数量和质量不尽相同。加之农民的自身特征,如职业、文化程度和收入水平都影响小型农田水利设施的需求倾向和支付意愿。另外地理状况、位置、降雨、气温、土壤种类等都与当地需要何种类型小型农田水利设施联系密切。各地主要种植经济作物对水资源的需求也是不同的。由于小型农田水利设施的需求是由当地的具体条件决定的,我们也可以看出不同地区的需求是有差异的。

2.2 小型农田水利设施需求未得到满足

根据问卷调查的结果,占调查总数86.9%的453家农户表示需要增加小型农田水利设施建设,占13.1%的农户持相反的观点。这说明小型农田水利设施的需求并未得到充分的满足。

结合当地实际情况,如东当地的小型农田水利设施大部分建于二十世纪六七十年代。政府每年都会出资建设新的小型农田水利设施,当这些新的小型农田水利设施修建以后,旧设施小部分被废弃,大部分还会继续使用。使用年限过长,使旧设施使用效率低下,但受到维修管理费用的制约,许多不能得到翻新维修。

因此,尽管如东被列为国家小型农田水利重点县,自2009年来争取到大量省级以上财政资金资助建设,但是,当被问到当地小型农田水利设施总体使用效率的情况时,认为设施总是能正常供水的只有25.3%,占65%的农户碰到过偶尔不能正常供水的情况,还有9.7%的农户甚至认为当地小型农田水利设施经常不能正常供水。可见新修建的以灌溉设施为代表的小型农田水利设施大部分完好,能够给农民带来效益,但还是有一部分旧设施存在问题,需要及时修缮。

2.3　小型农田水利设施需求偏好表达缺乏

　　虽然农户对小型农田水利设施的需求得不到充分满足,但是很少有农户对自己的需求及其偏好进行表达。调研期间笔者对此进行了询问统计。在 453 家具有需求意愿的农户中,仅有 39 户,占 8.6％的农户表示自己对于这种情况向村里或相关组织进行了反映。也就是说,还有近 91.4％的农户虽然对小型农田水利设施有兴修的想法,但是并没有向相关部门进行反映。究其不愿意表达其需求的原因,大部分(42％)农户认为总会有其他人去反映,自己没必要专门去反映;还有一部分(23.7％)农户觉得这种情况反映了也没什么用;另有 26.6％的农户表示自己有去反映的想法,但不清楚去哪里或者向谁反映;只有占 7.7％的农户认为兴修水利是政府的事情,与自己无关(见表 3-1-1)。

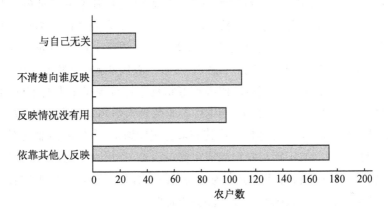

图 3-1-1　需求偏好表达缺乏的原因统计

3　小型农田水利设施需求的影响因素分析

3.1　模型选取

　　在对前人研究方法总结的基础上,笔者选择 Logit 二元离散选择模型对农户调查数据进行分析。由于利用 LPM 拟合出来的概率可能小于 0 或大于 1,而且任何一个以水平值形式出现的偏效应都是不变的,故选择 Logit 二元离散选择模型比较适合。

　　定义当被解释变量为 1 时代表农户表示需要增加小型农田水利设施建设,当被解释变量为 0 时代表农户表示不需要增加小型农田水利设施建设。其模型形式可表示为：

$$Y = \beta_0 + \beta_1 X_1 + \beta_2 X_2 + \beta_3 X_3 + \cdots\cdots + \beta_8 X_8 + \mu$$

式中：μ 表示残差项。

Logit 模型中回归系数 β_i 表示，自变量 X_i 改变一单位时，因变量发生与不发生之间的概率比的对数变化值，即小型农田水利设施需要增加与不需要增加间概率比的对数变化值；常数项 β_0 表示，在不接触任何潜在危险（或保护因素）条件下，因变量（需要增加小型农田水利设施）发生与不发生的概率比的对数值。

3.2 变量定义及假设

本研究试图通过 Logit 模型对影响农民需求意愿的因素进行探讨。

在现有研究文献中，国内外学者一般将反映个人及其家庭特征的变量如年龄、种族、性别、就业类型、就业情况、家庭纯收入等作为公共产品需求影响变量进行显著性估计。因此，农民个人和家庭特征很大程度上影响着农民对小型农田水利设施的需求。因此，在问卷调查中采用了农民年龄、受教育程度、家庭人口数、家庭年人均收入和家庭可灌溉面积等指标来评价农民个人及家庭的特征，并据此做出如下假设：农户受教育年限、农业劳动人数占家庭总人口数的比例、可灌溉耕地面积、家庭年人均收入对其需求有正向影响；家庭灌溉缴费对其需求有负向影响；而农户的年龄对农户的需求影响具有不确定性。此外，农民所处村庄的小型农田水利现状对其需求行为也起着约束作用。如若当地小型农田水利设施大部分年久失修，农民的需求意愿会更加强烈。

根据态度-行为理论，农户的经济行为或活动还受到一系列心理因素的直接或间接的影响，这些心理因素包括农户的态度、信息认知和结果判断等。农户的态度反映了农户对小型农田水利设施的看法和评价，农户对小型农田水利设施的需求意愿与其态度密切相关，积极正面的态度诱发农户对该设施产品的需求，而消极的态度则会产生相反的效应。这也就是说，农户如果认为小型农田水利设施对自己的农事活动有很大帮助，对此持有一个正面的态度，他更有可能形成对它的需求。

因此本次研究构建的 Logit 模型的因变量 Y 表示农户是否需要增加小型农田水利设施建设，解释变量主要包括农户个人和家庭特征变量、农户态度变量。具体变量说明如表 3-1-1 所示。

表 3-1-1　Logit 模型变量定义

变量代号	变量名称	变量单位或赋值	系数符号预期
X_1	年龄	岁	?
X_2	受教育年限	a	+
X_3	家庭人口中农业就业比例	%	+
X_4	家庭年人均收入	元/(人·a)	+
X_5	可灌溉耕地面积	hm²	+
X_6	年均缴纳灌溉费用	元/a	-
X_7	当地小型农田水利设施运行状况(是否良好)	是=1,否=0	-
X_8	农户的态度(认为小型农田水利设施是否对农事有帮助)	是=1,否=0	+

3.3　主要变量的描述性统计分析

根据问卷调查的结果,农户对小型农田水利设施的需求意愿分布如下:占调查总数 86.9% 的 453 家农户表示需要增加小型农田水利设施建设,占 13.1% 的农户持相反的观点。由此可以发现,农户对小型农田水利设施的需求不一,基于此,就有必要进一步研究影响小型农田水利设施需求意愿的因素。

本次调查将年龄划分为 4 个阶段进行统计分析,即 20 岁以下,20～39 岁,40～59 岁,60 岁以上。在有效调查问卷中,20 岁以下 45 人,20～39 岁 167 人,40～59 岁 276 人,60 岁以上 33 人。受访者主要集中在 20～59 岁之间。

从受教育程度来看,受访者平均接受教育年限为 11 年。笔者按照农户的受教育程度将其分成 4 组来研究他们的需求意愿:第一组为小学及以下文化程度(0～6 a),第二组为初中文化程度(7～9 a),第三组为高中文化程度(10～12 a),第四组为大学及以上文化程度(>12 a)。各组农户的需求意愿如表 3-1-2 所示。可以看出,农户受教育程度越高,其希望增加农田水利设施建设的意愿就越强。

表 3-1-2　不同文化程度的农户需求意愿分布

变量	6 a 及以下 需要	不需要	7～9 a 需要	不需要	10～12 a 需要	不需要	12 a 以上 需要	不需要
农户数(户)	53	11	93	17	198	28	109	12
占比(%)	82.8	17.2	84.5	15.5	87.6	12.4	90.1	9.9
总计(户)	64		110		226		121	
占比(%)	12.3		21.1		43.4		23.2	

注:数据来源于实地调研。

为了进一步分析家庭收入对农户需求意愿可能存在的影响,我们将样本农户按家庭人均收入进行了分组,结合当地实际收入水平,最后划分出了 10 000 元以下、10 000～20 000 元、20 000～30 000 元以及 30 000 元以上 4 个组别。结果如表 3-1-3 显示,有需要增加意愿的农户数在各组间总体上是递增的,但收入与需求意愿的变化方向并不总是一致的。出现这种情况的原因可能是年人均收入在 10 000～20 000 元的大部分农户,家庭收入的主要来源是农业,故需求比较强烈。在下面所做的计量分析中,为消除异常观测的敏感度,按照经验对收入变量取了对数。

表 3-1-3　各收入组农户需求意愿分布

变量	<10 000 元		10 000～20 000 元		20 000～30 000 元		30 000 元以上	
	需要	不需要	需要	不需要	需要	不需要	需要	不需要
农户数(户)	44	12	184	20	131	24	94	12
占比(%)	78.6	21.4	90.2	9.8	84.5	15.5	88.7	11.3
总计(户)	56		204		155		106	
占比(%)	10.7		39.2		29.8		20.3	

注:数据来源于实地调研。

　　价格是影响物品需求的最基本的因素,本次调查用农户家庭年缴纳的灌溉费作为价格的代理变量进行了分析。从调查数据的统计结果看,农户年平均缴纳灌溉费用为 131.28 元,最高交费达到 1 000 元。为了考察农户灌溉费用对需求意愿的影响,灌溉费用按照低于 100 元、100～200 元、200 元以上的分类标准将农户划分为 3 个组,认为需要增加支出的农户所占的比例分别为 92.4%、90.8% 与 71.7%。可见,随着农户年均缴纳灌溉费用的提高,农户对小型农田水利设施的需求强度是不断下降的。

3.4　模型结果及解释

　　本研究在 Logit 模型数据处理的过程中,采用的是逐步回归的方法。即首先将所有的变量全部引入回归方程,然后进行回归系数的显著性检验,在一个或多个 t 检验值不显著的变量中,将 t 值最小的那个变量剔除,然后再重新拟合回归方程,并进行各种检验,直到方程中变量的估计系数基本显著为止。模型 1 是将所有变量引入方程所得到的估计结果,模型 2 是剔除所有不显著变量后再次回归的结果。

　　通过对逐步回归的结果模型 2 看,农户的受教育年限、家庭人均收入、年缴纳灌溉费用、当地设施运行现状和农户的态度 5 个变量在 5% 显著性水平下显著,且与原先笔者的假设基本一致。模型结果如下。

（1）农户受教育程度对其需求意愿有显著正向影响。在农户个人特征中，年龄并不是导致农户需求差异的原因，而农户的受教育年限是显著变量。回归系数是正值，这说明了受教育年限与农户需求意愿正相关，且农户受教育年限每增加 1 年，其对增加小型农田水利设施需求的概率就上升 21.8%。

（2）家庭年人均收入对农户需求意愿产生负向影响。通过模型的验证，年人均收入变量的系数为负值，且在 1% 的显著性水平下产生影响。结合实际情况进行分析，在年人均收入达到一定程度后，随着收入的继续提高，农户对小型农田水利设施的需求反而会减弱。具体来说，农户的年人均收入每增长 1 万元，其对小型农田水利设施需求的概率便会降低 29.1%。可能原因是农户家庭收入来源的多元化减少了他们对小型农田水利设施利用的依赖。

表 3-1-4　Logit 模型估计结果

Variable	模型 1			模型 2		
	Coefficient	Std. Error	Sig.	Coefficient	Std. Error	Sig.
X_1	−0.108 09	0.288 889	0.970 2			
X_2	0.211 699	0.065 913	0.001 3	0.197 571	0.060 917	0.001 2
X_3	1.500 894	0.950 460	0.114 3			
$\ln X_4$	−1.091 802	0.483 054	0.023 8	−1.233 404	0.469 050	0.008 5
X_5	−0.038 906	0.110 818	0.725 5			
X_6	−0.005 824	0.001 569	0.000 2	−0.005 951	0.001 131	0
X_7	1.604 909	0.547 632	0.003 4	1.660 544	0.535 127	0.001 9
X_8	4.595 111	1.198 134	0.000 1	4.749 340	1.198 403	0.000 1
Constant	−3.476 665	1.649 395	0.035 0	−2.888 090	1.287 428	0.024 9
Log likelihood	−88.929 69			−90.245 28		
McFadden R-squared	0.309 276			0.299 057		
LR statistic(8 df)	79.637 49			77.006 30		
Probability(LR stat)	5.78×10^{-14}			3.55×10^{-15}		

（3）家庭的年缴纳灌溉费用与农户的需求意愿反向相关。从模型结果可以看出，农户家庭每年灌溉缴纳的费用越多，其需要增加小型农田水利设施的意愿越弱。因为小型农田水利设施具有公共产品的性质，它的建设投入可能会以水费的形式让农户分担，农户需要缴纳的费用增加，导致农户增加建设的需求减弱。

（4）当地设施运行现状与农户的需求意愿正向相关。由回归结果可以看出，该变量系数为正值，且小型农田水利设施良好地区的农户需求概率是设施不好地区农户需求概率的 5 倍多。这与预期结果不一样。当地小型农田水利设施运行状况良好，农户反而会要求增加更多的水利设施；而如果当地小型农田水利设施大部分运行情况较差,甚至年久失修,农户对增加相应设施需求的积极性并不高。可能原因是,设施运行良好地区的农户从中受益较多,能充分认识到小型农田水利设施对农业生产的重要性,因此建设投入的意愿更为强烈,而设施运行较差的地区的情况相反。

(5)农户的态度对其需求意愿有显著影响。农户对小型农田水利设施的认识程度是决定他需求意愿的内在动力。如果农户认为小型农田水利设施能够帮助增产增收,对农事有很大帮助,会激励其对设施的需求意愿。因此,要想提高农户对小型农田水利设施建设投资投劳的力度,首先要加强宣传教育,使农户从内心认同水利基础设施的重要性。

4 结语

通过对江苏省如东县农村的实地调研,笔者及其团队对小型农田水利设施需求存在的问题进行了考察与总结,并应用 Logit 模型对小型农田水利设施需求的影响因素进行了分析。

当前,随着技术的进步和市场经济的不断完善,农民对小型农田水利设施的需求变得差异性大。虽然政府针对小型农田水利设施的投资每年都在不断增加,但是实际上农民的需求仍未得到充分满足。农民自身缺乏表达需求的意识,并且对政府供给不信任,加之客观上需求表达渠道不畅,使得农民对小型农田水利设施需求偏好的表达呈现出一种缺乏状态。

此外,根据对调研数据的统计分析及构建 Logit 模型分析的结果,发现农户的受教育年限、家庭人均收入、年缴纳灌溉费用、当地设施运行现状和农户的态度对其需求意愿有着显著的影响。其中,农户的受教育年限、当地设施运行现状和农户的态度对需求产生正向影响,即农户的文化程度越高,所在地区设施运行状况越好,农户对水利基础设施的重要性认同感越强,其对增加小型农田水利设施的需求越强烈。而家庭人均收入、年缴纳灌溉费用对农户需求意愿有着反向影响。

第 2 章

农田水利投资与农业经济增长的动态关系

　　根据 2011 年 6 月《水利发展规划（2011—2015 年）》，全国一半以上的耕地缺少基本灌排条件，40％的大型灌区骨干工程与 50％～60％的中小型灌区存在设施不配套、老化、失修等问题，大型灌排泵站的设备完好率不足 60％，农田灌溉"最后一公里"问题凸显。水利设施的缺乏、老化或者失修必然会给农业生产带来负面的影响，从而阻碍农业经济的增长。所以近年来我国不断增加水利建设投入规模，根据水利部规划，"十二五"期间我国水利投资规模相比"十一五"期间实际投资规模增长 156％，年均复合增长 20.7％。而我国如此大规模的水利投资是否促进了农业经济的增长，农业经济的增长又能否反过来提高水利投资水平？反思这些问题，有利于提高我国水利投资效率，加强我国农田水利基础设施建设，提高各地区抗灾能力和粮食生产能力，对保障我国粮食安全、提高水利对经济社会发展的支撑能力等具有重大的现实意义。

　　关于水利投资与农业经济增长的关系，学者们进行了诸多探索。有学者基于水利社会核算矩阵的分析发现，水利投资对国民经济尤其是农业部门能产生较大的拉动效应，但是不同水利部门的投资增加对国民经济的具体拉动效应存在较大的差别。也有学者基于 C-D 生产函数研究发现，增加水利投资对提高粮食产出有促进作用。基于水利投资和经济发展历史数据，深入分析水利投资对农业的促进作用，发现水利投资极大促进了经济的发展。有学者通过构建生产函数模型讨论基础设施投资和人力资本积累与农业经济增长之间的关系，结果表明，基础设施投资阻碍了农业经济的增长。周世香运用 DEA 和 Malmquist 指数分析了全国各个省份的农业水利投资效率，研究发现"十一五"期间中部和西部大多数省份的农业水利投资效率都相对低下。

　　在省（市）层面，有学者基于四川省的实证分析认为，四川省财政支农支出、农业固定资产投资和第一产业从业人数对农业经济增长均具有积极作用;基于四川省的研究发现,农田水利基建投资与农业经济增长并未形成双向因果关系,农田水利基建投资增长会推动农业经济增长,而农业经济增长并未显著带动农田水利基建投资的增加。有学者研究了重庆市农村基础设施对农业经济增长的影响,结果表明,重庆市农村经济基础设施资本存量与农业经济增长间存在着长期均衡关系。

从已有的成果来看,农田水利投资能够促进农业经济增长基本已经得到了绝大多数学者的认可,但是农业经济增长对农田水利投资的影响却成果寥寥;对于两者之间的双向关系,不同的学者得到了不同的结论,但仍缺乏基于全国层面的双向机制的研究。相关成果和分析思路都为本研究奠定了基础。本研究基于全国 29 个省(市)1990—2012 年的面板数据,借助面板向量自回归(VAR)模型,并采用单位根检验、协整检验、因果检验和面板 VAR 方法,对农田水利投资与农业经济增长之间的双向影响机制进行分析,并在此基础上就近期我国政府的水利投资方向和渠道提出相关的政策建议。

1 材料与方法

1.1 研究方法

采用面板 VAR 模型分析农田水利投资和农业经济增长的关系,构建了以下模型:

$$Y_{i,t} = \alpha_0 + \sum_{j=1}^{k} \partial_j Y_{i,t-j} + \eta_i + \psi_i + \varepsilon_{i,t} \qquad (3\text{-}2\text{-}1)$$

式中:i 为不同地区;t 为年份;$Y_{i,t}$ 为 2 个向量,分别是农田水利投资(irr)、农业经济增长(agr);$Y_{i,t-j}$ 为以上 2 个向量之后 j 期的表示;∂_j 为回归系数;η_i 为地区固定效应;ψ_i 为时间效应;$\varepsilon_{i,t}$ 为随机项。

1.2 数据来源及预处理

1949 年以来,水利投资的统计口径经过了多次调整,其中水利基建投资数据较为完整,并且在水利投资中占据主导地位。因此,选取农田水利基建投资完成额(irr)作为农田水利投资的分析指标,以农林牧渔业总产值(agr)作为农业经济增长的衡量指标,数据分别来源于《中国水利年鉴》和国家统计局网站。为了保持统计口径的一致,将重庆市归入四川省;由于西藏地区存在大量数据的缺失,因此不纳入讨论范围;时间跨度为 1990—2012 年。考虑到全国各个地区经济发展水平、农业发展状况和自然资源禀赋的差异,本研究将全国分为东、中、西部 3 个地区分别进行分析[东部地区包括:辽宁、河北、北京、天津、山东、江苏、上海、浙江、福建、广东、海南共 11 个省(市、自治区);中部地区包括吉林、黑龙江、山西、安徽、江西、河南、湖南 8 个省(自治区);西部地区包括内蒙古、陕西、青海、宁夏、新疆、甘肃、四川、贵州、云南、广西 10 个省(市、自治区)]。为了剔除价格波动带来的不同年份数据不具备可比性的问题,用固定资产投资价格指数(1990 年＝100)对农田水利投资数据进行可比价格调整(个别省份存在少量数据缺失的问题,以有数据年为基期进行调整),用农林牧渔业总产值指数(1990年＝100)对农林牧渔业总产值数据进行可比价格调整。同时,为避免异方差和数据的强烈波动影响,对所有数据进行了对数处理,并分别用 lirr、lagr 来表示取自然对数后的农田水利投资、农林牧渔业总产值。本研究构建了涵盖全国除港澳台之外的 3 个地区 29 个省(市)23 年的面板数据,共有 667 组观测值。

本研究基于调整价格影响后的可比价数据绘制了农田水利投资与农业经济增长的发展趋势图(图 3-2-1)。可以看出,1990—2012 年间全国农田水利投资与农林牧渔业总产值都呈现出明显的增长趋势,并且二者之间存在很大的相关性,相关系数为 0.759 4。但是,农田水利投资占农林牧渔业总产值的比例在2002 年以后却呈下降的趋势,表明农业经济增长对农田水利投资的带动效应并不明显,或者是现有规模的水利投资已经满足需要,而造成农业产出增幅高于水利投资增幅。那么,农田水利投资的效率如何? 农田水利投资与农业经济增长之间的动态关系如何? 由于水利项目的投资存在滞后性,其效益可能需要在下一年或更长时间后才会产生影响,因此,有必要进一步从动态层面来衡量农田水利投资与农业经济增长之间的关系。

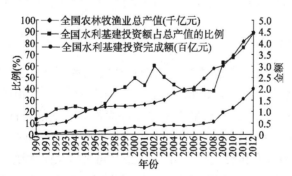

图 3-2-1　农田水利投资与农业经济增长的发展趋势图

2　结果与分析

2.1　面板单位根检验

由于做 VAR 模型要求系统中的变量具有平稳性特征,因此有必要对农林牧渔业总产值(lagr)、水利投资完成额(lirr)的平稳性进行检验,以避免采用非平稳数据拟合模型而造成"伪回归"。STATA 12.0 软件为面板数据提供了 5 种单位根检验方法,分别为 LLC 检验、HT 检验、Breitung 检验、IPS 检验和 ADF-F 检验,为保证结果的稳定性,本研究利用上述 5 种检验法得到了表 3-2-1 的检验结果。可以看出,当检验 3 个地区 2 个变量的一阶差分序列时,均显著地拒绝了原假设,而原值序列不能完全拒绝"存在单位根"的原假设,因此这 2 个变量的一阶差分值为平稳序列,即两者均为一阶单整序列。

表 3-2-1　序列的单位根检验结果

数据类型	统计量	东部		中部		西部		结果
		lagr	lirr	lagr	lirr	lagr	lirr	
原值	LLC	−4.510***	−0.884	−2.802***	−0.245	−2.988***	−0.737	不平稳
	HT	1.208	−4.677***	0.754	−2.735***	1.628	−3.958***	不平稳
	Breitung	−1.507*	−1.928**	−1.512	−2.000**	−1.262	−1.104	不平稳
	IPS	−1.012	−4.356***	−0.797	−2.614***	−0.090	−2.755***	不平稳
	ADF-F	8.431	66.627***	6.974	17.784	3.748	28.526	不平稳
一阶差分值	LLC	−5.091***	−4.293***	−4.353***	−3.887***	−3.762***	−5.107***	平稳
	HT	−7.216***	−16.398***	−7.007***	−13.728***	−5.957***	−15.511***	平稳
	Breitung	−6.600***	−7.087***	−6.101***	−8.255***	−5.975***	−7.858***	平稳
	IPS	−4.991***	−9.192***	−4.934***	−7.574***	−4.736***	−8.122***	平稳
	ADF-F	55.203*	283.471***	52.614***	173.043***	42.291***	195.174***	平稳

注:*,**,*** 分别代表在 10%,5%,1%的水平下显著。表 3-2-2 至表 3-2-5 同。

2.2　面板协整检验

为了检验 2 个变量之间是否具有长期均衡的关系,在单位根检验基础上对数据序列进行协整检验。Westerlund 构造了 4 个统计量,2 个组统计量 Gt、Ga,2 个面板统计量 Pt、Pa。组统计量说明在允许面板异质性的条件下存在协整关系,面板统计量是在考虑面板同质性的条件下检验是否存在协整关系,2 组统计量的原假设均为不存在协整关系。由表 3-2-2 可知,2 组面板统计量的检验结果基本是一致的,均显著地拒绝了原假设。因此,东、中、西 3 个地区的农田水利投资和农业经济增长之间存在长期协整关系。也就是说,农田水利投资对农业经济增长从长期看来存在促进作用,并且可以通过误差修正机制,保持两者之间长期稳定"均衡"的关系。

表 3-2-2　面板协整检验结果

统计量	东部	中部	西部
Gt	−4.068***	−3.380***	−3.196***
Ga	−18.016***	−25.314***	−18.179***
Pt	−11.599***	−9.112***	−10.229***
Pa	−19.104***	−22.090**	−18.359***

2.3　面板误差修正模型

为了检验农田水利投入与农业经济增长之间长期、短期的因果关系,本研究建立了面板数据误差修正模型。建立误差修正模型之前还应该正确确定滞后期 k,如果滞后期太少,误差项的自相关会很严重,并导致参数的非一致性估计。在模型中适当加大 k 值(增加滞后变量个数),可以消除误差项中存在的自相关。但是 k 值又不宜过大,因为过大会导致自由度减小直接影响模型参数估计量的有效性。本研究主要采用当前较为常用的 3 种确定滞后约束的检验方法:似然比(loglikelihood ratio,LR)统计量、赤池信息准则(Akaike information criterion,AIC)和施瓦茨信息准则(Schwartz criterion,SC)。由表 3-2-3 可知,根据选择最优 k 值的原则,即在增加 k 值的过程中使 AIC、SC 值达到最小,确定滞后期数为 2 期。

表 3-2-3　滞后长度的确定结果

滞后期	LR	AIC	SC
0		0.6686	0.7180
1	0.8129	0.7345	0.8335
2	5.7389*	0.5268*	0.6752
3	0.9544	0.5849	0.7828
4	2.9873	0.5300	0.7774

参照已有文献的做法,运用 EG 两步法,构建的面板数据误差修正模型见式(3-2-2)、式(3-2-3):

模型(1)　$\Delta \ln agr_{it} = \beta_1 + \sum_{j=1}^{k} \theta_1 \Delta \ln agr_{i,t-j} + \sum_{j=1}^{k} \gamma_1 \Delta \ln irr_{i,t-j} + \lambda_1 ECM_{i,t-j} + \mu_{1it}$

$$(3-2-2)$$

模型(2) $\Delta \ln irr_{it} = \beta_2 + \sum_{j=1}^{k} \theta_2 \Delta \ln irr_{i,t-j} + \sum_{j=1}^{k} \gamma_2 \Delta \ln agr_{i,t-j} + \lambda_2 ECM_{i,t-j} + \mu_{2it}$

$$(3-2-3)$$

式(3-2-2)、式(3-2-3)中：β_1、β_2、θ_1、θ_2、γ_1、γ_2、λ_1、λ_2 为系数；i 为不同地区；j 为年份；Δ 为一阶差分值；$ECM_{i,t-j}$ 为长期均衡误差；μ_{1it}、μ_{2it} 为随机扰动项；如果对于所有的 i、λ_1、λ_2 为零的原假设都被拒绝，说明农田水利投资和农业经济增长之间存在着长期的因果关系，反之则不存在；如果 γ_{1j}、γ_{2j} 为零的原假设被拒绝，说明农田水利投资和农业经济增长之间存在着短期的因果关系，反之则不存在。结果见表 3-2-4。

表 3-2-4 面板误差修正模型结果

自变量	模型(1)：因变量为 $\Delta lagr$			模型(2)：因变量为 $\Delta lirr$		
	东部	中部	西部	东部	中部	西部
$\Delta lagr(-1)$	−0.004	−0.028	−0.197	0.049	1.918	−1.208
$\Delta lagr(-2)$	−0.524	0.245	0.475	0.007	−1.613	−0.374
$\Delta lirr(-1)$	−0.209**	0.055*	−0.021**	−0.119	0.431	1.301
$\Delta lirr(-2)$	−0.651*	−0.291***	−0.039*	−0.049	0.252	−0.233
ECM(−1)	0.209**	−0.191**	−0.109**	1.524**	−0.604***	−0.272
调整的 R^2	0.309	0.287	0.486	0.583	0.442	0.321
F 值	2.733	1.132	0.083	3.138	0.419	0.496

由表 3-2-4 可以看出，东部地区的误差修正项 ECM(−1)在模型(1)、模型(2)中均达到 5% 的显著性水平，这说明长期看来，农田水利投入是农业经济增长的原因，反之亦成立，即东部地区存在从农田水利投入到农业经济增长的双向因果关系。短期内，东部地区仅存在从农田水利投入到农业经济增长的单向因果关系。对于中部地区而言，长期内，两者之间存在双向因果关系，但是短期内只存在从农田水利投入到农业经济增长的单向因果关系；无论是长期还是短期，西部地区都只存在从农田水利投入到农业经济增长的单向因果关系。

2.4 面板 VAR 模型

2.4.1 面板矩估计

为了说明变量之间的回归关系，首先进行面板矩估计(generalized method of moments，GMM)，采用均值差分法消除时间效应，前向差分法消除固定效应。由表 3-2-5 的结果可以看出，对于全国 3 个地区而言，无论是滞后 1 期还是 2 期，农田水利投资都显著地表现出对农业经济增长的正向促进作用，这也说明了农田水利投资的效益存在滞后性,在较长的时间内才能更好地发挥对农业经济增长的促进作用。在滞后期数相同的情况下,西部地区农田水利投资对农业经济增长的正向促进作用大于中部、东部地区,更多的可能是因为自然资源禀赋的差异,导致西部地区农田水利投资的增加可以获得更多的边际效益。

农业经济增长对农田水利投资的作用在不同地区表现不同。滞后 2 期的情况下,东部地区的农业经济增长对农田水利投资表现出负向显著,而在滞后 1 期时不显著。可能是因为东部地区具有优越的地理环境和资源禀赋,以及良好的经济基础,其政策重心更多地倾向于农业产业结构的调整或者农业新品种和新技术的开发,从而挤出了农田水利的投资。中部地区农业经济增长对农田水利投资存在显著的促进作用,而西部地区农业经济增长对于农田水利投资的作用不显著。

表 3-2-5 面板 VAR 模型 GMM 结果

自变量	lagr			lirr		
	东部	中部	西部	东部	中部	西部
$lagr(-1)$	1.146(18.04)	1.153(14.64)	1.226(18.49)	−0.654(2.24)	0.342 ** (0.97)	0.191(0.60)
$lagr(-2)$	−0.379(−6.06)	−0.274(−3.34)	−0.393(1.31)	−0.063 ** (−0.22)	0.509 * (1.39)	0.568 * (8.09)
$lirr(-1)$	0.055 *** (3.70)	0.073 ** (0.53)	0.079 ** (−5.94)	0.616(9.01)	0.545(6.63)	0.573(1.77)
$lirr(-2)$	0.064 ** (−0.94)	0.089 ** (0.72)	0.099 *** (1.42)	0.169(2.53)	0.103(1.28)	0.163(2.34)

注:括号内数字表示模型系数的 t 检验值。

2.4.2 面板方差分解

为了更好地分析农田水利投资与农业经济增长之间相互影响的程度,利用面板方差分解来进行进一步的说明。表 3-2-6 为第 10 个、第 20 个预测期的方差分解结果。由结果可知,第 10 个预测期与第 20 个预测期的结果比较接近,说明系统在第 10 个预测期已基本趋于稳定,农业经济增长与农田水利投资之间的动态关系已达到均衡;系统内 2 个变量受自身冲击的影响均大于受对方冲击的影响,对自身波动的贡献率均在 60% 以上;农业经济增长对农田水利投资的影响在 18%~30% 之间,其中西部最高,东部最低。西部地区经济相对落后,而且水资源极度匮乏,因此需要不断补充和完善水利基础设施,提高水资源利用率,从而保证农业的进一步发展;农田水利投资对农业经济增长的影响在 13%~30% 之间,其中中部高于西部,西部高于东部。对于东部地区来说,良好的经济基础和优越的地理位置极大地促进了该地区农业的发展,在各类型水利设施基本配套的情况下,单位水利投资的效益到达拐点,农业经济的进一步增长需要依赖技术的进步和产业结构的优化调整。

表 3-2-6　面板方差分解结果

变量	时期	东部		中部		西部	
		lagr	*lirr*	*lagr*	*lirr*	*lagr*	*lirr*
lagr	10	0.748	0.251	0.957	0.243	0.819	0.181
lagr	20	0.697	0.302	0.944	0.256	0.763	0.237
lirr	10	0.134	0.866	0.245	0.663	0.237	0.675
liiT	20	0.154	0.845	0.303	0.678	0.252	0.597

3　结论与讨论

本研究基于全国 29 个省(市)1990—2012 年的面板数据,总结了我国近年来农业经济增长和农田水利投资的情况。通过构建面板 VAR 模型,探析了我国东、中、西部 3 个地区农田水利投资和农业经济增长之间的相互关系,主要结论如下。

第一,对全国而言,农田水利投资与农业经济增长之间存在长期的协整关系。农田水利投资对农业经济增长表现出显著的正向影响。也就是说,无论是东部,还是中部、西部,从长远看来,农田水利投资对农业经济增长均存在正向的推动作用。农业经济增长对农田水利投资的影响却因地而异。

第二,农田水利投资与农业经济增长之间的关系存在较强的区域差异。短期内,东部地区仅存在从农田水利投入到农业经济增长的单向因果关系,而长期内二者之间存在双向因果关系;对于中部地区而言,长期内两者之间存在双向因果关系,但是短期内只存在从农田水利投入到农业经济增长的单向因果关系;无论是长期还是短期,西部地区都只存在从农田水利投入到农业经济增长的单向因果关系。

第三,方差分解的结果证明农业经济增长对农田水利投资影响最大的是西部,农田水利投资对农业经济增长影响最小的地区为东部,可能的原因在于各地区资源禀赋和经济条件的差异。

综上所述,本研究认为 1990 年以来全国农田水利投资的整体效应是积极的。为了进一步提高农田水利投资的社会效应和经济效应,节约水资源,促进农业经济的可持续增长,应从以下几个方面进行调整和改善:第一,应继续加大农田水利投资力度,特别是小型农田水利设施末端渠系的工程建设,以解决农田水利工程中"最后一公里"问题;第二,应大力推广节水灌溉技术,配套节水灌溉工程,从而避免水资源的过度消耗,提高有效灌溉,保障农业综合效益;第三,从水利事业和农业经济长远良性发展来看,需要加大农业产业结构调整以及水利工程管理体制改革的力度,制定合理的水资源管理政策,提高农户节水、管水、投入农田水利建设的积极性,发挥农田水利投资对农业经济增长的短期、长期效应,从而实现经济、社会和生态的稳步、健康发展。

第 3 章

社会资本对农户参与灌溉管理
改革意愿的影响分析

20 世纪 90 年代中期,政府为了解决灌区灌溉管理体制落后、基础设施老化破损、灌溉水浪费、灌溉面积萎缩、生态环境恶化等问题,开始在全国大中型灌区推行参与式灌溉管理改革试点,组建经济自立排灌区,即政府部门负责灌区的总体规划及灌区主干工程的运行和养护,农户负责支渠以下水利设施的管理和用水协调,成立用水协会等农户合作用水组织,整个灌区由政府和农户共同管理。由于这种改革具有明显"自上而下"的特征,因而很多用水协会流于形式,农户的参与程度普遍偏低。如何引导农户主动参与灌溉管理改革是亟待解决的问题。张宁等、张兵等、孔祥智等以及郭玲霞等主要是从农户的个人特征、家庭特征、社区特征以及农业政策角度进行考虑,实证研究表明这些因素均在不同程度对农户参与灌溉管理改革意愿具有显著影响。理论上讲,农户参与灌溉管理改革是以地域为基础的众多个体在政府引导下自主选择参与以实现集体行动的过程。而实际情况是,农村水利基础设施的竞争性和非排他性导致了个体选择与集体选择通常不一致,集体行动陷入困境。社会资本理论为解决这一问题提供了新的视角。农户长期交往形成的社会资本能将微观个体行为与宏观集体行动结合在一起,促进集体行动的达成,以实现农户的有效参与。

社会资本理论自 20 世纪 70 年代兴起,到 20 世纪 90 年代开始备受关注,学者们根据自己的研究对象、研究领域对此有不同的界定和认识。本研究所指的社会资本主要是参考 Putnam 等的论述,他在《让民主的政治运转起来》一书中指出:"与物质资本和人力资本相比,社会资本是指社会组织的特征,诸如信任、网络和规范等,它们能够通过促进合作行为来提高社会的效率。"在中国农村社会,人与人之间因血缘、地缘、业缘关系形成的以情感为纽带的社会资本,在人们的行为决策与资源配置中发挥重要作用。根据 Putnam 等的定义,本研究将社会资本理解为农户所拥有的社会关系特征,并从信任、网络和规范这 3 个维度构建农户社会资本的评价指标体系。关于社会资本对解决村级合作灌溉问题的研究兴起于 20 世纪 90 年代。如 Thomas 等阐述了运用社会资本探讨灌溉和用水户协会的可能性。Juan José Michelini 从阿根廷灌区管理失败的教训中,总结论述了社会资本对农村发展的重要作用,尤其是在涉及国家和民间社团共同参与项目的背景下。吴光芸、陈雷等结合中国实际情况,分析认为社会资本是农村灌溉自组织管理的基础,是参与式灌溉制度改革成功运行的关键,能够很好地解决乡村自主组织所面临的"搭便车"、可信承诺与激励监督问题。毛寿龙等指出在政府的有限参与基础上,鼓励农民在农业生产活动中组织化,以各种合作组织搭建农民参与的平台,培育社会资本,形成公共精神和参与习惯,可实现农村灌溉的善治,推动农村公共事物的供给。奉海春认为抑制村民"搭便车"行为,促进村民之间的良好合作需要在各参与者之间建立相互监督和制裁的激励机制,以及与管理制度相适应的社会资本。万生新等基于陕西省宝鸡峡灌区农民用水户调查数据的研究发现,关系维度社会资本和认知维度社会资本对农户参与用水户协会的影响显著。这些成果说明了社会资本对农户参与灌溉管理改革的重要作用,为本研究提供了很好的启示。故本研究利用对安徽省淠史杭灌区农户的调查资料,采用因子分析法测算农户的社会资本,并通过计量模型实证分析社会资本对农户参与灌溉管理改革意愿的影响效果,为政府制定加快促进灌区参与式灌溉管理改革措施提供理论指导和政策参考。

1 研究区概况与数据来源

1.1 研究区概况

研究数据来源于课题组于 2014 年 4 月对淠史杭灌区农户的实地调查。淠史杭灌区位于安徽省中西部和河南省东南部,横跨江淮两大流域,是全国三个特大型灌区之一。灌区地处亚热带北缘,气候温和,雨量适中,但南北气流在此交汇,造成降水年际变化大,年内分配不均,是水旱灾害多发地带。1982 年,灌区确定了"统一管理、条块结合、分级负责"的管理原则。1997 年,为了建立与农村现行体制适应并与之配套的管理体制和运行机制,灌区开始实施用水户参与式灌溉管理改革的试点工作。灌区末级渠系大部分是农民投工投劳建设,归集体所有。目前,以农民用水户协会为主体的田间工程管理模式改革正在灌区深入推进,由协会负责田间工程建设、管理维护和水费收缴。协会的组建对完善灌区基层管理体制和运行机制、增强自然灾害防御能力、改善农业生产条件、提高农业综合生产能力起到重要作用。调查中了解到,协会组织主要集中在享受政府重点扶持土地整改项目的区域,此外,政府对有条件自发组织水利协会或合作社的农业大户进行一次性补贴等奖励政策。如六安市永裕农村水利专业合作社,是依托裕安区江家店镇林寨省级现代农业示范区核心地理位置和江家店镇农业大镇实际,按照"水源有保障,耕作有基础,资产有归属,管理有主体,运行有机制,工程有效益"的总体要求于 2013 年 1 月成立的。合作社涵盖本镇林寨、张墩、芝麻地、华祖和挥手 5 个行政村,惠及群众 2 万余人,灌溉面积达 2 866.67 hm² (4.3 万亩),有效促进了该区域农业生产。但处于改革试点外的农户由于地理位置、区域经济发展及个人因素等原因无法享受到新型灌溉管理模式带来的经济效益。

1.2　数据来源与调查方法

具体调研地点位于灌区内的裕安区和霍邱县两个粮食主产区域(见图 3-3-1)。之所以选择这两个县(区),是基于区域地理位置以及经济发展水平差异来综合考虑的。裕安区位于六安市以西的市郊,下辖 19 个乡镇和 3 个街道,农业资源丰富,水系发达,交通便利,经济发展水平相对较高;霍邱县位于六安市以北,下辖 32 个乡镇和 1 个省级经济开发区,是传统的农业大县,水资源储量大,但由于天气多变,易形成旱涝灾害,经济发展水平相对较低。为确保调研数据的准确性和完整性,采用入户调查方式与农户进行面对面访谈。通过分层抽样和随机抽样相结合的方法,选取裕安区下辖的 2 个乡镇和霍邱县下辖的 4 个乡镇,并从每个乡镇抽取 2~4 个行政村,共形成 18 个样本村,在每个样本村随机抽取 15 家农户,共发放问卷 270 份,经过复核最终形成有效问卷 252 份,其中裕安区 128 份,霍邱县 124 份。

1.3　样本农户的基本特征

样本农户具有以下基本特征(见表 3-3-1)。

(1) 受访者以男性居多,占 71%,受访者的年龄多数在 50~60 岁,85.7% 的人有超过 20 年的务农年限,37.7% 的人有过外出工作经历。受访者中仅有 23.8% 的人是党员,18.3% 的人担任村干部,受教育年限≤8 年的人占 80.6%,其中文盲的比例占到了 21%。多数受访者对自己的身体健康状况较为满意。

(2) 户均家庭人口总数为 5.607 人,户均成年劳动力为 4.004 人,而户均农业劳动力仅为 1.841 人。家庭经营耕地面积在 0.33~0.67 hm² 的比例最大,但已经形成规模化经营的农户数量较少,其中存在耕地转入或租入的农户占 27%,而存在耕地转出或租出的农户占 6%。

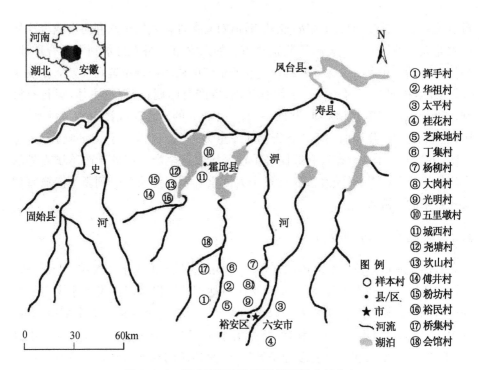

图 3-3-1　研究区地理位置及调研样本村分布

表 3-3-1　调研样本描述性统计

选项		频数（人或户）	百分比（%）	选项		频数（人或户）	百分比（%）
政治面貌	党员	60	23.8	本村职务	村干部	46	18.3
	其他	192	76.2		其他	206	81.7
周岁年龄（岁）	≤40	9	3.6	家庭经营耕	≤0.33	60	23.8
	40～50(含)	53	21.0	地面积(hm²)	0.33～0.67(含)	123	48.8
	50～60	111	44.0		0.67～1.33	46	18.3
	≥60	79	31.3		≥1.33	23	9.1
受教育年限（年）	文盲	53	21.0	农业收入占	≤10	75	29.8
	1～5	80	31.7	家庭总收入	10～30(含)	121	48.0
	6～8	70	27.8	的比重(%)	30～50	29	11.5
	>8	49	19.4		≥50	27	10.7

（3）77.8%的家庭农业收入占总收入的比重不到30%，29.8%的家庭农业收入不到总收入的10%。也就是说，农业收入并不是样本农户家庭收入的主要来源，这一特征与其他学者的调研情况大致相符，反映了中国农村居民的基本情

况。总体来说,调研样本表现出传统粮食主产区的农村劳动力老龄化和短缺,农民逐渐向非农产业转移,文化程度普遍偏低,农村耕地流转等特征,符合中国现阶段农村的实际情况。

2　模型设定与变量选择

2.1　方法选取与模型设定

2.1.1　社会资本的测量方法

因子分析是将具有错综复杂关系的变量综合为数量较少的几个因子,以再现原始变量与因子之间的相互关系的一种多元统计分析方法。基本思想是根据相关性大小把变量分组,使得同组内的变量之间相关性较高,而不同组的变量相关性较低。每组变量代表一个基本结构,被称为公共因子。基于 Putnam 提出的分析框架,参考张方圆等、赵雪雁等和王昕等的研究,根据安徽省实际情况,从信任、网络和规范 3 个维度构建农户社会资本测度指标体系。使用 SPSS 20.0 软件,对农户社会资本进行测量,公式如下:

$$F = \sum_{i=1}^{n} \frac{W_i}{W} \cdot F_i \tag{3-3-1}$$

式中:F 为农户社会资本总指数得分;W_i 为第 i 个社会资本维度的贡献率;F_i 为第 i 个社会资本维度的因子得分;W 为累计贡献率;n 为提取公因子个数。

2.1.2　农户参与灌溉管理改革意愿的模型构建

农户对灌溉管理改革的参与意愿有"愿意"和"不愿意"两种情况。每个农户都会在理性地综合衡量各种影响因素的基础上,做出最佳选择。因此,本研究构建二元 Logistic 回归模型实证分析社会资本对农户参与灌溉管理改革意愿的影响效果。模型设定如下:

$$P = F(y = 1 \mid x) = \frac{1}{1 + e^{-y}} \tag{3-3-2}$$

式中:P 为农户参与灌溉管理改革意愿的概率;y 为农户参与灌溉管理改革的意愿。当农户愿意参与时,$y=1$,反之,$y=0$。y 是变量 $x_i (i=1,2,\cdots,m)$ 的线性组合,即:

$$y = \alpha + \beta_1 x_1 + \beta_2 x_2 + \cdots + \beta_m x_m \tag{3-3-3}$$

式中：x_i 为可能影响农户参与灌溉管理改革意愿的因素；$\beta_i(i=1,2,\cdots,m)$ 为第 i 种影响因素的回归系数；m 为影响因素个数；α 为回归截距。

由公式(3-3-2)和公式(3-3-3)变换得到如下模型：

$$\ln\left(\frac{P}{1-P}\right) = \alpha + \beta_1 x_1 + \beta_2 x_2 + \cdots + \beta_m x_m \qquad (3\text{-}3\text{-}4)$$

2.2 变量选取

2.2.1 社会资本的测量指标选取

如前定义，社会信任、社会网络和社会规范 3 个维度的具体评价指标如表 3-3-2 所示。在问卷设计时，采用李克特五级量表，从 1～5 表示程度依次递增。

可以看出，农户对生产实践中经常接触的三类人群的信任程度均较高，且对德高望重的村民的信任度＞对邻居的信任度＞对村干部的信任度。而社会网络是农户相互之间以及农户与地方政府之间互动的载体。农户的社会网络越畅通，越有利于参与式灌溉管理改革政策的传播。统计分析发现，农户的社会网络关系相对较差，有亲戚朋友是村干部或党员的家庭数量均值仅为 1.853，与村干部或政府部门人员接触的次数，参与村里重大事项的次数也相对较少，每周上网的频率均值为 1.619，说明农户接触官方信息和互联网信息的机会较少。在社会规范维度，因不参加集体活动是否会受责罚或被议论的程度均值是 3.389，反映当前传统乡村社会规范对农户行为的约束力不强。调研发现，68.75% 的农户对熟人在社会中一些违反社会规范的现象表现出不好意思指责。此外，农户普遍认为与周围人建立良好人际关系将有助于借钱，说明随着社会的发展以及外来文化的影响，农户开始更加重视自身的个体价值和个人利益的获取。

2.2.2 回归模型的变量选取

根据相关理论分析和实地调查可知，影响农户参与灌溉管理改革意愿的因素有：(1) 社会资本特征，包括信任、网络和规范，由因子分析测算得到；(2) 个人特征，包括年龄、受教育程度；(3) 家庭特征，包括家庭经营耕地面积、非农劳动力占家庭人口总数的比重；(4) 所在社区特征，包括当地水利基础设施供水效率、所在村庄在整个乡镇的经济发展水平；(5) 心理认知特征，包括农户对用水者协会或者水利合作社的了解程度、农户对改善农业灌溉用水现状的需求程度。因此，在探讨社会资本对农户参与意愿的影响时，将农户的个人特征、家庭特征、所在社区特征以及心理认知纳入回归模型作为控制变量。

表 3-3-2　农户社会资本评价指标体系

社会资本维度	评价指标	赋值标准	均值	标准差
社会信任	对村干部的信任度	1(非常不信任)—5(非常信任)	4.310	0.571
	对邻居的信任度		4.429	0.618
	对德高望重的村民的信任度		4.472	0.516
社会网络	是否有亲戚朋友是村干部或党员	1(完全没有)—5(非常多)	1.853	0.802
	和村干部或政府部门人员接触的次数		3.147	1.265
	参与村里重大事项的次数		3.202	1.212
	每周上网的频率	1(从不)—5(每天)	1.619	1.173
社会规范	因不参加集体活动是否会受责罚或被议论	1(肯定不会)—5(肯定会)	3.389	1.174
	与周围人建立良好人际关系对借钱的帮助	1(没有帮助)—5(帮助很大)	4.012	1.004

3　结果与分析

3.1　农户社会资本变量测算

在因子分析前,首先对问卷的信度和效度进行检验。信度一般通过检验测量工具的内部一致性来实现。结果显示,社会信任、社会网络、社会规范各维度评价指标的 Cronbach's alpha 值分别为 0.833、0.765、0.685,基于标准化项的 Cronbach's alpha 为 0.687,都大于 0.650,说明调查问卷具有良好的可信度。效度检验可通过因子分析法进行,经检验,量表的 KMO 值为 0.713,Bartelett 值为 757.157,$P<0.05$,说明数据具有相关性,适合做因子分析。利用主成分法提取特征值大于 1 的公因子,由表 3-3-3 可知,社会网络评价指标、社会信任评价指标和社会规范评价指标分别在因子 1、因子 2 和因子 3 上有较大载荷,与预期结果一致,且这 3 个公因子的累计贡献率为 69.442%,基本能够替代农户社会资本信息的总体情况。因此,可将其分别命名为社会网络指数因子、社会信任指数因子和社会规范指数因子。然后采用回归方法计算出 3 个因子得分 F_1、F_2 和 F_3,并运用式(3-3-1)计算得到农户社会资本总指数得分 F。

将农户社会资本总指数得分 F 划分为 5 组,即低$(-\infty,6.000]$,中低$[6.001,7.500]$,中等$[7.501,9.000]$,中高$[9.001,10.500]$,高$[10.501,+\infty)$,并分别统计了各组内农户社会信任指数 F_1、社会网络指数 F_2 和社会规范指数 F_3 的得分均值(见表 3-3-4)。拥有中等社会资本的农户数量最多,即社会资本总指数介于 7.501~9.000 之间的农户有 94 户,占样本总数的 37.3%,拥有低等社会资本的农户最少,仅有 6 户,拥有高等社会资本的农户有 19 户。可以看出,农户社会资本总指数得分分布呈现"两边低中间高"的倒 U 形。比较而言,拥有较高社会资本的农户,其社会资本的各维度因子得分均较高,而拥有较低社会资本的农户,其社会资本的各维度因子得分均较低,且社会网络指数因子和社会信任指数因子得分显著高于社会规范指数因子得分。说明农户社会资本积累主要体现在各自所拥有的社会关系资源与相互信任上。运用社会资本指数能够较好地反映农户在动态社会经济交往中所建立的关系网络状况。

表 3-3-3 旋转后的因子载荷阵

社会资本评价指标	因子 1	因子 2	因子 3
对村干部的信任度	0.096	0.882	0.007
对邻居的信任度	0.190	0.794	−0.040
对德高望重的村民的信任度	0.129	0.893	−0.093
是否有亲戚朋友是村干部或党员	0.636	0.230	0.114
和村干部或政府部门人员接触的次数	0.866	0.058	0.000
参与村里重大事项的次数	0.850	0.138	−0.144
每周上网的频率	0.655	0.073	0.218
因不参加集体活动是否会受责罚或被议论	0.053	−0.101	0.854
与周围人建立良好人际关系对借钱的帮助	0.071	0.000	0.870

表 3-3-4 农户社会资本总指数得分分组及构成统计

社会资本总指数得分分组	频数（人）	社会资本构成		
		社会网络指数 F_1 得分	社会信任指数 F_2 得分	社会规范指数 F_3 得分
低	6	5.853	9.782	−0.423
中低	73	7.260	10.782	−0.026
中等	94	9.632	12.303	0.064
中高	60	12.579	13.173	0.328
高	19	15.291	14.009	0.691
总体	252	9.983	12.138	0.137

3.2 农户参与灌溉管理改革意愿的回归分析

运用 SPSS 20.0 统计软件对农户数据进行二元 Logistic 回归处理(见表 3-3-5)。模型的极大似然估计值为 221.934,总体的预测准确率为 75.8%,卡方值为 110.979,H-L 指标检验显著性为 0.251,Cox&Snell R^2 和 Nagelkerke R^2 指标值分别为 0.356 和 0.486,表明模型拟合优度较好。引入变量后,模型总体在 1% 水平上显著。根据估计结果,农户参与灌溉管理改革意愿的主要影响因素可以归纳如下。

(1) 社会资本是影响农户参与灌溉管理改革意愿的重要因素之一。其中社会信任指数和社会网络指数分别在1％和5％水平上正向显著影响农户的参与意愿。即在其他条件不变的情况下,社会信任指数、社会网络指数每增加1个单位,将引起 $\ln[P/(1-P)]$(农户参与灌溉管理改革与不参与概率之比的对数)分别增加0.437个单位、0.511个单位。这说明,提高农户的信任度、扩大农户的社会网络能够有效增强农户参与灌溉管理改革的意愿。究其原因,农户对村干部、邻居以及德高望重的村民的高信任度,将在一定程度上增强农户对参与式灌溉管理改革政策的了解信任及提高参与灌溉管理效率的预期,同时也降低了参与后失信导致的经济风险和监督成本,加速了合作灌溉管理的实现,从而增强农户的参与意愿。而农户接触村干部和政府人员的次数、参与村里重大事项的次数越多以及上网的频率越高,其社会资源关系和获取信息的途径也就越多。生活系统和生产系统越开放,信息获取和社会资源共享越充分,农户对于参与式灌溉管理政策的认知也就越全面,其参与灌溉管理改革的意愿也随之增强。

社会规范指数对农户的参与意愿影响是正向的,但不显著,与预期不符。理论上,良好的社会规范可以引导农户的行为,清晰的规则能够增强农户的参与意识,从而提高合作灌溉管理的效率。但在调查中了解到,仅有23.4％的农户认为不参加集体活动肯定会受到责罚或被议论。笔者认为这可能是由于随着农村开放度加大以及外来文化的影响,农村社区以血缘和亲缘形成的传统规范不能更好地发挥作用,对农户行为的约束和引导作用下降而造成的。

表 3-3-5　Logistic 模型估计结果

解释变量	回归系数 B	标准差 S.E	沃尔德 Wald	显著度 sig
社会资本特征				
社会信任指数	0.437	0.170	6.612	0.010***
社会网络指数	0.511	0.217	5.553	0.018**
社会规范指数	0.153	0.172	0.790	0.374
个人特征				
年龄	0.000	0.022	0.000	0.983
受教育年限	0.117	0.055	4.512	0.034**
家庭特征				
家庭经营耕地面积	0.095	0.039	5.863	0.015**
非农劳动力占家庭人口总数的比重	1.637	0.867	3.566	0.059*
所在社区特征				
当地水利基础设施供水效率	−0.632	0.225	7.915	0.005***
所在村庄在整个乡镇的经济发展水平	0.545	0.223	5.976	0.015**

解释变量	回归系数 B	标准差 S.E	沃尔德 Wald	显著度 sig
心理认知特征				
对用水者协会或水利合作社 　的了解程度	1.150	0.422	7.413	0.006***
对改善农业灌溉用水现状的 　需求程度	0.619	0.256	5.848	0.016**
常数项	−1.726	1.985	0.756	0.385

注：*、**、***分别表示变量在10%、5%和1%的统计水平上显著。

（2）受教育年限、家庭经营耕地面积和非农劳动力占家庭人口总数的比重都对农户参与灌溉管理改革意愿有显著的正向影响。说明文化程度越高的农户对灌溉管理的参与意识越强烈。其次，在传统的粮食主产区，家庭经营耕地面积越多，农户对水利基础设施的依赖性越强，农户越关心农村水利在农业灌溉方面的发展。非农劳动力占比大的家庭，可以通过与其他村民寻求合作，以满足灌溉需求。当地水利设施的供水效率以及所在村庄的经济发展水平分别在1%和5%水平上负向显著影响着农户的参与意愿。说明村庄的水利基础设施供水效率越低，农户参与灌溉管理的积极性越高，自主治理解决灌溉问题的意愿也越强。另一方面因为农田水利设施具有公共物品的属性，村庄的经济水平越高，农户对以公共财政解决公共问题的期望和依赖性越强，其个人的参与意愿就越低。农户对用水者协会或水利合作社的了解程度以及对改善农业灌溉用水现状的需求程度对其参与意愿有显著的正向影响。说明农户对用水者协会越了解，其参与意愿越高。问卷调查显示，73.81%的农户表示没有听说过用水者协会，仅有3.17%的农户表示对参与式灌溉管理改革政策很了解，而加入用水者协会的农户仅占到4.37%，这也反映出参与式灌溉管理改革政策的实施不够深入，农户接触新生事物的来源和渠道受阻，社会资源相对匮乏。此外，样本村的耕地90%以上都是水田，以种植一季水稻为主，农户认为现有水利设施不能满足生产需求，对改善农业生产用水的需求越强烈，其参与意愿也越强。

4　结论与政策建议

4.1　结论

本研究在构建农户社会资本评价体系时，着重分析了影响农户社会资本的村内因素，而对农户的村外社会关系考虑较少，同时关于社会资本对农户参与灌溉管理改革的影响机制也有待于进一步探讨。通过社会资本对农户参与灌溉管理改革意愿影响的实证分析,得出以下结论。

（1）农户对周围人的信任程度排序依次为：德高望重的村民＞邻居＞村干部。农户的社会网络关系相对较差,接触官方信息和互联网信息的机会较少。传统乡村社会规范对农户行为的约束力和影响力在下降,农户开始摆脱乡村社会规范的约束,更加重视自身的个体价值和个人利益的获取。

（2）农户社会资本总指数得分分布呈倒 U 形。拥有中等社会资本的农户数量最多。农户社会资本积累主要体现在各自所拥有的社会关系资源与相互信任上。

（3）社会信任指数和社会网络指数对农户参与灌溉管理改革意愿有显著正向影响。而社会规范指数的影响则不显著。

（4）受教育年限、家庭经营耕地面积、非农劳动力占家庭人口总数的比重、当地水利设施的供水效率、所在村庄的经济发展水平、对用水者协会或水利合作社的认知以及对改善农业生产用水现状的需求程度也是影响农户参与意愿的重要因素。

4.2　政策建议

（1）社会信任维度层面,政府应采取措施提高农户对村干部的信任度,如健全民主议事制度,实现民主的社会监督,做到事前充分宣传,事中严格议事,事后结果公开,使基层政府和村干部成员真正成为为农民服务的主体,从而提高农户对政府的信任度,减少实施参与式灌溉管理改革的政策成本和交易成本。同时注重培育农村精英人物,发挥精英人物在农村合作灌溉管理中的示范带头作用。

（2）社会网络维度层面,政府应鼓励建立多层次的对话网络和沟通场所,构建多元化的信息获取渠道,加强农村地区广播电视电话网络设施建设,开展丰富多彩的农村社区文化活动,扩大农户的社会关系网络,为村民之间的相互交流以及合作的达成提供机会。

（3）社会规范维度层面,政府要加强开展参与式灌溉管理改革的政策宣传,让农户充分知晓改革的重要性以及自身利益和集体利益的关系,制定相应的激励政策,成立真正意义上由政府主导扶持、农户自主管理的用水户协会,共同建立和维持农田灌溉系统。同时,政府要强调农户在改革进程中的主体作用,深入分析农户的灌溉需求和心理特点,吸引农户主动参与合作,让农户感受到自己的参与权利,培养农户参与乡村自治的主人翁意识。

（4）农户作为一个独立的生产者和灌溉行为主体,其自身的知识水平、能力素质和心理认知在很大程度上决定农户是否愿意参与灌溉管理。因此,政府应定期组织文化教育及科学技术培训,号召农户积极参与学习,提高农户的文化程度和生产经营决策能力,改善农户参与灌溉管理的自身条件和环境条件。

第4章

基于农户细分视角的小型农田
水利建设影响因素分析
——以江苏省宝应、沭阳两县的调查为例

1 引言

　　加强小型农田水利设施建设、提高其供给水平是现代农业建设的重要内容之一,直接关系到国家粮食安全与农民的增产增收。农户作为小型农田水利设施的直接消费者,长期以来在其供给过程中发挥着重要的作用,然而随着税费改革取消"两工"和"三提五统"以后,农户失去了进行投入活动的动机和积极性,使得小型农田水利建设难度不断加大,投入主体缺失、投入不足、管理不善、治理落后等问题日益严重。为了改善小型农田水利设施的条件,政府除了大力增加资金投入之外,还需要重视农户在小型农田水利建设中的地位,尤其是农村劳动力大量外流、收入结构变化以及农民老龄化严重等问题日益严重的形势下,如何采取有效措施引导农户积极参与到农田水利建设中来,是健全小型农田水利建设供给机制的关键所在。

　　关于农户参与小型农田水利设施建设的相关问题,国内外已有不少的研究。Rosegrant 和 Ringler 通过对发达国家和发展中国家的调查发现,在发达国家和地区,政府承担了农田水利建设的大部分成本;而在发展中国家或不发达地区,民间机构和农户承担着较高的农田水利建设成本。Sarker 和 Itoh 以日本的小型农田水利供给为研究对象,指出小型农田水利设施投资应该由受益农户和政府共同承担。Gheblawi 认为,政府部门应认识到农户的参与对农田水利建设有着潜在影响并将带来长久收益,通过有效的措施把政府包揽的农田水利投入和管理职责部分交给农民,能极大地提高灌溉系统的运行效率。国内方面,谭向勇、刘力通过对粮食主产区小型农田水利建设情况的调研指出绝大多数农户的

投资态度是肯定的,但意愿投资比例均较低。贺雪峰、郭亮的研究结果表明在我国"人均一亩三分,户均不过十亩"的农户分散式经营体制下,农户作为基础灌溉单元的规模太小,其投入存在成本高、风险大的特点,且由于小型农田水利设施的准公共物品属性,农户对小型农田水利的自我供给容易陷入"囚徒困境"。也有学者对小型农田水利建设中农户投入意愿的影响因素进行了深入的研究,朱红根等和刘辉、陈思羽通过结合运用博弈理论与 Logistic 模型,从理论与实证层面分析了农户参与农田水利建设意愿的影响因素,研究发现:文化程度、身体健康状况、家庭劳动力、种粮收入、对现阶段农田水利设施整体状况的评价等因素对农户参与小型农田水利建设的意愿具有显著影响。

以上分析结论都为本次研究提供了很好的启示。然而,现有的研究大多将农民看作是一个整体,而随着市场化进程的推进,农户不再是一个高度同质的群体,其在小型农田水利基础设施建设中的意愿与行为取向也不相同;另外,农户参与小型农田水利建设的形式有投资和投劳之分,且其投入意愿程度也存在差异,那么又是什么因素影响农户的投入方式与投入程度呢?本研究将借鉴已有研究成果,利用对江苏省宝应、沭阳两县农户的调查资料,在对农户进行细分的基础上,对其参与小型农田水利设施建设的意愿和行为进行分析,以期为政府制定加快小型农田水利建设的政策提供参考依据。

2　数据来源与基本特征

2.1　数据来源

本研究所用数据来源于 2012 年 5 月份对江苏省宝应县和沭阳县关于小型农田水利设施建设情况的实地调研。两县均为江苏省 2009 年设立的第一批小型农田水利建设重点县,且农业在这两个地区都处于较高的地位,农田水利基础设施建设在近些年来发展迅速,取得了一定的成就,因此具有典型性。调研通过问卷发放的形式进行,问卷内容主要包括农户个人和家庭基本特征,对小型农田水利设施的需求程度、投入意愿以及融资强度等方面,具体操作为在每个县选取5 个乡(镇),再在每个乡(镇)选取 3 个村,然后在每个村随机选取 20 个农户进行调查。最终共发放问卷 600 份,回收有效问卷 542 份,有效回收率为 90.33%。

2.2　样本农户基本特征

本次调查对象主要为从事农业生产的农户,样本农户基本特征如下。第一,农户"不以农为业",农业人口老龄化。调查农户平均年龄在 55 岁左右,其中 40 岁以下的农户仅占样本总数的 6%,即该部分群体中绝大多数从事了农业以外的行业,而 60 岁以上的却占到了 35% 以上,是调查样本中最大的群体,且农户的受教育程度也大多在初中以下,文化水平较低。第二,农户"不以农为生",农业收入副业化。在家庭收入构成方面,超过 76% 的农户农业收入占自己家庭总收入的 50% 以下,说明由于农业收益较低,对于大多数农户而言,农业收入已经不是家庭主要收入来源。第三,农户"不以农为主",农业生产兼业化。调查样本中,户均劳动力为 2.99 个,而户均外出打工劳动力个数达到了 1.34 个,即有将近一半的劳动力外出打工,且有 72.3% 的农户家庭中至少有一个成员外出打工,农户对农业生产活动缺乏重视,家中的田地要么在农忙时自己抽出部分时间进行简单的经营管理,要么交予家中老人耕种,甚至将其闲置。

3　不同类型农户对小型农田水利设施的投入意愿分析

3.1　农户类型的细分

根据上述分析中农户的"老龄化""副业化"和"兼业化"的特征,本研究通过考虑农户拥有的土地面积、农业收入比重和年龄三个因素,将其分为四类:种粮大户、兼业程度低的农户、兼业程度高的农户和老龄农户(表 3-4-1)。

本研究将种粮大户界定为经营耕地面积超过 25 亩的农户,他们大都通过承包土地的方式进行规模经营,由于我国土地流转市场还很不完善,样本中该种类型的农户数量较少,只有 30 个,占样本总数的 5.53%,平均经营耕地面积 37.34 亩,该类型农户的收入高低与耕地作物生长状况的好坏直接相关,农业收入占到了其家庭总收入的 50%～80%;老龄农户指年龄超过 60 岁的农户,该群体是目前我国农业生产的主力军之一,数量庞大,且具有多年的种粮经验,调查样本中老龄农户有 186 个,占总数的 34.32%,由于缺乏体力和技能,他们进入其他行业比较困难,因此对土地的依赖程度较高,虽然统计中该类型农户的家庭平均年收入最高,为 5.06 万元,但多为家中有劳动力外出打工的原因,在农业收益低下和缺乏其他渠道收入来源的情况下,他们自身对小型农田水利设施的投入能力极其有限。除了上述两种类型的农户,我们根据剩余农户的兼业程度将其分为兼业程度低的农户和兼业程度高的农户,前者指农业收入大于 50％的农户,有 108 个调查样本属于此类型的农户,占总数的 19.93％。受限于周围环境或是自身的原因,他们缺少进入其他行业的机会,农业外的收入来源相对较少,使得总收入水平也较低,年均只有 1.98 万元,同时他们还是除了种粮大户以外平均拥有耕地面积最大的群体,因此对小型农田水利设施的需求程度也比较高。后者则指农业收入小于 50％的农户,该群体在本次调研中数量最大,共有 218 个,占到了样本总量的 40％以上,该类型农户平均拥有的耕地面积在所有农户类型中最少,仅为 5.94 亩,但其农业外收入来源较多,其总体收入水平也相对较高。

表 3-4-1　不同类型农户的数量统计及其特征

农户类型	样本个数 (个)	百分比 (%)	平均耕地面积 (亩)	平均收入 (万元)	农业收入比重 (%)
种粮大户	30	5.53	37.34	4.68	50%~80%
老龄农户	186	34.32	7.43	5.06	30%以下
兼业程度低的农户	108	19.93	9.42	1.98	50%以上
兼业程度高的农户	218	40.22	5.94	3.96	50%以下

3.2　农户对小型农田水利设施的投入方式意愿

从调查数据来看,有 75.64％的样本农户认为对小型农田水利设施进行投入是农户的应尽义务,在相关部门的组织和引导下,自己愿意进行相应的投入活动,由此可见,大多数农户对小型农田水利设施的投入态度是比较积极的。农户的投入意愿不仅包括是否愿意投资,还包括其参加投入时倾向的投入方式,因此在调查过程中,我们在问卷里设置了"不投入、只投资不投劳、只投劳不投资和投资又投劳"几个选项来考察农户的投入意愿和方式,调查统计结果显示种粮大户、兼业程度低农户、兼业程度高农户与老龄农户选择不投入的比例分别为 6.67％、20.37％、27.52％和 25.81％(表 3-4-2)。

表 3-4-2　不同类型农户对小型农田水利设施的投入方式意愿

投入方式 意愿	种粮大户		兼业程度低农户		兼业程度高农户		老龄农户	
	户(个)	比例(%)	户(个)	比例(%)	户(个)	比例(%)	户(个)	比例(%)
投资不投劳	8	26.67	16	14.81	94	43.12	72	38.71
投劳不投资	4	13.33	42	38.89	36	16.51	36	19.35
投资又投劳	16	53.33	28	25.93	28	12.84	30	16.13
不投入	2	6.67	22	20.37	60	27.52	48	25.81

从投入方式来看,样本中选择投资不投劳的共有 190 户,占总数的

35.06%，比重最大，其中兼业程度高的农户这一比例最高，达到了43.12%，主要原因是较高的兼业程度使其劳动成本显性化，因此投劳时面临着较高的机会成本，老龄农户次之，为38.71%，这是由于该群体缺乏投劳的能力所导致的，而兼业程度低的农户最低，只有14.81%；选择投劳不投资的有118户，占总数的21.77%，农业外收入渠道短缺的兼业程度较低农户的这一比例最高，为38.89%；选择投劳又投资的有102户，占总数的18.82%，选择这一投资方式的往往是对小型农田水利设施需求最为迫切的农户，因此种粮大户和兼业程度低的农户这一比例较高，分别为53.33%和25.93%。由此可见，农户投入方式的选择与其收入构成、年龄结构和需求程度都有明显的相关关系。

3.3 农户对小型农田水利设施的投入程度意愿

为了在小型农田水利设施的建设过程中建立能够有效促进农户投入的供给机制，我们在调查农户投入意愿与方式的基础上，继续询问：在进行村级小型农田水利基础设施投入时，您觉得农户应该承担的比例为多少？结果见表3-4-3。

表3-4-3　不同类型农户愿意承担的投入比例

愿意承担比例	种粮大户		兼业程度低的农户		兼业程度高的农户		老龄农户	
	户(个)	比例(%)	户(个)	比例(%)	户(个)	比例(%)	户(个)	比例(%)
0	2	6.67	22	20.37	60	27.52	48	25.81
1%~10%	6	20.00	40	37.04	44	20.18	84	45.16
11%~30%	6	20.00	30	27.78	66	30.28	38	20.43
31%~50%	10	33.33	14	12.96	26	11.93	14	7.53
51%~70%	4	13.33	2	1.85	18	8.26	2	1.08
70%以上	2	6.67	0	0	4	1.83	0	0.00

由上表可以看出，对于不同类型的农户而言，其愿意承担的比例也有所差异。种粮大户由于在需求程度和农业收入水平上都高于其他类型农户，因此其投入意愿也最为强烈，有超过半数的被调查者认为自己应该承担30%以上的投入；兼业程度低的农户愿意承担投入1%~10%比例的比重最大，为37.04%，主要原因是家庭收入水平限制了其投入能力，这一状况与老龄农户比较相似，他们愿意承担投入1%~10%比例的比重达到了45.16%，虽然调查样本中老龄农户的平均家庭收入为最高，但是由于其本身可以支配的资金较少，即使愿意投入，其能够承担的比例也处于较低的水平；对于兼业程度较高的农户，他们愿意承担投入1%~10%比例的比重为20.18%，却有将近半数的农户愿意承担高于10%的投入。为何该群体对小型农田水利设施的需求程度最低，投入意愿最差，

却愿意承担较高的投入比例呢？通过调查我们发现，由于该群体收入水平较高，一旦他们同意进行投入活动，其投入能力也明显较强。

4 农户投入意愿及其影响因素的计量分析

4.1 模型设定

根据上述分析可知，农户在参与小型农田水利设施建设投入的过程中，一方面考虑投入的方式，另一方面还会考虑投入的程度。前者可以反映农户是否要参与投入以及期望的投入方式，据此我们建立农户的投入方式意愿模型，该模型中的解释变量为农户选择四种投入方式中其中一种的概率（不投入、投资不投劳、投劳不投资与投资又投劳）。对于这种多分类的、相互之间不存在等级递增或等级递减关系的被解释变量可通过拟合多类型的 Logistic 模型（Multinomial Logistic）的方法来进行估计，即 y 有 j 个类别，以其中一个类别作为参考类别，其他类别都同它相比较可生产 $j-1$ 个非冗余的 Logit 变换模型。例如，以 $y=j$ 作为参考类别，而对于参考模型，其模型中的所有系数均为 0，则对于 $y=i$，其 Logit 模型为：

$$\log \frac{p(y=i)}{p(y=j)} = \beta_0 + \beta_{i1}x_{i1} + \beta_{i2}x_{i2} + \cdots + \beta_{in}x_{in}$$

本研究以农户不投入作为参考类别，回归估计过程中记"不投入＝0，投资不投劳＝1，投劳不投资＝2，投资又投劳＝3"。

用具有投入意愿的农户愿意承担的投入成本比例来反映农户的投入程度，我们对农户愿意承担的投入比例处理如下："1＝1%～10%，2＝11%～30%，3＝31%～50%，4＝51%～70%"，对于这种相互之间具有等级关系的被解释变量可通过拟合多元有序 Logistic 模型（Ordinal Logistic）的方法进行估计，模型基本形式为：

$$\log \frac{p(y\leq i)}{1-p(y\leq j)} = \alpha_i + \beta_1 x_1 + \beta_2 x_2 + \cdots + \beta_n x_n$$

上式中每个 Logit 都具有其独自的截距项 a，但拥有相同的回归系数 β，本研究中 j 的取值范围为 1～3。

4.2 变量说明

在借鉴已有研究的基础上，结合实地调查研究情况，本研究将影响农户对小型农田水利基础设施建设投入意愿的因素分为四大类,即农户个人特征、农户家庭特征、农户感知和行为特征以及农户居住的社区特征,每个类别包含的变量名称、定义及其主要统计量如表 3-4-4 所示。

表 3-4-4　农户投入影响因素分析的变量定义及描述性

变量名称	符号	变量定义	均值	标准差
农户个人特征				
年龄	X_1	1=20～30 岁　2=31～40 岁　3=41～50 岁　4=51～60 岁　5=60 岁以上	3.904 2	0.989 3
是否村干部	X_2	1=是　0=否	1.976 0	0.931 1
文化程度	X_3	1=小学　2=初中 3=高中或技校　4=高中以上	0.401 2	0.491 6
农户家庭特征				
打工人口比重	X_4	家庭打工人口/家庭劳动力总数	0.508 0	0.373 5
农业收入比重	X_5	家庭农业收入/家庭总收入	1.892 2	0.864 5
块均耕地面积	X_6	耕地总面积/地块总数	3.457 6	3.245 7
农户感知与行为特征				
对农田水利设施的需求程度	X_7	1=非常需要　2=比较需要 3=不太需要　4=不需要	1.509 0	0.657 4
对现有水利设施状况的评价	X_8	1=无人维护,损坏严重　2=维护一般,局部损坏　3=维护状况较好	2.341 3	0.683 5
对村干部的评价	X_9	1=很满意 2=比较满意 3=一般　4=不满意　5=非常不满意	2.473 1	0.869 9
近三年来是否参与过农田水利建设投入活动	X_{10}	0=否　1=是	0.575 8	0.495 7
农户居住的社区特征				
本村水利设施水平与周围村庄的比较	X_{11}	1=比较好　2=中等水平 3=较差	1.856 3	0.613 9
近三年来是否有政府参与投入的新项目	X_{12}	0=没有　1=有	0.856 3	0.529 6
地区虚拟变量	D	0=沭阳　1=宝应	0.586 8	0.493 9

4.3　模型估计结果及分析

利用调查数据,运用 SPSS 16.0 统计软件对农户参与小型农田水利建设意愿的影响因素进行 Logistic 回归分析,回归结果见表 3-4-5。根据模型的回归结果,在拟合优度方面,两个决策模型的卡方检验值分别为 288.059 和 312.273,均在 5% 的显著水平下显著,Cox&Snell R^2 的值分别为 0.573 和 0.452,对于截面数据来说是合理的,说明两个模型整体拟合效果较好。

(1) 农户个人特征对其在小型农田水利建设中投入意愿的影响。从模型估计结果来看,农户的年龄对其投入意愿具有显著的负向影响,在投入方式意愿方面,农户年龄对只投劳不投资选项通过了 5% 的显著性检验且系数为负,在投入程度意愿方面,农户年龄的系数同样为负且在 10% 的显著水平下显著,说明农户年龄越高,其投劳的意愿越差,且愿意分摊的水利建设成本比例越低,这与前面的统计分析结果也比较一致;是否村干部因素在两个决策模型中都至少通过了 10% 显著水平的检验,且符号为正,说明相对于普通村民而言,村干部在小型农田水利设施投入方面表现出了更大的积极性,这是因为村干部在一定程度上是小型农田水利设施建设的组织者和筹资者,承担着地方政府下达的指标任务,责任较大,并希望通过自己的带头模范作用促进村民的积极参与;模型中农户的受教育程度对其参与意愿的影响不显著,可能是因为样本农户的受教育程度大多集中在初中以下,层级不太明显而导致。

表 3-4-5　农户参与小型农田水利设施投入意愿的模型回归结果

变量名称	投入方式意愿分析						投入程度意愿分析	
	投资不投劳		投劳不投资		投资又投劳			
	B	Wald	B	Wald	B	Wald	B	Wald
农户个人特征								
年龄	−0.107	1.141	−0.529**	4.376	−0.250	0.911	−0.059*	3.101
是否村干部	1.638**	4.803	1.475*	3.703	1.236*	2.637	0.318*	2.293
文化程度	1.032	1.702	0.230	1.098	0.601	1.688	0.284	1.440
农户家庭特征								
打工人口比重	−0.083**	4.657	−0.476*	2.756	−0.354**	3.763	−0.165*	3.074
农业收入比重	0.406	1.459	0.150*	2.786	1.736***	11.531	−0.146	1.477
块均耕地面积	0.202*	3.342	0.033	0.228	0.169*	3.184	0.009*	2.725
农户感知与行为特征								
对农田水利设施的需求程度	0.510*	3.067	0.370	1.660	0.136**	4.352	0.092	1.132
对现有水利设施管护状况的评价	0.709	1.305	−0.505	1.360	−1.164	0.937	0.233	0.864
对村干部评价	0.497**	3.705	0.292**	0.823	0.190**	3.378	0.210*	2.507
是否参与过农田水利建设投入	−0.270**	3.266	−0.870*	2.914	−0.384*	2.653	−0.153*	2.972
农户居住的社区特征								
与周围村庄的比较	0.802*	3.118	0.777*	3.037	1.203***	7.854	0.130	3.282
是否有政府参与投入的项目	0.526*	3.060	0.914**	3.953	0.379*	2.998	0.579*	3.420

变量名称	投入方式意愿分析						投入程度意愿分析	
	投资不投劳		投劳不投资		投资又投劳			
	B	Wald	B	Wald	B	Wald	B	Wald
地区虚拟变量	0.174	0.686	0.124	1.021	0.047	1.235	0.132	1.125
常数项	2.516*	3.266	−0.576	0.698	3.439*	2.701	—	—
−2log likelihood	288.059**						312.273**	
Cox & Snell R^2	0.573						0.452	

（2）农户家庭特征对其在小型农田水利建设中投入意愿的影响。计量结果显示，打工人口比重对两个决策模型都具有显著的负向影响，即家庭打工人口所占劳动力总数的比重越高，农户投劳、投资的意愿都越低，愿意投入的水利设施成本比例也越低，说明对于有较多外出打工成员的家庭来说，一方面农业生产对经济收入的影响力下降，对于农田水利设施的需求不强烈，另一方面成员外出家中劳动力短缺，导致了他们缺乏投入动力；农业收入比重对农户的投入意愿具有显著的正向影响，其对投资又投劳这一因变量通过了1%的显著性检验，表明农户家庭中农业收入所占总收入的比重越大，其越倾向于运用投资或投劳的方式对小型农田水利设施的建设进行投入，农业收入比重对农户投入程度意愿的影响不显著，根据上述的统计分析可知原因为农业收入比重较大的家庭收入水平较低，限制了其投入能力；块均耕地面积反映了耕地的细碎化程度，从该指标的估计结果来看，块均耕地面积越大，即耕地细碎化程度越低，农户参与农田水利设施投入的意愿越强烈。

（3）农户感知与行为特征对其在小型农田水利建设中投入意愿的影响。根据模型估计结果可知，与不投入相比，农户对小型农田水利设施的需求程度越强其越愿意对工程建设进行投资或投劳；农户对村干部的评价对两个决策模型具有显著的正向影响，分别通过了5%和10%的显著性检验，说明农户对村干部的满意度越高，其参与投入的意愿越强烈，且愿意投入的比例越高，因此，如何处理好村干部与普通农户之间的关系对小型农田水利建设筹资具有重要的意义；农户近三年来是否参与过农田水利设施建设的投入这一指标在两个决策模型中的系数均为负且都通过了至少为10%的显著性检验，这一结果出乎我们意料，主要原因是该群体农户在以往的参与过程中，由于筹资具有一定的强制性，导致自己"被投入"或投入的金额远远超出了预期，从而导致其继续参与的积极性下降，并且希望在投入中承担较小的成本比例。

（4）农户居住的社区特征对其在小型农田水利建设中投入意愿的影响。与

气候变化、农业灌溉用水与粮食生产研究

周围村庄农田水利设施水平的比较对投入方式意愿模型具有显著的正向影响，说明与周围村庄相比，本村的设施水平越差，农户参与投入的意愿和动力越强，而该因素对投入意愿程度模型的影响不显著；近三年来是否有政府投入的新项目对两个决策模型的估计系数均有正向影响，且都通过了至少为 10％显著水平的检验，即当村里有政府参与投入的小型农田水利项目时，会增加农户参与投入的积极性和愿意承担的投入成本比例，说明政府的投入对农户具有一定的资金引导作用；地区虚拟变量对两个决策模型的影响均不显著，原因可能是由于两个地区的经济社会等特征的差别不够明显所致。

5　结论及政策启示

本研究以宝应县和沭阳县两个地区的 542 个农户为例，在对农户进行细分的基础上，对其参与小型农田水利设施建设的意愿和行为进行统计分析，并进一步借助计量模型解释影响农户投入意愿的主要因素，研究结果表明，农民对小型农田水利设施建设的投入意愿受到农户基本特征、农户家庭特征、农户感知与行为特征和农户居住社区特征的共同影响，具体结论如下：农户是否为村干部、农业收入比重、块均耕地面积、对农田水利设施的需求程度、对村干部的评价、与周围村庄水利设施水平的比较以及近三年来村里是否有政府参与的投入项目与农户参与小型农田水利设施建设的投入意愿呈正相关，而农户年龄、家庭打工人口比重、与近三年来自身是否参与过投入活动与其投入意愿负相关。

基于上述研究结论，可以得出以下几点政策启示。

第一，由于农户已经不是一个高度同质化的群体，在设计针对农户的筹资筹劳制度时应采取"因地制宜，因人而异"的方法，充分尊重农民的意愿，根据不同区域农户家庭收入构成、劳动力状况以及农户的投入意愿和投入能力等实际情况，合理引导农户筹资筹劳。

第二，种粮大户对小型农田水利建设具有较高的积极性和投入能力，但由于我国土地流转市场不完善，限制了种粮大户的产生，同时使得我国土地细碎化的现状难以改善，因此，健全我国土地流转制度，鼓励有条件的农户承包土地进行规模经营，并进一步加大对种粮大户的政策支持力度，可以有效增加农户参与投入的积极性。

第三，在强调政府主导地位的同时，进一步加强政府小型农田水利投入资金的引导作用，面对农户普遍存在的参与意愿高、但参与程度低的现象，探索影响其意愿向行为转化的深层次原因，并有针对性地设计激励和动员机制，农户参与效果将会明显好转。

第四,村干部普通农户之间的关系好坏不仅影响着农户的投入意愿,同时还是决定农户投入意愿向实际投入行为转化的关键因素,因此,应健全村干部的竞选制度,保证选举的民主化与公平化,提高农户的满意度,使其充分发挥在小型农田水利设施建设中的模范带头作用。

第 5 章
信息获取、风险感知与有机农业种植

1 引言

有机食品(Organic Food)是按照国际有机农业要求和相关标准生产加工,不使用化肥、化学农药和生长调节剂等,也不使用转基因技术及其产品,并经合法的有机食品认证机构认证的安全环保生态食品。其售价比常规种植的农产品高,用以补偿农民较高的投入成本。

农民是否从事有机农业生产是一项种植决策过程。政府在引导有机农产品种植时,必须要了解农民生产决策过程,特别是农民对环境风险和有机农业的态度以及其他影响因素,这样才能保证相关农业政策得到有效实施。那么,农民在决定有机农产品种植时,该选择行为对其福利如何产生影响,农民的个人特征和社会经济状况是否会影响决策,相关外部要素和心理要素如何相互作用?

在考察农民对有机农业参与程度时,本研究聚焦农民的经济状况、环境风险感知、农业环境信息获取渠道、总体环境关注、人口统计特征,并最终考察有机农业种植的生产决策行为。有研究表明,农民的环境感知与环境保护行为之间存在着直接联系。农民环境感知风险的变化会直接影响环境保护行为的选择。感知和行为最早在心理科学广泛运用,后来被学者引入市场研究、消费者行为和经济学领域。在市场经济中,消费者是关注环境的,他们的环境保护行为受到其对环境态度的影响。Balderjahn 的研究表明,消费者的态度对其使用环保购物袋的行为产生积极显著影响。农户层面研究也集中体现了农民环境感知和其环境保护行为之间的紧密联系。加拿大的农民对耕地退化问题非常关注,并在土地上采取了一系列的土壤改良与保持措施,但大部分农民必须面对并克服诸如技术成本和信息缺乏等困难。Wilson 强调了在考虑是否加入农业环境保护项目时,揭示了农民的态度和人口统计特征与社会经济特征如何相互影响农民决策的规律。

根据 Fishbein 和 Ajzen 以及 Ajzen 和 Madden 的研究,态度源于对事物本质以及行为结果的认知与感受。在此基础上,Ervin 等研究表明,农民的环境感知对环境态度和环境保护行为会产生影响。农民在决定是否从事有机农业生产之前,首先要对环境风险进行判断分析,其感知程度会影响其加入有机农业种植的意愿程度。

综合国内外文献可以看出,户主年龄、教育水平、从业经验、收入水平、环境意识、是否非农就业、环境信息获取渠道等因素会影响农民的有机农业种植决策过程。农民对环境风险感知、总体环境关注、信息获取渠道与有机农业种植意愿之间存在密切联系,正是基于这些经验研究,本研究利用江苏省沭阳和宝应两县的农民入户调查数据,考察农民的经济特征、环境风险感知、农业环境信息获取渠道、总体环境关注、人口统计特征与有机农业种植意愿之间的关系,并利用结构方程方法,分析这些因素和有机农业种植决策之间的影响程度,由此得出相关结论,并为政府引导有机农业种植和制定农业生态环境政策提供参考建议。

2 模型构建与数据来源

本研究在分析农民的经济特征、环境风险感知、总体环境关注、农业环境信息获取渠道、人口统计特征与有机农业种植意愿关系时,采用 Logit 和 Probit 等选择模型以及路径分析方法。研究数据来自南京农业大学课题组在江苏省沭阳和宝应两县的实地入户调查。选择江苏省为调查样本区,是考虑到江苏省在快速工业化和农业现代进程中,局部土壤酸化,存在以镉、汞、铅等为主的局部重金属污染,部分农田存在土壤营养结构不平衡等质量问题。特别是在太湖流域局部地区出现严重土壤酸化问题之后,里下河、洪泽湖南侧土壤也呈现较快的酸化趋势。沭阳和宝应两县分别代表苏北和苏中,与苏南相比,两县工业化水平较低,农民更多依靠农业生产维持生计。特别是宝应县,主要农作物包括水稻、小麦、棉花、油菜、大豆和果蔬等,是全国优质粮棉生产基地县、全国首批生态示范县、全国首个有机产品交易中心和全国重要的有机食品基地县。该县通过有机食品认证和正在转换的有机食品基地总面积超过 0.67 万 hm^2(10 万亩),形成了有机稻米、有机蔬菜、有机水产等产业集群,有机食品产业园区 22 个,拥有有机食品品牌 40 个。宝应县有机农业占地 5% 左右,农业产值占农林牧渔业总产值 12% 以上,带动近 10 万农民增收。沭阳县也建有大量有机蔬菜生产基地,采用有机农业生产标准,引进以色列、美国、日本等优质高产番茄、辣椒、黄瓜等蔬菜新品种,产品销往上海、杭州、南京等大中城市。在沭阳和宝应两县,采取了随机抽样的方式进行样本选取和调查。在进行农户访谈调研时,采用结构式问卷,由调查员对农户逐一访谈,并记录调研数据,共获得 271 位农户数据。

调查问卷包括农民的人口社会经济特征、环境风险感知、总体环境关注、农业环境信息获取渠道以及有机农业种植意愿等,采取 0~1 提问和李克特五段量表来设计问题并获取答案。本研究内容围绕以下 3 个假设展开:假设 1,农民的人口统计特征与经济特征会直接影响农民有机农业种植意愿,年轻和教育程度较高者更加愿意从事有机农业种植。假设 2,环境风险感知会影响农民有机农业种植意愿,对环境风险感知程度越高,其有机农业种植意愿就越强烈。假设 3,农业环境信息获取渠道会通过其环境风险感知程度来影响农民的有机农业种植意愿,农业环境信息获取渠道越广,其环境风险感知程度也就越高,从事有机农业种植意愿程度也就越强烈。

为了验证以上假设,本研究采取结构方程(SEM)的方法进行分析。结构方程可用来研究外生潜变量与内生潜变量之间的关系,具体模型为:

$$\eta = B\eta + \Gamma\xi + \zeta$$
$$Y = \Lambda y \eta + \varepsilon$$
$$X = \Lambda x \xi + \delta$$

式中:ξ 变量是外生或外源潜变量,其影响因素在模型之外;η 变量是内生或内源潜变量,其影响因素在模型之内。Λy 和 Λx 是因子负荷系数;δ 和 ε 分别是观测变量 X 和 Y 的测量误差;ζ 为潜变量的测量误差。

为了测量已有国内外文献调研内容能否集中反映潜变量的内涵,需要对测量变量进行因子分析,提取最能反映潜变量的若干测量变量,提高结构方程分析精确程度。其中表 3-5-1 中 X_1、X_2 代表人口统计特征,X_4、X_5 代表经济特征,X_7、X_8、X_9 代表信息获取渠道,Y_1、Y_2、Y_3 代表环境风险感知,Y_5、Y_6 代表总体环境关注,Y_7 代表有机农业种植意愿。

表 3-5-1 因子分析结果

	旋转成分矩阵成分				
	1	2	3	4	5
X_1 sex	−0.021	0.023	0.574	−0.150	−0.033
X_2 age	−0.031	−0.028	−0.040	0.786	−0.017
X_3 edu	−0.014	0.013	0.221	−0.719	0.144

	旋转成分矩阵成分				
	1	2	3	4	5
X_4 area	−0.022	0.078	0.796	−0.081	−0.005
X_5 field	0.029	0.066	0.805	0.167	0.036
X_6 offfarm	0.036	−0.085	0.109	0.676	0.069
Y_1	0.910	0.104	−0.065	−0.001	0.057
Y_2	0.839	0.151	0.056	0.002	0.040
Y_3	0.858	0.181	−0.010	−0.006	0.015
X_7	0.224	0.788	0.025	0.007	0.074
X_8	0.235	0.731	0.081	0.005	0.326
X_9	−0.057	0.648	−0.086	−0.085	−0.145
Y_4	0.084	0.621	0.037	−0.068	−0.018
Y_5	−0.027	−0.109	−0.027	−0.056	0.911
Y_6	0.625	−0.180	−0.022	0.050	−0.410
Y_7	−0.053	0.586	0.229	−0.003	−0.165

　　根据表 3-5-1 因子分析结果,因子 1—5 能够包含的解释变量的信息依次减少,拟采用结构方程全模型路径分析图,对各路径参数进行估计(图 3-5-1)。

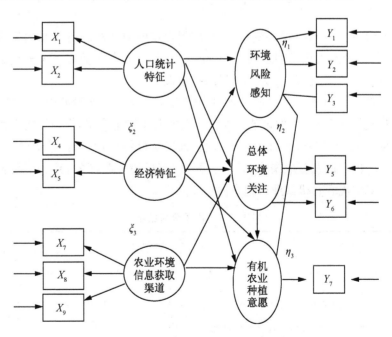

图 3-5-1　拟采用的结构方程全模型路径

气候变化、农业灌溉用水与粮食生产研究

3 拟合评价与参数估计

常用 t 法则判断模型是否可识别。在结构方程模型中,共有 $m+n$ 个可观测变量,记 t 为模型中自由估计的参数个数,则模型可识别的必要条件是:$t \leqslant (m+n) \times (m+n+1)/2$。本研究的模型共含有 35 个参数,13 个可观测变量。由于 $35 \leqslant (7+6) \times (7+6+1)/2 = 91$,所以该结构方程模型可识别。根据结构方程模型中评价模型拟合优劣的相关理论,本研究模型的拟合优劣指标如表 3-5-2。

表 3-5-2 模型的拟合指数

指标	CFI	RMSEA	CMIN/DF
取值	0.739	0.084	4.580
评价	尚可	良好	良好

注:CFI 指相对拟合指数,RMSEA 指近似误差均方根,CMIN/DF 指卡方与自由度的比值。

结合各个拟合指数的判断标准,由表 3-5-3 可知,模型整体拟合效果虽然不是非常理想,但主要指标尚可接受。

表 3-5-3 模型的估计结果

路径			Estimate	S. E	C. R.
风险感知	<———	经济特征	−3.514	4.440	−0.791
环境关注	<———	经济特征	−2.306	2.931	−0.787
环境关注	<———	信息获取	−0.034	0.098	−0.346
风险感知	<———	信息获取	0.314***	0.071	4.436
有机意愿	<———	社会人口	49.340	256.906	0.192
有机意愿	<———	环境关注	−2.600**	1.091	−2.383
有机意愿	<———	风险感知	1.556**	0.664	2.344

注:*、**、***代表在 10%、5%和 1%水平上显著。

首先分析经济特征与人口统计特征,这两个因素对农民有机农业种植意愿都未产生显著影响。与当前广为接受的消费者对有机食品购买意愿受到其教育程度、年龄以及其收入等经济状况影响不同,农民对有机农业种植意愿并未受上述因素影响。这与本研究的假设不相符合,当前中国农民受教育程度偏低,相互差异不大,也未对有机农业种植意愿产生影响。

对农民有机农业种植意愿产生显著影响的是农民风险感知程度,其在 5%的水平上产生积极影响,这表明农民对农业环境的风险认识程度越高,他们就越愿意从事有机农业种植。农民风险感知程度主要受其农业环境信息获取渠道多

寡的影响,其在 1‰ 水平上显著。农民农业环境信息获取渠道越多其风险感知
程度也就越高,从而有机农业种植意愿也就越强烈。信息获取通过影响农民的
风险感知程度,间接影响农民有机农业种植意愿。农民对环境的关注程度也会
显著影响有机农业种植意愿,但作用方向为负。农民对环境的关注程度越高,其
从事有机农业种植的意愿反而会降低。也就是说,尽管目前中国农民普遍关注
环境污染问题,但这并不会提高他们从事有机农业种植的积极性。上述结论也
与国际上相关研究结果部分符合,在 Bayard 和 Jolly 的研究中,海地农民环境意
识和风险感知程度对其环境保护行为具有显著影响。

4　结论与讨论

本研究目的是探讨农民环境信息获取渠道对环境风险感知程度的影响,最
终考察农民环境风险感知程度能否对有机农业种植意愿产生影响,以及如何产
生影响。本章利用农户调查数据,通过构建结构方程模型,进行因子分析,筛选
出最能够反映潜变量内涵的测量变量,代入结构方程。在对结构方程拟合程度
开展分析后,回归结果发现,农民环境信息获取渠道对其环境感知风险程度具有
积极显著影响,农民的环境风险感知程度又对农户有机农业种植意愿具有正面
显著影响。另外,虽然农民生态环境关注程度对有机农业种植意愿也产生显著
影响,但作用方向为负,证明了农民的环境保护意识强弱,并不能正面影响农民
有机农业种植意愿。

根据以上分析结论,相关政策启示是:首先政府在推行有机农业或者实施农
业环境保护项目时,应该首先考察农民的环境风险感知程度,这能够对其行为选
择产生积极影响;其次要积极为农民拓展环境信息获取渠道,多层次全方位开展
宣传,提高农民环境风险感知程度,促进有机农业种植。

本 篇 小 结

　　农田水利设施是农业灌溉的基础。本篇主要围绕农业灌溉中的农田水利设施建设与管理维护进行研究。主要研究内容如下。(1)基于我国 1990—2012年 29 个省(市)的面板数据,阐明了我国农田水利投资和农业经济增长的现状,通过构建两者的面板向量自回归(VAR)模型,实证检验并分析了农田水利投资与农业经济增长之间的动态关系。结果表明:农田水利投资与农业经济增长之间存在长期协整关系;农田水利投资对农业经济增长存在正向的推动作用,而农业经济增长对农田水利投资的影响存在地区差异性;农业经济增长对农田水利投资影响最大的是西部,农田水利投资对农业经济增长影响最小的地区为东部;应加大水利投资力度、推广节水灌溉技术、加强水利工程管理体制改革。(2)农户参与是推行参与式灌溉管理改革的关键。利用安徽省淠史杭灌区的农户调查资料,运用因子分析法从网络、信任和规范 3 个维度测算了农户社会资本,并采用二元 Logistic 模型实证分析了社会资本对农户参与灌溉管理改革意愿的影响。研究表明:农户对周围人的信任度排序为:德高望重的村民>邻居>村干部;农户的社会网络关系相对较差,接触官方信息和互联网信息的机会较少,传统乡村社会规范对农户行为的约束力在下降,农户更加重视自身个体价值和个人利益的获取;农户社会资本总指数得分分布呈倒 U 形,说明拥有中等社会资本的农户数量最多,占样本总数的 37.3%;社会信任指数和社会网络指数均对农户参与灌溉管理改革的意愿有显著的正向影响,而社会规范指数的影响则不显著。因此,政府可以着重从社会信任和社会网络的层面采取措施促进农户的参与意愿,同时加强对农村社会规范的培育。

参 考 文 献

［1］PUTNAM R. Making Democracy Work: Civic Traditions in Modern Italy［M］. Princeton:Princeton University Press,1993.

［2］PERREAULT T A, BEBBINGTON A J, CARROLL T F. Indigenous irrigation organizations and the formation of social capital in northern highland Ecuador［J］. Yearbook,Conference of Latin Americanist Geographers,1998(24):1-15.

［3］MICHELINI J J. Small farmers and social capital in development projects:Lessons from failures in Argentina's rural periphery［J］. Journal of Rural Studies,2013(30):99-109.

［4］WESTERLUND J. Testing for error correction in panel data［J］. Oxford Bulletin of Economics and Statistics,2007,69(6):709-748.

［5］ZIMMER M R, STAFFORD T F, STAFFORD M R. Green issues: Dimensions of environmental concern［J］. Journal of Business Research, 1994, 30 (1):63-74.

［6］BALDERJAHN I. Personality variables and environmental attitudes as predictors of ecologically responsible consumption patterns［J］. Journal of Business Research, 2006, 17 (1):51-56.

［7］DUFF S N, STONGEHOUSE D P, HILTS S G, et al. Soil conservation behavior and attitudes among Ontario farmers toward alternative government policy responses［J］. Journal of Soil&Water Conservation, 1991, 46 (3):215-219.

［8］WILSON G A. Famer environmental attitudes and non participation in the ESA scheme ［J］. Geoforum, 1996(27):115-131.

［9］FISHBEIN M, AJZEN I. Belief, attitude, intention and behaviour:An introduction to theory and research［J］. Philosophy&Rhetoric, 1975, 41 (4):842-844.

［10］AJZEN I, MADDEN T J. Prediction of goal-directed behavior:Attitudes, intentions, and perceived behavioral control. ［J］. Journal of Experimental Social Psychology, 1986, 22 (5):453-474.

［11］ERVIN C A, ERVIN D E. Factors affecting the use of soil conservation practices: Hypotheses, evidence, and policy implications［J］. Land Economics, 1982, 58 (3): 277-292.

［12］BAYARD B, JOLLY C. Environmental behavior structure and socio-economic conditions of hillside farmers: A multiple-group structural equation modeling approach ［J］.

Ecological Economics，2007，62（3/4）：433-440.

[13] 孔祥智，涂圣伟.新农村建设中农户对公共物品的需求偏好及影响因素研究——以农田水利设施为例[J].农业经济问题，2006(10)：10-14.

[14] 郭泽保.建立和完善农村公共产品需求选择的表达机制[J].中国行政管理，2004(12)：17-20.

[15] 刘义强.建构农民需求导向的公共产品供给制度——基于一项全国农村公共产品需求问卷调查的分析[J].华中师范大学学报（人文社会科学版），2006(3)：15-23.

[16] 白南生，李靖，辛本胜.村民对基础设施的需求强度和融资意愿——基于安徽凤阳农村居民的调查[J].农业经济问题，2007(7)：49-54.

[17] 俞锋，董维春，周应恒.农村生产性公共产品需求的归因与实证——以常州农田水利设施为例[J].安徽农业科学，2008(36)：16205-16208.

[18] 丹尼斯·C.缪勒.公共选择理论[M].韩旭，杨春学，等译.北京：中国社会科学出版社，1999.

[19] 孔祥智，李圣军，马九杰.农户对公共产品需求的优先序及供给主体研究——以福建省永安市为例[J].社会科学研究，2006(4)：47-51.

[20] 唐文进，徐晓伟，许桂华.基于投入产出表和社会核算矩阵的水利投资乘数效应测算[J].南方经济，2012(11)：146-155.

[21] 郭卫东，穆月英.我国水利投资对粮食生产的影响研究[J].经济问题探索，2012(4)：78-82.

[22] 徐波，李伟.水利投资对经济增长的促进作用分析[J].水利发展研究，2012，12(3)：11-15＋31.

[23] 刘晗，曹祖文.基础设施投资、人力资本积累与农业经济增长[J].经济问题探索，2012(12)：84-90.

[24] 周世香.农业水利投资效率实证研究[D].兰州：西北师范大学，2013.

[25] 汪含.四川省财政支农支出与农业经济增长关系的实证研究[D].重庆：重庆大学，2013.

[26] 曾茂春，曾维忠.农田水利投资与农业经济增长的动态关系研究——以四川省为例[J].湖北农业科学，2013，52(5)：1210-1213.

[27] 许丹丹.重庆市农村基础设施对农业经济增长的影响研究[D].重庆：重庆工商大学，2014.

[28] 姚延婷，陈万明，李晓宁.环境友好农业技术创新与农业经济增长关系研究[J].中国人口·资源与环境，2014，24(8)：122-130.

[29] 吴林海，彭宇文.农业科技投入与农业经济增长的动态关联性研究[J].农业技术经济，2013(12)：87-93.

[30] 潘红宇.时间序列分析[M].北京：对外经济贸易大学出版社，2006.

[31] 潘丹，应瑞瑶.中国水资源与农业经济增长关系研究——基于面板VAR模型[J].中国人口·资源与环境，2012，22(1)：161-166.

[32] 李青,陈红梅,王雅鹏.基于面板 VAR 模型的新疆农业用水与农业经济增长的互动效应研究[J].资源科学,2014,36(8):1679-1685.

[33] 王金霞,徐志刚,黄季焜,等.水资源管理制度改革、农业生产与反贫困[J].经济学(季刊),2005,5(4):189-202.

[34] 张宁,陆文聪,董宏记,等.干旱地区农村小型水利工程参与式管理的农户行为分析[J].中国农村水利水电,2006(11):22-24.

[35] 张兵,孟德峰,刘文俊,等.农户参与灌溉管理意愿的影响因素分析——基于苏北地区农户的实证研究[J].农业经济问题,2009,30(2):66-73.

[36] 孔祥智,史冰清.农户参加用水者协会意愿的影响因素分析——基于广西横县的农户调查数据[J].中国农村经济,2008(10):22-33.

[37] 郭玲霞,张勃,李玉文,等.妇女参与用水户协会管理的意愿及影响因素——以张掖市甘州区为例[J].资源科学,2009,31(8):1321-1327.

[38] 蔡起华,朱玉春.农户参与农村公共产品供给意愿分析[J].华南农业大学学报(社会科学版),2014,13(3):45-51.

[39] 吴光芸.社会资本理论视角下的农村灌溉与乡村治理[J].学习论坛,2006,22(7):50-53.

[40] 陈雷,仝志辉.社会资本与社会组织运转——以甘东用水协会为例[J].公共管理学报,2008,5(3):82-90.

[41] 毛寿龙,杨志云.无政府状态、合作的困境与农村灌溉制度分析——荆门市沙洋县高阳镇村组农业用水供给模式的个案研究[J].理论探讨,2010(2):87-92.

[42] 奉海春.农田水利设施管理中的村民合作与政府介入——以桂北 T 村为例[J].广西社会科学,2013(1):113-117.

[43] 万生新,李世平.社会资本对农户参加用水户协会意愿的影响分析[J].统计与决策,2012(12):100-103.

[44] 刘辉,陈思羽.农户参与小型农田水利建设意愿影响因素的实证分析——基于对湖南省粮食主产区 475 户农户的调查[J].中国农村观察,2012(2):54-66.

[45] 张方圆,赵雪雁,田亚彪,等.社会资本对农户生态补偿参与意愿的影响——以甘肃省张掖市、甘南藏族自治州、临夏回族自治州为例[J].资源科学,2013,35(9):1821-1827.

[46] 赵雪雁,张亮,张方圆,等.张掖市农户社会资本特征分析[J].干旱区地理,2013,35(6):1136-1143.

[47] 王昕,陆迁.农村社区小型水利设施合作供给意愿的实证[J].中国人口·资源与环境,2012,22(6):115-119.

[48] 吕俊.小型农田水利设施供给机制:基于政府层级差异[J].改革,2012(3):59-65.

[49] 贺雪峰,郭亮.农田水利的利益主体及其成本收益分析——以湖北省沙洋县农田水利调查为基础[J].管理世界,2010(7):86-97+187.

[50] 朱红根,翁贞林,康兰媛.农户参与农田水利建设意愿影响因素的理论与实证分析——

基于江西省 619 户种粮大户的微观调查数据[J]. 自然资源学报,2010,25(4):539-546.

[51] 张颖举. 村级公益事业投资中的政府角色与农民行为[J]. 改革,2010(2):119-122.

[52] 曹鹏宇. 农村改革新时期推进小型农田水利设施建设探讨——以河南省为例[J]. 农业经济问题,2009,30(9):83-88.

[53] 宋洪远,吴仲斌. 盈利能力、社会资源介入与产权制度改革——基于小型农田水利设施建设与管理问题的研究[J]. 中国农村经济,2009(3):4-13.

[54] 谭向勇,刘力. 粮食主产区小型农田水利建设投入机制探析[J]. 农业经济问题,2007(4):41-46+111.

第四篇

气候变化、农业灌溉用水与粮食生产研究

第1章
区域农业旱灾脆弱性评价及其影响因素

　　干旱在农业经济方面造成的影响主要是粮食及农牧业减产、农业病虫害加大等。随着全球环境的变化,干旱灾害呈现发生频率高、持续时间长、影响范围广等特点,对农业生产的影响越来越大。我国常年农作物因旱受灾面积约为0.20亿~0.27亿 hm²,每年损失粮食达250亿~300亿 kg,占各种自然灾害损失总量的60%以上。农业旱灾脆弱性是指农业生产系统易遭受干旱威胁而造成损失的状态,反映了一个地区农业生产系统对干旱的适应和应对能力,脆弱性程度越强,说明在降水和防灾能力一定的情况下,越容易发生旱灾,灾害损失可能越严重。因此,进行区域农业旱灾脆弱性的研究,对于预防旱灾以及防灾减灾具有重要意义。目前,关于农业旱灾脆弱性的研究主要有两个角度。一类是基于宏观视角的区域农业旱灾脆弱性评价:陈萍等通过层次分析法和综合指数法对鄱阳湖生态经济区农业系统的旱灾脆弱性进行了评价;王莺等运用主成分分析方法确定评价指标权重,建立中国南方地区的旱灾脆弱性评价模型;李梦娜等将灰色关联聚类分析法和博弈论思想引入脆弱性评价,对关中5市的农业旱灾脆弱性进行了分析。另一类是基于微观视角的农户或者农作物旱灾脆弱性研究:Brant 以巴西东北部的小农户为例,分析了影响家庭脆弱性的因素和对旱灾的响应能力;Zarafshani 等通过与370位种植小麦的农民的交流,分析得到伊朗西部地区农户的旱灾脆弱性;严奉宪等从农户微观角度出发,以 Hoovering 模型为基础,对湖北省襄阳市曾都区的农户调查数据进行了实证分析;王婷等利用GIS 空间分析功能,对四川省水稻干旱脆弱性进行了评价。在研究方法的选择上,主要有综合指数法、图层叠置法、脆弱性函数模型评级法等,其中综合指数法由于其操作简单、容易,在脆弱性评价中被广泛应用。该方法应用于以区域为单位的脆弱性评价中,往往从社会、经济、环境等方面综合衡量脆弱性,能够兼顾承灾系统的要素复杂性,适用性较强。本研究选择河南、山东两省作为研究区域,从敏感性和恢复力 2 个角度选取 12 个指标,建立评价指标体系,运用综合指数法构建脆弱性模型,定量评价研究区域农业旱灾脆弱性程度,以期为研究区干旱风险的主动防控工作提供数据与理论支持。

1 研究区概况与指标选择

1.1 研究区概况

河南省、山东省处于黄淮海地区的中心地带,是我国重要的农业生产基地,据统计,两省的粮食总产量约占全国的 20%。黄淮海地区是中国主要的冬小麦和夏玉米种植区,年降水量 400~600 mm,但受季风型气候的影响,降水在地区上分布不均匀,季节间变化更是剧烈,7—8 月的降水量约占全年的 45%~65%,秋、冬、春三季均为水分亏缺的干旱期。在全球气候变暖的背景下,未来中国气候总体上呈现暖干状态,半干旱地区的扩大趋势明显,黄淮海地区将经历最干旱的时段。作为黄淮海地区重要的粮食生产大省,河南、山东的农业生产将受到巨大影响。因此,针对河南省、山东省进行干旱脆弱性评价显得尤为重要。

1.2 指标选择

农业旱灾脆弱性的影响因素众多,主要可以分为敏感性和恢复力 2 大类。敏感性主要反映自然环境、经济社会对旱灾的敏感程度,农业系统的敏感性越强,旱灾脆弱性越大;恢复力主要反映人类社会防备、应对灾害以及灾害后恢复的能力,农业系统的恢复力越强,旱灾脆弱性越弱。根据研究区域的实际情况,结合科学性、全面性和可操作等原则,从敏感性和恢复力 2 个角度出发,选取了12 个评价指标。敏感性选择水资源、产业结构以及土地利用 3 个方面的 6 个指标因子进行测度。水资源选取降水量和耕地亩均水资源占有量 2 个指标,降水量越大,农作物的水分补给越充足,旱灾越不容易发生;耕地亩均水资源占有量反映了区域水资源的丰裕程度。产业结构选取农业 GDP 比重和农业人口比重2 个指标,农业 GDP 比重反映了农业的产值在整个区域生产总值中的比例,该比例越高说明区域经济对农业的依赖程度越大,同样的旱灾强度,对农业的相对影响越大;农业人口比例反映了区域的城镇化水平,该比例越高,说明城镇化水平越低,对农业的依赖程度越高,脆弱性程度越高。土地利用变化对农业旱灾脆弱性有很大影响,其中耕地面积比重指标反映了区域农业生产系统面对干旱影响时的暴露程度,暴露程度越大越易孕育旱灾;复种指数指一年内在同一块耕地上种植农作物的平均次数,该指标数值越大说明用地强度越强,需水量越多,在致灾强度和防灾能力一定的情况下,更易发生旱灾。

恢复力选取农业灌溉条件、经济水平和农业投入3个方面的6个指标因子进行测度。农业灌溉条件选取有效灌溉面积比重和单位面积农业用水量2个指标,指标值越大,说明农业的灌溉用水条件越好,旱灾越不容易发生。经济水平指标选择人均财政收入和农村居民人均收入,指标值越大,说明社会发展水平和发展程度越高,应对农业旱灾的能力越强。农业投入选取单位面积农膜使用量和单位面积农用机械总动力2个指标,指标值越大,说明农民对农业的投入和重视程度越高,对土壤健康有着非常重要的意义,因此越有利于灾后的恢复。

根据指标性质可以将指标分为正向与负向两类,正向指标与旱灾脆弱性呈正相关关系,指标值越大,脆弱性程度就越大;负向指标的性质与正向指标相反,值越大,脆弱性程度就越小。12个指标及其性质见表4-1-1,指标权重计算过程见下文。

表4-1-1　农业旱灾脆弱性评价指标设置

目标层	准则层	指标层	指标性质	指标权重
农业旱灾脆弱性	敏感性	X_1:降水量(mm)	负	0.048 5
		X_2:耕地亩均水资源占有量(m^3)	负	0.044 2
		X_3:农业人口比重(%)	正	0.104 8
		X_4:农业GDP比重(%)	正	0.139 1
		X_5:复种指数	正	0.109 1
		X_6:耕地面积比重(%)	正	0.077 0
	恢复力	X_7:有效灌溉面积比重(%)	负	0.150 2
		X_8:单位面积农业用水量(m^3/hm^2)	负	0.085 7
		X_9:农村居民人均收入(元)	负	0.089 5
		X_{10}:人均财政收入(元)	负	0.074 2
		X_{11}:单位面积农膜使用量(kg/hm^2)	负	0.049 6
		X_{12}:单位面积农用机械总动力(kW/hm^2)	负	0.028 1

本研究所用的数据来源主要有《河南省统计年鉴(2015)》《山东省统计年鉴(2015)》《河南省水资源公报(2005—2014年)》和《山东省水资源公报(2005—2014年)》,以及部分地级市统计年鉴。由于降水量年际变化较大,本研究采用10年平均值(2005—2014年),其他指标选用2014年的数据,缺失年份的数据用2013年份的代替。

2 农业旱灾脆弱性评价模型

2.1 数据标准化处理

在对区域农业旱灾脆弱性评价前,首先对数据进行去量纲标准化处理。正向指标与负向指标的处理方式不同,计算公式分别为:

$$S_{ij} = \frac{X_{ij} - X_{j\min}}{X_{j\max} - X_{j\min}} \qquad (4\text{-}1\text{-}1)$$

$$S_{ij} = \frac{X_{j\max} - X_{ij}}{X_{j\max} - X_{j\min}} \qquad (4\text{-}1\text{-}2)$$

式中:S_{ij} 为经过处理的无量纲标准值;X_{ij} 为第 i 个城市的第 j 项评价指标;$X_{j\max}$ 和 $X_{j\min}$ 分别为第 j 项评价指标的最大值和最小值。S_{ij} 越接近于 0,说明其对农业旱灾脆弱性的贡献越小;越接近于 1,贡献越大。

2.2 熵值法确定指标权重

熵值法作为一种客观赋权法,可避免主观赋权的臆断性,还可以克服多指标变量间信息的重叠问题。因此,本研究采用熵值法得到各指标的权重(表 4-1-1),熵值法计算步骤如下。

a. 将各指标同度量化,计算第 j 项指标下,第 i 城市占该指标的比重 p_{ij}:

$$p_{ij} = \frac{S_{ij}}{\sum\limits_{i=1}^{n} S_{ij}} (i = 1, 2, \cdots, n; j = 1, 2, \cdots, m) \qquad (4\text{-}1\text{-}3)$$

式中:n 为样本(城市)个数;m 为指标个数。

b. 计算指标信息熵 e_j:

$$e_j = -k \sum_{i=1}^{n} p_{ij} \ln p_{ij} [e_j \in (0,1)] \qquad (4\text{-}1\text{-}4)$$

其中

$$k = \frac{1}{\ln n}$$

c. 计算差异系数 d_j:

气候变化、农业灌溉用水与粮食生产研究

$$d_j = 1 - e_j \tag{4-1-5}$$

d. 计算指标权重 w_j：

$$w_j = \frac{d_j}{\sum\limits_{j=1}^{m} d_j} \tag{4-1-6}$$

2.3　脆弱性评价模型

加权综合评分法在多指标评价中应用比较广泛,本研究应用该方法构建农业旱灾脆弱性评价模型,脆弱性程度用脆弱性指数来表示,具体评价模型为

$$V_i = \sum_{j=1}^{m} w_j S_{ij} \tag{4-1-7}$$

式中:V_i 为第 i 个城市的脆弱性指数;S_{ij} 为第 i 个城市第 j 项指标的标准化值。

为了更加清晰地探讨区域农业旱灾脆弱性的空间分布差异与结构特征,针对敏感性和恢复力两个维度展开加权综合评分,分别命名为敏感性指数与恢复力指数,其计算原理及步骤与脆弱性指数一致,只是计算敏感性指数与恢复力指数的指标集与计算脆弱性指数的指标集不同。另外,由于计算恢复力指数的指标集在脆弱性评价中是负向指标,在计算该指数的过程中使用的是标准化值,因此该指数的值越高,反而说明恢复力越弱。

2.4　区域农业旱灾脆弱性分级

对于干旱脆弱性分级问题,目前还没有统一的标准,本研究利用自然断裂法对脆弱性程度进行分级,该方法是一种地图分级算法,认为数据本身就有断点,可利用数据这一特点分级(表 4-1-2)。

表 4-1-2　区域农业旱灾脆弱性综合测度分级标准

农业旱灾脆弱性分级	脆弱性指数
低脆弱度	<0.346 1
较低脆弱度	0.346 2~0.441 0
中度脆弱度	0.441 1~0.548 7
较强脆弱度	0.548 8~0.680 6
强脆弱度	>0.680 7

2.5　因子贡献度计算模型

脆弱性评价不仅要对脆弱程度的空间格局进行分析,更要明确影响脆弱性

的关键因素,以期为评价单元降低脆弱性程度提供科学的政策建议,因此,引入因子贡献度模型用于分析负向目标(脆弱性)的主要贡献因子:

$$c_{ij} = \frac{w_j S_{ij}}{\sum\limits_{j=1}^{12} w_j S_{ij}} \times 100\% \qquad (4\text{-}1\text{-}8)$$

式中:c_{ij}为第j项指标对第i个城市农业旱灾脆弱性的贡献度。

3 结果分析

3.1 区域农业旱灾脆弱性等级差异分析

研究区域35个城市的脆弱性指数、敏感指数与恢复指数见表4-1-3。由表4-1-3可知,研究区域35个城市的农业旱灾脆弱性指数平均值为0.532 0,按表4-1-2中脆弱性分级标准,处于中度脆弱状态。山东省东营市农业旱灾脆弱性指数最低,为0.271 6,其次是山东省淄博市,为0.297 3,脆弱性指数最高的为河南省周口市,为0.823 9,不同城市之间脆弱性指数差距明显,最高得分是最低得分的3倍。根据农业旱灾脆弱性指数,按照自然断裂点法将脆弱性分为5个级别,每个级别的平均脆弱性指数从低到高依次为0.318 0、0.411 9、0.512 1、0.623 9和0.760 5,处于5级脆弱度的城市平均脆弱指数是处于1级脆弱度的城市平均脆弱指数的2.4倍,组别之间的差距也比较明显。农业旱灾脆弱性呈现一定的级差化分异特征。

对城市数量进行分级统计分析,发现处于中脆弱度和较强脆弱度的城市数量最多,分别占城市总数量的25.71%和28.57%,两者总和占城市数量的54.28%。处于低脆弱度、较低脆弱度和强脆弱度的城市数量相当,分别为6个、5个和5个,分别占城市总数的17.14%、14.29%和14.29%。研究区域35个城市农业旱灾脆弱性等级总体上呈现3级、4级多,1级、2级少的情况。

3.2 区域农业旱灾脆弱性空间差异分析

图4-1-1为研究区域农业旱灾脆弱性空间分布示意图。由图4-1-1可以清楚地看到河南地区农业旱灾脆弱程度明显高于山东地区。河南省18个城市的农业旱灾脆弱性指数平均值为0.618 6,按表4-1-2,其脆弱性等级属于较强脆弱程度。具体来看,河南省处于强脆弱度和较强脆弱度的城市分别有5个和10个,共占河南省地市数量的83%,强脆弱度的5个城市集中在豫东以及豫南

气候变化、农业灌溉用水与粮食生产研究

地区,豫北、豫西和豫中地区以较强脆弱度为主,属于低和较低脆弱度的城市只有 3 个,按脆弱性指数从低到高分别是郑州(0.374 0)、济源(0.382 5)和焦作(0.435 7)。山东省属于中度脆弱度的城市最多,有 8 个,占山东省城市数量的47%,在空间分布上,中北部地区以及东部半岛地区脆弱性指数明显低于山东省其他地区。另外,作为评价脆弱性程度的两个重要变量,敏感性指数与恢复力指数整体上与脆弱性指数表现出比较好的一致性,河南地区敏感性指数和恢复力指数平均值均高于山东省,表明在面对相同的致灾强度时,河南地区更易形成干旱灾害,恢复力指数越高说明河南地区在干旱灾害发生之后的恢复能力要强于山东地区(表 4-1-3、图 4-1-1)。

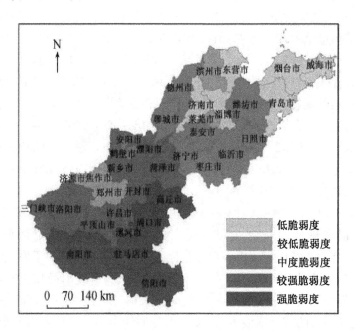

图 4-1-1　区域农业旱灾脆弱性空间分布示意图

3.3　区域农业旱灾脆弱性影响因素识别

为了揭示敏感性与恢复力对区域农业旱灾脆弱性的影响程度,运用相关分析方法对敏感性指数与旱灾脆弱性指数,以及恢复力指数与旱灾脆弱性指数进行分析。结果表明:敏感性指数与旱灾脆弱性指数之间具有显著的相关关系,相关系数为 0.866(在 0.01 检验水平上显著);恢复力指数与农业旱灾脆弱性指数呈现显著的相关关系,相关系数为 0.714(在 0.01 检验水平上显著)。可见,敏感性与恢复力的强弱与区域农业旱灾脆弱性程度有密切联系,而且敏感性对脆弱性的作用比恢复力对脆弱性的作用略为突出。为了进一步厘清影响农业旱灾脆弱性的影响因素,根据式(4-1-8)计算结果,确定贡献度大于10%的指标作为各市农业旱灾脆弱性的贡献因子,结果如表4-1-4所示,按河南省、山东省以及全区域分别统计各贡献因子出现的频率(表4-1-5),出现频率大于50%的贡献因子视为各省和全区域农业旱灾脆弱性的主要贡献因子。

由表4-1-5可知,河南省农业旱灾脆弱性的主要贡献因子有农业人口比重(X_3,83.33%)、复种指数(X_5,77.78%)和农村居民人均收入(X_9,72.22%)。农业人口比重反映了人民生活对于农业的依赖程度,同时也反映了易损人群的数量;农村居民人均收入则反映了经济社会的发展水平,尤其是农村经济的发展水平,直接关系到农业旱灾发生之后农民应对旱灾的能力大小。因此未来河南省应注重结构调整和产业升级,继续推进城镇化建设,让农业人口适当流向城市,支持第三产业,降低经济对农业的依赖程度,提高农村居民的收入。同时河南省作为农业大省,肩负着国家粮食安全的重任,农业的基础要巩固,要提升,必须要推进农业的规模化、产业化和集约化发展,提高农业现代化水平。另外河南省人口压力较大,人口与资源间的矛盾比较突出,一定程度上影响了农村居民的人均收入水平,因此降低农业旱灾脆弱程度需要适当控制人口的增长速度。复种指数反映了土地的利用强度,为降低农业旱灾脆弱性应适当减少农作物的播种面积,提高农作物的产出效率。

山东省农业旱灾脆弱性的主要贡献因子是有效灌溉面积比重(X_7,58.82%)、单位耕地面积农业用水量(X_8,52.94%)和人均财政收入(X_{10},58.82%)。有效灌溉面积比重和单位耕地面积农业用水量反映了农业的灌溉用水条件,灌溉条件对于抵御干旱灾害的发生以及灾害发生后的恢复有着重要的意义,因此为降低农业旱灾脆弱程度应提高水利工程供水能力,保证耕地灌溉率,同时选择适宜的节水灌溉方法,提高水分的利用率。干旱灾害发生后,需要全社会尤其是政府组织抗旱,人均财政收入直接影响政府财政支出的有效运行,对于灾后的恢复起到重要作用。山东省虽然GDP总量较大,位于全国前列,财政却总是拮据,税源并不充足,政府融资较困难,因此需要在提高GDP质量、培养税源等方面不断完善。

表4-1-3　河南、山东各市农业旱灾脆弱性指数对比

城市	敏感性指数	恢复力指数	旱灾脆弱性指数	城市	敏感性指数	恢复力指数	旱灾脆弱性指数
郑州	0.168 7	0.205 3	0.374 0	济南	0.187 7	0.154 3	0.341 9
开封	0.438 4	0.242 1	0.680 6	青岛	0.154 0	0.190 0	0.344 0
洛阳	0.220 2	0.393 8	0.614 0	淄博	0.143 4	0.153 9	0.297 3

续表

城市	敏感性指数	恢复力指数	旱灾脆弱性指数	城市	敏感性指数	恢复力指数	旱灾脆弱性指数
平顶山	0.265 0	0.340 6	0.605 5	枣庄	0.252 7	0.255 6	0.508 3
安阳	0.386 3	0.248 2	0.634 5	东营	0.147 1	0.124 5	0.271 6
鹤壁	0.292 2	0.214 0	0.506 2	烟台	0.133 7	0.212 4	0.346 1
新乡	0.339 7	0.243 5	0.583 2	潍坊	0.257 1	0.230 7	0.487 8
焦作	0.287 8	0.148 0	0.435 7	济宁	0.299 5	0.186 1	0.485 6
濮阳	0.403 3	0.232 0	0.635 3	泰安	0.262 1	0.251 5	0.513 5
许昌	0.347 0	0.287 8	0.634 8	威海	0.127 8	0.179 2	0.307 0
漯河	0.375 0	0.295 1	0.670 1	日照	0.174 6	0.325 2	0.499 7
三门峡	0.166 2	0.410 3	0.576 5	莱芜	0.149 9	0.276 2	0.426 2
南阳	0.343 9	0.369 1	0.713 0	临沂	0.206 1	0.342 0	0.548 1
商丘	0.474 7	0.288 7	0.763 5	德州	0.316 9	0.194 9	0.511 9
信阳	0.338 1	0.364 2	0.702 3	聊城	0.366 4	0.182 4	0.548 7
周口	0.483 7	0.340 2	0.823 9	滨州	0.251 6	0.189 4	0.441 0
驻马店	0.431 5	0.368 3	0.799 8	荷泽	0.362 5	0.242 0	0.604 5
济源	0.135 9	0.246 6	0.382 5				
均值	0.327 6	0.291 0	0.618 6	均值	0.223 1	0.217 1	0.440 2

　　总体来说,区域农业旱灾脆弱性主要受农业依赖程度、土地利用强度、灌溉条件和经济社会水平 4 个方面的影响,河南省和山东省的侧重点各不相同,而作为旱灾形成的重要影响因子水资源状况对于区域农业旱灾脆弱性的影响程度有限。

表 4-1-4　各市农业旱灾脆弱性的贡献因子排序(按贡献度递减)

城市	贡献因子排序				
	1	2	3	4	5
郑州	X_7	X_8	X_5	X_1	X_2
开封	X_5	X_4	X_3	X_9	
洛阳	X_7	X_9	X_8	X_5	
平顶山	X_8	X_9	X_5	X_3	X_7
安阳	X_5	X_6	X_3	X_{10}	
鹤壁	X_5	X_{10}	X_9	X_6	
新乡	X_5	X_3	X_{10}	X_9	X_4
焦作	X_5	X_{10}	X_3	X_1	X_9
濮阳	X_3	X_5	X_9	X_6	X_{10}
许昌	X_5	X_8	X_3	X_6	
漯河	X_5	X_6	X_3		
三门峡	X_7	X_8	X_9	X_3	
南阳	X_7	X_4	X_3	X_5	X_{10}
商丘	X_4	X_5	X_3	X_9	

城市	贡献因子排序				
	1	2	3	4	5
信阳	X_4	X_3	X_9	X_{10}	X_8
周口	X_4	X_5	X_3	X_9	
驻马店	X_4	X_3	X_8	X_9	
济源	X_7	X_1	X_9	X_3	X_{10}
济南	X_5	X_7	X_6		
青岛	X_8	X_7	X_2	X_6	
淄博	X_7	X_1	X_5	X_{10}	
枣庄	X_5	X_8	X_3	X_{10}	
东营	X_1	X_{11}	X_2	X_8	X_9
烟台	X_7	X_8			
潍坊	X_8	X_7			
济宁	X_5	X_3	X_4	X_6	X_{10}
泰安	X_5	X_7	X_{10}		
威海	X_8	X_7	X_4		
日照	X_7	X_8	X_3	X_{10}	
莱芜	X_7	X_{10}	X_8		
临沂	X_7	X_8	X_{10}		
德州	X_6	X_3	X_5	X_{10}	
聊城	X_3	X_5	X_6	X_4	X_{10}
滨州	X_3	X_6			
菏泽	X_3	X_5	X_6	X_{10}	X_9

表 4-1-5 各贡献因子出现频率 单位：%

区域	X_1	X_2	X_3	X_4	X_5	X_6	X_7	X_8	X_9	X_{10}	X_{11}	X_{12}
河南省	16.67	5.56	83.33	38.89	77.78	27.78	33.33	44.44	72.22	44.44	0.00	0.00
山东省	11.76	11.76	41.18	17.65	47.06	41.18	58.82	52.94	17.65	58.82	5.88	0.00
全区域	14.29	8.57	62.86	28.57	62.86	34.29	45.71	48.57	45.71	51.43	2.86	0.00

4　结论与讨论

从敏感性和恢复力 2 个维度出发建立区域农业干旱脆弱性评价体系，通过熵值法得到指标权重，用综合指数法构建脆弱性评价模型，结合 ArcGIS 技术，对区域农业旱灾脆弱性进行评价，通过贡献度模型对主要影响因素进行了识别与分析。结果表明：研究区域内 35 个城市农业旱灾脆弱性程度空间差异显著，河南省 83％的城市属于强脆弱度和较强脆弱度，豫东以及豫南地区脆弱程度最高,豫北、豫西和豫中地区以较强脆弱度为主;山东省属于中度脆弱度的城市最多,占山东省城市数量的 47%;在空间分布上,中北部地区以及东部半岛地区脆弱性指数明显低于其他地区;总体而言,河南省脆弱性程度高于山东省。就影响因素而言,影响河南省农业旱灾脆弱性程度的关键因素有农业人口比重、复种指数和农村居民人均收入,影响山东省农业旱灾脆弱性程度的关键因素是有效灌溉面积比重、单位耕地面积农业用水量和人均财政收入。总体来说,研究区域农业旱灾脆弱性主要受农业依赖程度、土地利用强度、灌溉条件和经济社会水平 4 个方面的影响。

本研究基于区域综合脆弱性评价模型,定量计算了研究区域各市农业旱灾脆弱性程度,并就其空间差异与影响因素进行了分析与探讨,对于区域防灾减灾、科学应对干旱灾害有一定的参考价值。但是在脆弱性指标选取时因受到数据收集的限制,多考虑人为因素,而较少考虑自然因素,比如土壤类型、地貌地形等条件对于干旱灾害的形成以及灾后的恢复都有一定影响,指标体系的构建还需进一步的深化;其次以市级行政单元作为研究单元略显粗糙,大尺度范围内过于宏观的评价缺乏深层次机制和原理的探究,对于反映区域内部的差异性可能有所欠缺。以上问题需要在今后的研究中继续探索。

第 2 章

基于 ArcGIS 的河南省夏玉米
旱灾承灾体脆弱性研究

　　河南省位于我国中东部、黄河中下游,属于我国第二阶梯和第三阶梯的过渡地带,地跨暖温带及北亚热带边缘,具有发展农业的良好条件。夏玉米在河南省是仅次于小麦的第二大粮食作物,占全国夏玉米播种面积的十分之一,位于黄淮海夏玉米主产区的"心脏"地带,区位优势十分明显。黄淮海平原光热资源十分丰富,适宜夏玉米的种植,但因受季风型气候的影响,降水在地区间分布不均,干旱成为各类农业气象灾害中成灾面积最大的自然灾害之一。有研究表明1971—2010 年,干旱对河南地区粮食生产所造成的影响最为严重,其中伏旱是发生频率最高的干旱,是制约河南省夏玉米稳产高产的主要气象灾害之一。1997 年 7—8 月,干旱造成河南全省一半播种面积以上的秋作物受旱,旱情严重的洛阳和三门峡受旱面积分别占到播种面积的 90% 和 75%,而在 2014 年河南省更是遭遇了 63 年来最为严重的"伏旱",秋粮受灾面积达 154 万 hm²。

　　农业旱灾是农作物在整个生长过程中,得不到适时适量的水而发生水分短缺,造成农作物减产甚至绝收的现象;农业旱灾脆弱性是指农业生产易于和敏感于遭受干旱威胁和造成损失的性质和状态,与经济社会发展水平、防灾预警能力以及人类对灾害反应等密切相关。根据自然灾害风险理论,农业旱灾的形成是孕灾环境下致灾因子危险性(降水不足或不均)与农业生产系统脆弱性共同作用的结果,在致灾强度相同的情况下,承灾体脆弱性的高低会起到"放大"或"缩小"灾情的作用。因此,承灾体脆弱性研究对于全面评价自然灾害风险、科学进行防灾减灾有着重要的指导意义。

　　关于农业干旱脆弱性的探讨是从 20 世纪 90 年代开始,已有的研究主要从两个角度出发,一类是基于宏观视角的区域农业干旱脆弱性评价。如裴欢等运用数据包络分析方法,构建旱灾脆弱性评价模型,对我国各省近 40 年农业旱灾脆弱性时空变化特征进行分析。王莺等运用主成分分析的理论方法确定评价指标权重,建立中国南方地区的干旱脆弱性评价模型。李梦娜等将灰色关联聚类分析法和博弈论思想引入脆弱性评价,对关中 5 市的农业干旱脆弱性进行了分析。另一类是基于微观视角的农户干旱脆弱性研究。Brant 以巴西东北部的小农户为例,分析了影响家庭脆弱性的因素和对旱灾的响应能力;Zarafshani 等通过与 370 位种植小麦的农民的交流,分析得到伊朗西部地区农户的旱灾脆弱性;严奉宪等从农户微观角度出发,以 Hoovering 模型为基础,对湖北省襄阳市曾都区的农户调查数据进行了实证分析。目前,针对某一具体农作物的干旱脆弱性研究并不多见,并且指标的选择缺乏全面性,缺少作物生理以及农事活动等指标。鉴于此,本章参考 IPCC 历次评估报告中关于脆弱性的相关定义与表达,基于“暴露性—敏感性—适应能力”的评估框架,以河南省夏玉米干旱灾害作为研究对象,构建农作物干旱脆弱性评价模型,基于 ArcGIS 进行干旱脆弱性分区,以期为河南省夏玉米生产防旱减灾、风险管理等提供科学依据。

1 资料与研究方法

1.1 数据来源

研究数据包括均匀分布于河南全省的 23 个站点的气象资料、站点所在县市的夏玉米生产信息、河南省的气象灾害资料以及河南省地形地貌数据。气象资料为 1971—2014 年 44 各站点的逐日降水量数据。夏玉米生产资料包括 1991—2014 年 23 个气象站点所在县、市的夏玉米播种面积、产量等数据。河南省农作物受灾面积的数据来源于《中国农村统计年鉴》(1992—2015 年)。地形地貌等资料来自中国科学院资源环境科学数据中心。参考河南省地理区域综合划分标准,将河南省划分为 5 个子区域,子区域及气象站点分布见图 4-2-1。

1.2 研究方法

目前对于脆弱性的研究,主要是基于 IPCC 提出的“暴露性—敏感性—适应能力”评估框架,研究重点是对暴露性、敏感性以及适应能力的定量评估。本研究依据该研究思路着重从物理暴露性、孕灾环境敏感性和作物适应能力 3 个方面选取评价指标,利用函数法构建脆弱性评价模型,借助 ArcGIS 软件的空间分析工具探讨河南省夏玉米干旱脆弱性的分布特征并进行区划,最后通过各站点的干旱脆弱性指数与相对气象产量的相关性分析,检验脆弱性指数的科学性。

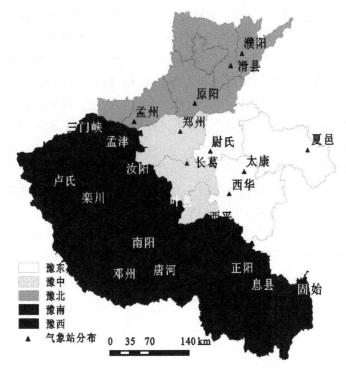

豫东
豫中
豫北
豫南
豫西
▲ 气象站分布

0 35 70   140 km

图 4-2-1　河南省地理综合区划及气象站点分布

1.2.1　物理暴露性

　　承灾体的物理暴露性是指暴露在致灾因子影响范围内的承灾体数量或者价值量,它是自然灾害风险存在的必要条件,承灾体的物理暴露性取决于致灾因子的危险性和区域承灾体的暴露数量两大因子。

　　(1)暴露数量。针对某一区域来说,夏玉米的种植面积可以反映暴露于致灾因子下的承灾体数量,播种面积越大,暴露数量越多,在致灾强度相同的情况下,可能遭受的潜在损失就越大。因此,本研究选取夏玉米播种面积占农作物播种面积比例的均值作为承灾体暴露数量的评价指标(Q),计算公式如下:

$$Q = \frac{1}{n}\sum_{i=1}^{n}\frac{a_i}{A_i} \tag{4-2-1}$$

式中:a_i表示某县第i年夏玉米种植面积;A_i为该县第i年农作物播种面积;n为年数。考虑到脆弱性评价应更多针对各地当前的实际生产情况,而各地的种植结构不同时期的差异较大,因此在计算承灾体暴露数量时,只选取能够反映当前实际生产条件的近 5 年的数据(2010—2014 年),即 $n=5$。

（2）危险性。在影响农业旱灾形成和决定农业旱灾强度的诸多要素中,降水量是决定干旱严重程度最关键的因子。本研究选择了标准化降水指标（SPI）来研究不同时间尺度的干旱时空状况。河南省夏玉米生长期集中在 6—9 月份,因此选择了该时段作为致灾因子危险性评价时段。基于 GB/T201481—2006《气象干旱等级》中关于 SPI 的计算方法,得出了河南省各个气象站 1971—2014 年 44 年的 SPI 指数,参照上述气象标准划分干旱等级（表 4-2-1）,统计各气象站干旱发生的频率,致灾因子的危险性由灾害强度和活动频次共同决定,即夏玉米生长期的干旱危险性指数是干旱强度（干旱等级 L）和发生频率（P）的函数,表达式为:

$$D = \sum_{i=1}^{n} LP_i \tag{4-2-2}$$

式中:D 为夏玉米生长期的干旱危险指数;L 为夏玉米生长期（6—9 月）内的干旱等级,其值为 1,2,3,4;P_i 为不同干旱等级发生的频率;i 代表不同干旱等级;n 为干旱等级数。D 值越大,说明夏玉米生长期内干旱的危险性越高。

表 4-2-1　标准化降水指标干旱等级划分

等级	类型	SPI 值
1	轻旱	$-1.0 < SPI \leqslant -0.5$
2	中旱	$-1.5 < SPI \leqslant -1.0$
3	重旱	$-2.0 < SPI \leqslant -1.5$
4	特旱	$SPI \leqslant -2.0$

（3）物理暴露性指数。将区域承灾体暴露数量（Q）和致灾因子危险性（D）这两个指标综合考虑来反映夏玉米干旱灾害的物理暴露性,所构建的物理暴露性指数见下式:

$$E_j = Q_j D_j \tag{4-2-3}$$

式中:E_j 为 j 县夏玉米物理暴露性指数;Q_j 为 j 县夏玉米暴露数量;D_j 为 j 县夏玉米生长期内的干旱危险性。

1.2.2　孕灾环境敏感性

孕灾环境敏感性是指受到气象灾害威胁地区的外部环境对气象灾害或作物受损害的敏感程度。孕灾环境敏感性受包括地形地貌、河流水系分布等因素影响,在致灾强度相同的情况下,敏感性越高,一定程度上会加重灾害造成的影响,脆弱性程度也就越高。根据现有资料的可取性,本研究主要从地形因子出发（包括高程和坡度）,构建干旱孕灾环境敏感性指数,据此分析河南省干旱孕灾环境的空间分布特征。一般来讲,高程与坡度对干旱具有正效应,在地势较低的地方容易发生洪涝灾害,而不容易发生干旱灾害,而坡度越大,会影响灌溉便利程度,同时加快水分流失速度,加重干旱程度。河南省的高程、坡度值是在ArcGIS10.1下对DEM影像统计得到的。基于高程与坡度构建的孕灾环境敏感性指数见下式:

$$S = elevation \cdot slope \tag{4-2-4}$$

式中:$elevation$ 和 $slope$ 分别为高程与坡度值。

适应能力是指自然和人为系统对于实际的或预期的气候刺激因素及其影响所做出的趋利避害的反应能力。适应能力与脆弱性作用方向相反,是作物自身抗逆性和人为参与抗灾共同作用的结果。单产水平能比较好地反映一个地区作物的适应能力,单产水平越高,适应能力也就越强,因此将各县夏玉米单产与河南省夏玉米单产比值的多年平均值作为适应能力指数(A):

$$A = \frac{1}{n} \sum_{i=1}^{n} \frac{y_i}{Y_i} \tag{4-2-5}$$

式中:y_i 表示某县第 i 年夏玉米的单产量;Y_i 为河南省第 i 年夏玉米的单产量;n 为年数。

1.2.3 干旱脆弱性

构成灾害脆弱性的 3 项要素中,灾害的物理暴露性、孕灾环境敏感性对灾害脆弱性的生成具有显著的正效应,而适应能力对灾害脆弱性生成具有负效应,即当物理暴露性增大,受气候变化影响的范围增大,系统的脆弱性随之增大,同样,当敏感性增大,系统的脆弱性也随着增大,而适应能力越强,物理暴露性和孕灾环境敏感性的作用力会受到一定的抑制,从而减少系统的脆弱性。由此建立夏玉米干旱脆弱性综合指数(V)如下:

$$V_j = \frac{S_j E_j}{A_j} \tag{4-2-6}$$

式中:V_j 为 j 县的夏玉米干旱脆弱性指数;S_j 为 j 县的干旱孕灾环境敏感性指数;A_j 为 j 县的夏玉米适应能力指数。

1.2.4 空间插值与自然断裂法

根据各项指标的站点数据,利用 ArcGIS 提供的反距离权重法进行空间插值,获得各指标的空间分布图。利用 ArcGIS 提供的自然断裂法将各要素划分为高、较高、中和低 4 个等级,进行空间差异分析。

1.2.5　数据处理为不受因子量纲的影响

在计算物理暴露性指数、孕灾环境敏感性指数以及干旱脆弱性综合指数前需进行归一化处理,且为避免零值出现,采用改进的公式如下:

$$s_i = 0.5 + 0.5\frac{x_i - x_{\min}}{x_{\max} - x_{\min}} \tag{4-2-7}$$

式中:s_i 为经过准化后的数据;x_i 为原始数据;$x_{\min}$ 为原始数据序列中的最小值;$x_{\max}$ 为原始数据序列中的最大值。

2　结果与分析

2.1　河南省夏玉米物理暴露性分析

物理暴露性分析主要从区域承灾体暴露数量与致灾因子危险性两个方面展开。就承灾体暴露数量而言,高暴露量主要集中在豫中和豫北西南地区,该区域夏玉米种植面积占农作物播种面积比例普遍在 30% 以上,其中长葛县(现长葛市)和西平县种植比例最高,在 40% 以上;夏玉米暴露量较高的地区主要分布在豫西西部、豫南北部以及豫北和豫东的大部分地区,种植比例在 20%~25%;豫南地区暴露量较少,种植比例在 20% 以下,其中信阳市以及驻马店市部分地区种植比例最低,在 10% 以下(图 4-2-2)。

就致灾因子危险性而言,夏玉米生长期不同等级的干旱发生频率在空间上存在明显的差异。中度及以下干旱(包括轻度干旱和中度干旱)发生频率高值区集中在豫东及其周边部分地区,发生频率较高的区域范围广泛,分布在豫西西部、豫南西北部以及豫北东部地区,另外许昌和开封部分地区频率也较高。以上大部分区域,中度及以下干旱发生频率约为 2~3 年一遇;中度以上干旱(包括重旱与特旱)发生频率高值区,集中在豫南的信阳和驻马店的部分地区,以及洛阳、济源、焦作、郑州 4 市交界的区域,约为 13 年一遇,频率较高区域主要分布在豫北的大部分地区以及南阳和驻马店的部分地区,约为 20 年一遇,其他地区中度以上干旱发生频率较低。按照式(4-2-2),计算危险性指数,并划分为 4 个等级,河南地区夏玉米干旱危险性指数基本呈现出西南部高东北部低的特点(图 4-2-3)。

结合承灾体暴露数量的分析,运用式(4-2-3)计算物理暴露性指数,并分成 4 个等级。物理暴露性指数高与较高的区域主要集中在豫西三市、豫北的济源和焦作市,以及南阳和驻马店的部分地区,其中孟津县和叶县地区物理暴露性指

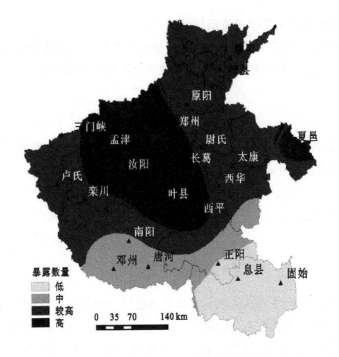

図 4-2-2　河南省夏玉米暴露数量分布

图 4-2-3　河南省夏玉米生长期干旱频率及危险性分布

数最高。从物理暴露性的构成要素来看,上述区域无论是承灾体的暴露数量还是干旱危险性基本都为高和较高区域,说明该区域夏玉米生长期内发生干旱灾害的频率较高,干旱灾害的强度相对较强,同时暴露于致灾因子环境下的承灾体数量也较多,容易形成干旱灾害且造成的损失程度可能较大。物理暴露性指数低值区集中在豫南的信阳市和驻马店部分地区、豫东的东西两侧以及豫北的东北部分地区,驻马店和信阳市虽然危险性指数整体较高,但暴露数量相对较低,因此不易形成大范围的夏玉米干旱灾害,其他地区承灾体暴露数量与干旱危险性大部分属于中值区和低值区,综合起来物理暴露性指数大多属于中值(图4-2-4)。

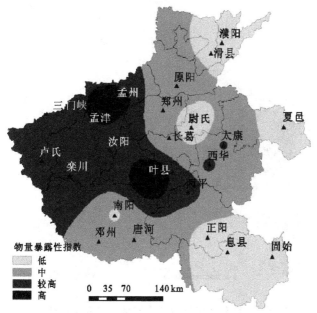

图4-2-4 河南省夏玉米物理暴露性分布

2.2 河南省夏玉米干旱孕灾环境分析

孕灾环境分析主要考虑地形因子,包括高程以及坡度的影响,高程与干旱时期取水难度成正相关关系,坡度影响土壤对水的保持能力,影响旱期灌溉难易程度。河南省地表形态东西迥异,西部海拔高且起伏大,东部地势低而且平坦,从西向东由中山、低山、丘陵变化到平原,由于地形的影响,河南省干旱孕灾环境的高敏感区主要集中在3块区域,分别是豫西北的太行山山地、豫西的秦岭东缘山地和豫南的桐柏—大别山地,总的来说,干旱孕灾环境敏感性呈西部高东部低的特点(图4-2-5)。

2.3 河南省夏玉米适应能力分析

从图4-2-6可知,低适应能力区域主要位于豫西山区以及信阳市和驻马店的部分地区,这些地区夏玉米单产水平相对较低,说明夏玉米自身抗逆性、区域防灾能力整体水平不高;高和较高适应能力区主要位于豫北、豫中以及豫东的大部分地区,该区域夏玉米单产水平高于河南地区平均水平,意味着当地夏玉米品种的适应性强,区域抗旱防灾建设相对完善,夏玉米生产力水平较高,其中孟州、长葛和滑县地区适应能力最强;其他区域属于中度适应能力区域,夏玉米生产力水平介于中间。

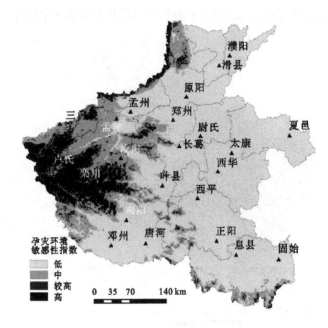

图 4-2-5　河南省干旱孕灾环境敏感性分布

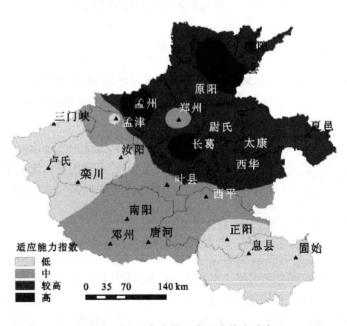

图 4-2-6　河南省夏玉米适应能力分布

2.4 河南省夏玉米干旱脆弱性综合分析

利用 ArcGIS 平台将物理暴露性、孕灾环境敏感性以及适应能力按式(4-2-6)合成计算,得到河南省夏玉米干旱脆弱性的空间分布图(图 4-2-7)。由图 4-2-7 可知,河南省夏玉米高与较高脆弱区主要分布于豫西、豫南西北和豫中部分地区,上述区域夏玉米生长期干旱危险性较高,大部处于高危险区,地貌类型主要为山地丘陵,易孕育干旱灾害。虽然该地区夏玉米种植面积相对全省其他地区而言并不是很多,但夏玉米播种比例属于中上水平,即相对暴露数量较高,另外这些地区适应能力较弱,为低值区,夏玉米产量波动较大,干旱成为限制该区域夏玉米稳产的主要因素之一。豫南大部分为中度脆弱区,豫南雨养区处于气候过渡带,降水充沛但降水分布不均,夏玉米生长期内阶段性干旱和洪涝灾害频繁,增加了其脆弱程度。豫北、豫东、豫中的黄淮海平原为中低脆弱区,该区域夏玉米生长期内危险性相对较低,玉米生产遭受中度以上干旱危害的概率较低,物理暴露性、孕灾环境敏感性大部分低于河南地区平均水平或与河南地区平均水平相当,而适应能力又属于较高与高适应能力区,因此该区域脆弱性程度相对较低。

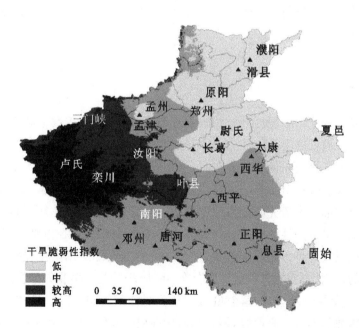

图 4-2-7 河南省夏玉米干旱脆弱性分布

2.5　夏玉米干旱脆弱性指数检验

夏玉米干旱脆弱性程度越大,越容易形成干旱灾害,造成的潜在损失也越大,因此脆弱性指数理论上应该与产量变化相对应。为了检验所构建的干旱脆弱性指数的适用性,运用 ArcGIS 的"Extract Value to Points"工具将干旱脆弱性指数提取至 23 个站点,然后与多年平均相对气象产量进行相关性分析。相对气象产量为实际产量偏离趋势产量的百分率,计算公式为

$$y_p = \frac{y - y_t}{y_t} \times 100\% \qquad (4-2-8)$$

式中:y_p 为相对气象产量;y 为实际产量;y_t 为趋势产量,趋势产量采用 5 年滑动平均法计算得到。由于河南地区影响夏玉米产量的气象灾害主要是水灾和旱灾,为了排除水灾对夏玉米产量的影响,对水灾相对严重的年份进行了剔除,同时为了强调旱灾造成的减产效应,只选取减产年份。经检验干旱脆弱性指数与年均相对气象产量之间存在显著相关关系,相关系数为−0.578(在 0.01 检验水平上显著)。从而证明利用本研究建立的模型能够较为合理地对河南省夏玉米干旱脆弱性进行评价与区划研究,得出的结论可以为夏玉米避灾和减灾管理提供科学依据。

3　讨论

对比夏玉米干旱脆弱性分布图与物理暴露性(包括暴露数量和致灾因子危险性)、孕灾环境敏感性、适应能力分布图,可以发现危险性分布图(图 4-2-3)与河南省夏玉米干旱脆弱性空间分布图(图 4-2-7)大体一致,说明 4 个因子中危险性对干旱脆弱性有直接影响,也就是说,危险性评价应该是夏玉米干旱脆弱性研究的重要方面。本研究的危险性评价结果与杨平等基于降水距平得到的河南地区夏玉米干旱危险性的空间分布大体一致,但局部地方存在差别,这与所选取的干旱指标以及评价方法不同有关,需要在今后的实际应用中比较和验证多种干旱指数的适用性,而暴露数量空间分布(图 4-2-2)与干旱脆弱性空间分布(图 4-2-7)有较大差异,说明暴露数量对干旱脆弱性的影响有限。具体来看,豫中地区就暴露数量而言为高值区,但是其危险性程度较低,适应能力又高于平均水平,因此最终该区域干旱脆弱性为中和低。

在农业气象灾害风险管理的研究领域,脆弱性评价往往与风险评价密切相

关,且在指标选取和模型构建方面有相似之处,因此将本研究的分析结果与已有的相关性较强的研究结果进行对比。田宏伟等对河南省夏玉米干旱风险进行了评价,从危险性、暴露性等方面选取指标,构建综合风险评价模型,把河南全省划分为高、中、低 3 个风险区,结果显示,低风险区主要位于豫东和豫东南,高风险区主要分布在周口、驻马店及豫西北地区,其他地区为中度风险区,这与本研究的脆弱性区划结果有很多吻合的地方。但风险和脆弱性对于不同学者其含义不尽相同,田宏伟将脆弱性视为形成风险的一项作用因子,而本研究将脆弱性综合表现为暴露性、敏感性、适应能力三者的函数,因此在评估框架上有所不同。其次根据 IPCC 的理论框架,本研究加入了孕灾环境敏感性这一指标,导致区划结果有些差异。干旱脆弱性的形成是一个非常复杂的过程,由于不同研究者对于脆弱性形成条件的理解及侧重点不同,在指标因子选择、评估模型构建等方面存在明显差异,因此对于脆弱性指数的验证过程非常必要。本研究尝试通过与相对气象产量的相关性分析,对脆弱性指数的适用性进行检验,并且得到了符合预期的结论,今后可通过实地调研对结果进行进一步的验证,使得评价更具有针对性与指导意义。

4 结论

(1) 物理暴露性取决承灾体的暴露数量和致灾因子的危险性,暴露数量高值区主要位于豫西东部、豫中以及豫北的西南地区,该地区夏玉米种植面积占农作物播种面积比例在 30% 以上;豫南地区暴露量较少,种植比例在 20% 以下,其中信阳市以及驻马店市部分地区种植比例最低,为 10% 以下。致灾因子危险性以标准化降水量 SPI 进行分析,结果表明,夏玉米生长期内,各地发生干旱的可能性为 20%~40%,豫东地区中度及以下干旱发生频率最高,但中度以上干旱发生频率较低,豫南的东南部地区中度及以下干旱发生频率较低,但中度以上干旱发生频率较高。综合承灾体暴露数量与危险性两者的分析结果,物理暴露性基本呈现由西南向东北逐渐减弱的趋势。

(2) 从孕灾环境敏感性和适应能力两个因子分析来看,河南省干旱孕灾环境的高敏感区主要集中在 3 块区域,分别是豫西北的太行山山地、豫西的秦岭东缘山地和豫南的桐柏—大别山地;对于适应能力而言,低适应能力区主要位于豫西山区以及信阳市和驻马店部分地区,高和较高适应能力区主要分布于豫北、豫中以及豫东的大部分地区,其他区域属于中度适应能力区。

(3) 结合物理暴露性、孕灾环境敏感性和适应能力三者的分析,构建干旱脆弱性指数,结果表明河南省夏玉米干旱脆弱性高与较高地区主要分布于豫西、豫南西北和豫中部分地区,东部黄淮海平原以及南阳盆地为中低干旱脆弱区,其中豫北的东北地区、豫东大部以及信阳市的部分地区脆弱性程度最低。

（4）豫西地区作为夏玉米干旱脆弱性程度偏高地区,其物理暴露性、孕灾环境敏感性均要高于全省平均水平,而适应能力又相对较弱。主要原因是该区域干旱危险性指数较高,地表结构又以山地丘陵为主,土壤肥力低且灌溉条件匮乏,更易孕育干旱灾害。虽然该区域因地形等限制,夏玉米播种面积不是很多,但播种比例却要高于全省平均水平,夏玉米是豫西地区主要的农作物之一,因此该区域要着重加大区域防灾减灾投入,优化种植结构。

第3章

玉米生长期干旱特征及其对产量的影响

——基于河南省 SPEI 指数的实证分析

近年来,全球各地均有不同程度的干旱、洪涝等自然灾害事件发生,与其他自然灾害相比,旱灾具有出现次数多、持续时间长、影响范围广等特点,因此被认为是造成农业经济损失最大的自然灾害类型之一。据统计,全球约有 1/3 的土地以及 20% 的人口长期遭受干旱灾害的影响,农业上受干旱影响造成的损失高达 260 亿美元/年,全球几乎全部的农业用地都处于干旱灾害极易发生的地区。在气候变暖的背景下,我国的干旱发生范围和强度也呈现出明显增大的趋势,成为制约我国农业发展和粮食安全的主要因素。

河南是我国重要的农业大省和粮食生产大省,玉米是河南省第二大粮食作物,其种植面积约占全国播种面积的 1/10,仅次于小麦。河南省玉米生产区位于黄淮海玉米主产区的心脏地带,区位优势明显。得益于黄淮海地区丰富的光热资源,该区十分适宜种植玉米,但由于受季风型气候以及干旱化趋势的干扰,玉米生长期内极易发生干旱等自然灾害。研究表明河南地区在 1971—2010 年间的近 30 年中,对粮食生产影响最为严重的是干旱,其中发生频率最高的干旱类型则是伏旱。李树岩等基于气象干旱综合指数(CI 指数)的研究表明,河南省伏旱发生频率高达 63.6%,严重制约玉米的生产,1997 年 7—8 月河南全省一半播种面积以上的秋作物受旱减产,旱情最严重的洛阳受旱面积高达 90%,2014 年河南省更是因旱灾秋粮受灾面积达 154 万 hm^2,是 63 年来最为严重的伏旱。鉴于干旱灾害对河南省玉米生产造成严重威胁,为保障玉米的稳定生产,科学应对干旱灾害,加强与深化干旱评估以及与农业生产关系方面的研究工作十分必要。

气温和降水是气候的主要因素,也是干旱的直接表征量。Vicente-Serrano 等提出的标准化降水蒸散指数(standardized precipitation evapotranspiration index,SPEI),继承了帕默尔干旱指数(PDSI)对温度灵敏性以及标准化降水指数(SPI)的多时空特点,同时考虑了降水和温度对于干旱的影响,非常适合全球气候变暖背景下的干旱特征分析。因此,本研究选择 SPEI 指数分析河南省玉米生长期的干旱情况。

干旱会导致作物缺水,影响作物的生长发育,最终导致减产。国内外学者就干旱对作物产量的影响机制及影响规律等展开了广泛的研究。从研究方法上看,大致可以分为 2 类。第 1 类是基于作物生长动态模拟模型,模拟作物各生长阶段不同等级干旱对其产量的影响。第 2 类是统计方法,借助气象数据和产量数据,利用不同的干旱指标对干旱程度进行量化,进而通过相关性分析、简单线性回归、柯布-道格拉斯(Cobb-Douglas,简称 C-D)生产函数及面板数据模型等数理统计方法,在控制了技术进步、经济因素和人为影响的基础上探讨干旱与作物产量之间的关系。陈玉萍等基于干旱虚拟变量固定效应模型利用湖北、广西、浙江 3 个省份的降水和水稻生产历史数据分析了水稻生产对降水量的弹性系数,并得出了干旱造成的水稻生产的直接损失。许朗等以历年的旱灾成灾面积衡量农业干旱的程度,利用面板固定效应模型实证分析了淮河流域干旱对于粮食、小麦以及水稻的影响。何永坤等基于逐旬干湿指数建立了中国西南地区的玉米干旱累积指数,结合玉米产量资料,构建了气候产量与干旱指数的线性回归模型。杨晓晨等利用农业干旱指标标准化降水蒸散指数(SPEI)从时间、空间 2 个维度分析中国东北春玉米区干旱特征,并利用回归分析进行 SPEI 与玉米气候产量的关系分析。

在实际生产中,作物产量是由自然因素和经济社会因素共同决定的。而农作物生长模拟模型的核心是试验参数,并不考虑经济因素和人类行为,因而对经济社会影响的解释能力有限。C-D 生产函数模型是描述生产要素和产量之间关系的重要方法。丑洁明等研究认为如果在 C-D 生产函数中纳入自然因素,对于农业投入与产出的反映将更为科学。

鉴于此,本研究将干旱等气候因素作为外生变量以中性的方式引入 C-D 生产函数中,通过建立变截距和变系数模型研究干旱等气候因素对河南省玉米产量的影响,并识别出受干旱影响较为严重的地区,相关研究对防御气象灾害对玉米生产的影响具有重要的现实意义。

1 研究方法

1.1 SPEI 的计算方法

SPEI 的计算主要利用月降水量和月平均温度,通过计算降水量与蒸散量的差值并将其正态标准化得到。具体的计算步骤如下。

（1）计算降水量与蒸散量差值，即气候水平衡：

$$D_i = P_i - PET_i \qquad (4\text{-}3\text{-}1)$$

式中：D_i 为降水量与蒸散量的差值，mm；P_i 为降水量，mm；PET_i 为潜在蒸散量，mm。

（2）建立不同时间尺度气候学意义上的水分盈亏累积序列：

$$D_n^k = \sum_{i=0}^{k-1}(P_{n-i} - PET_{n-i}), n \geqslant k \qquad (4\text{-}3\text{-}2)$$

式中：k 为时间尺度，月；n 为计算次数。

（3）采用三参数的 Log-Logistic 概率分布函数 $F(x)$ 对 D 序列进行拟合，并对序列进行标准正态分布转化，计算每个 D 对应的 $SPEI$ 值：

$$SPEI = w - \frac{c_0 - c_1 w + c_2 w^2}{1 + d_1 w + d_2 w^2 + d_3 w^3}, w = \sqrt{-2\ln(P)} \qquad (4\text{-}3\text{-}3)$$

式中：P 为超过特定 D 值的累积概率，当 $P > 0.5$ 时，$SPEI$ 值的符号被逆转。常数项的值分别是 $c_0 = 2.515\,517$，$c_1 = 0.802\,853$，$c_2 = 0.010\,328$，$d_1 = 1.432\,788$，$d_2 = 0.189\,269$，$d_3 = 0.001\,308$。$SPEI$ 的计算可采用以月为单位的不同时间尺度，考虑到河南省玉米生长期集中在 6—9 月，因此选择 4 个月尺度的 $SPEI$ 值研究玉米生长期的干旱特征。根据 $SPEI$ 值可以划分单站的干旱等级程度（表 4-3-1）。

表 4-3-1　根据 $SPEI$ 值的干旱等级划分与累积概率

干旱程度	$SPEI$ 值	概率（%）
极端干旱	$(-\infty, -2.0]$	2.28
中度干旱	$(-2.0, -1.0]$	13.59
一般干旱	$(-1.0, -0.5]$	14.98

1.2　模型构建

C-D 生产函数是描述生产要素和产出之间关系的经典模型。作物生长不仅受土地、劳动、化肥、灌溉等传统投入要素的影响，与气候因素同样联系密切，极端气候事件（旱、涝等）对于农业产量的影响更为明显。与传统投入要素不同的是，气候因素本身不是生产要素，而是通过影响生产要素的使用效率进而影响最终的产出。因此，本研究参考相关文献将气候因素作为外生变量以中性的方

式引入到模型中,用以估计干旱等气候因素对玉米产量的影响程度。具体形式如式(4-3-4):

$$Q = \alpha_0 A^{\alpha} L^{\beta} K^{\gamma} e^{\eta C} + \mu \qquad (4\text{-}3\text{-}4)$$

其对数函数形式为

$$\ln Q = \alpha_0 + \alpha \ln A + \beta \ln L + \gamma \ln K + \eta C + \mu \qquad (4\text{-}3\text{-}5)$$

式中:Q 表示玉米产量;A 表示玉米种植面积;L 表示劳动投入;K 表示资本投入;C 表示气候因素(包括干旱、降水和气温);α_0、α、β、γ、η 是待估系数;μ 是误差项。

此外,模型还包括时间趋势变量 T,作为技术进步程度的测度,地区虚拟变量用以控制海拔、土壤等不随时间变化的要素。本研究最终模型设定如下:

$$\ln Y_{it} = \alpha_0 + \alpha_1 T + \beta_1 Z_{it} + \beta_2 TEM_{it} + \beta_3 PRE_{it} + \eta_1 \ln(CA_{it}) + \eta_2 \ln(FT_{it}) +$$

$$\eta_3 \ln(AM_{it}) + \eta_4 \ln(LB_{it}) + \sum_{m=1}^{16} \rho_m D_m + \mu \qquad (4\text{-}3\text{-}6)$$

式中:i 和 t 表示第 i 个地市的第 t 年份;Y_{it} 表示玉米产量(万 t);T 为时间趋势变量(取值为 $1,2,\cdots,29$);Z_{it} 为气候类型虚拟变量($Z_{it}=0$ 表示正常年份,$Z_{it}=1$ 表示干旱年份),由每年的玉米生长期的 $SPEI$ 值进行划分,$SPEI$ 值 $\leqslant -0.5$ 的年份定义为干旱年;TEM_{it} 表示玉米生长期间的月平均气温(℃);PRE_{it} 表示玉米生长期的月平均降水量(mm);CA_{it} 表示玉米种植面积($\times 10^3$ hm²);FT_{it} 表示玉米生产的化肥投入量(万 t);AM_{it} 表示玉米生产的农业机械总动力(万 kW);LB_{it} 表示从事玉米生产的劳动力总数(万人);D_m 为一组地区虚拟变量。Z_{it}、TEM_{it} 和 PRE_{it} 是本研究关注的核心变量。

2 数据来源

本研究使用的数据主要包括气象数据和玉米投入产出数据 2 个部分。气象数据为河南省 45 个气象站 1971—2015 年 45 年的逐日降水量和平均气温,由中国科学院资源环境科学数据中心提供(http://www.resdc.cn/),45 个气象站均匀分布在河南全省,具有较好的代表性;玉米的投入产出数据为河南 17 个市(由于济源市在 1996 年前由焦作市代管,为前后统一,本研究将济源市和焦作市投入产出数据合并,仍以焦作市命名)的玉米产量、劳动力投入、农业机械总动力、化肥投入等,主要来自河南省统计年鉴,时间序列为 1987—2015 年。由于研究对象为玉米,从年鉴中得到的化肥投入、农业机械总动力以及农村劳动力人数不能直接用于模型估计,参考周曙东等的研究方法,以玉米播种面积占农作物播种面积的比例为权重,对变量进行变化处理。

3 结果与分析

3.1 玉米生长期干旱特征分析

3.1.1 干旱的时间特征分析

河南省平均SPEI指数年际变化趋势见图4-3-1。全省年平均SPEI指数是45个气象台站SPEI指数(6—9月)的平均值,所有站台均匀分布在全省各地区,具有很好的代表性。河南省玉米生长期干旱始于1986年前后,此后的15年间干旱频繁发生,2005—2010年偏湿润,2010年开始又出现干旱趋势。干旱最严重的前3个年份分别是1997年、2013年和1986年,最湿润的前3个年份分别是1984年、2000年和2003年,从SPEI指数的数值上来看,最干旱的年份偏离正常年份的程度略大于最湿润年份的偏离程度。从1971—2015年的45年间,该地区玉米生长期平均SPEI指数以0.031/10年的速度下降,若只计算1986—2015年近30年的SPEI指数,这种下降速度达0.127/10年,说明玉米生长期的干旱趋势明显在增强。

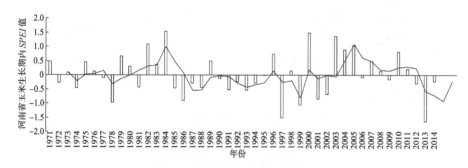

图4-3-1 河南省玉米生长期平均SPEI指数年际变化

3.1.2 干旱的空间特征分析

根据标准化降水蒸散指数(SPEI)的计算结果,依据表4-3-1划分的干旱标准统计河南省45个站点的干旱发生频率(1971—2015年)。从全省平均看,1971—2015年的45年中,河南省玉米生长期干旱发生频率为0.322 2,平均每3年发生1次干旱;其中一般干旱发生频率为0.151 5,平均每6.6年发生1次;中度干旱发生频率与一般干旱发生频率差别较小,频率为0.149 0,平均每6.7年发生1次;极端干旱发生频率为0.0217,频率较低。为更直观地得到玉米生长期干旱发生的空间分布特征,本研究通过ArcGIS软件运用反距离加权(IDW)的插值法得到干旱频率分布图(图4-3-2)。由图4-3-2(a)可知,一般干旱发生频率在0.045~0.270之间,各地差异较大,频率高值区主要集中在周口、驻马店一带,豫西及豫北的部分地区干旱发生频率在0.15以上,其中郑州、驻马店及濮阳的部分地区一般干旱发生频率最高,南阳盆地、河南中东部地区及北部的安阳、新乡等地一般干旱发生频率较低。中度以上干旱(包括中度和极端干旱)发生频率整体较高,但地区间差异不大,大部分地区集中在0.15~0.20之间;低频区主要在漯河和驻马店一带,频率在0.10以下;高频区分布在豫西南及豫东北部分地区,频率在0.25左右[图4-3-2(b)]。总体来看,河南各地区玉米生长期干旱发生频率在0.23~0.40之间,平均每3年就会发生1次干旱,高频区主要集中在豫西北以及南阳、驻马店和信阳交界一带的地区[图4-3-2(c)]。

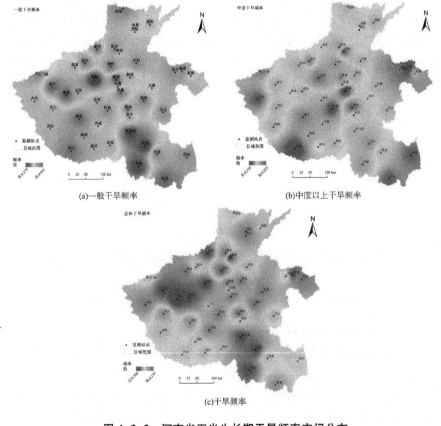

图4-3-2 河南省玉米生长期干旱频率空间分布

3.2 干旱对玉米产量影响的总体估计

首先不考虑干旱对各市玉米生产影响的地区差异,采用个体固定效应(变截距)模型进行总体估计,针对 T 较长的面板数据,须密切关注几个潜在问题,包括组间异方差、组内自相关以及截面相关。本研究顺序使用沃尔德检验、Wooldridge 检验以及 Breusch-Pagan LM 检验对上述可能存在的问题进行判定,检验结果见表 4-3-2:异方差检验结果表明模型存在异方差;Wooldridge 检验结果显示误差项不存在组内自相关;Breusch-Pagan LM 检验结果显示模型存在组间同期相关即截面相关,针对上述问题,选择可行的广义最小二乘法(FGLS)进行修正。

表 4-3-2 估计模型选择的计量检验结果

检验类型	原假设	检验统计量	伴随概率	结论
Wooldridge 检验	不存在组内自相关	0.13	0.723 4	接受原假设
Breusch-Pagan LM 检验	不存在同期相关(截面相关)	561.029	0	拒绝原假设
沃尔德检验	不同个体的扰动项方差相等	608.15	0	拒绝原假设

为了说明干旱等气候因素对玉米产量影响的稳定性,本研究同时设定了模型 1~3。由表 4-3-3 可知,模型 1 只说明了干旱、温度、降水等气候变量对玉米产量的影响,模型 2 加入了玉米种植面积作为控制变量,而模型 3 除了加入了玉米种植面积外,更全面地考察了影响玉米产量的其他因素,包括化肥投入、农业机械投入以及劳动投入等。通过 3 个模型的比较发现,与模型 1 相比,在加入种植面积、化肥投入等控制变量后,干旱虚拟变量和降水的系数值变动较小,显著性水平没有变化,证明了模型的稳定性,说明了估计结果的可靠性。因此,本研究拟采用模型 3 的估计结果进行具体分析。

由模型 3 可知,干旱虚拟变量在 1% 的显著性水平上通过了显著性检验且系数为负,表明玉米生长期内发生干旱将引起玉米总产量的下降。河南省玉米以夏玉米为主,生长期较短,全生长期基本在 6 月上旬至 9 月下旬,处于天气过程多变的夏季,生长期内干旱常有发生,影响生产。6 月上旬至 7 月中旬是玉米生长的播种-拔节期,此时气温上升较快,蒸发量大,但降水偏少,干旱时有发生,影响玉米播种时期,造成晚播,导致减产;7 月中下旬至 8 月上旬属于玉米生长的拔节-抽雄时期,是需水量最大的时期,同时也是干旱高发时段,此时出现干旱(俗称卡脖旱),会严重影响玉米抽雄吐丝,导致玉米减产。从影响系数看,与正常年份相比,河南省玉米总产量在干旱年份平均减少 6.75%,按目前全省玉米种植面积 300 万 hm²,产量 1 700 万 t 计算,若发生干旱,总产量将减产 115 万 t,单产将减少 400 kg/hm²。

降水量变量对河南省玉米产量有负向影响,且在 1% 的统计水平上显著,温度对玉米产量的线性影响不明显,这与成林等基于 1988—2010 年的资料所开展的研究结果一致。河南省玉米生长期主要集中在 6—9 月,期间降水波动较大,研究表明河南省玉米生长期内降水变异系数为 31.1%～40.6%,降水的波动性特征必然导致玉米产量的不稳定。河南省气温在近年来总体呈上升的趋势,但随着技术的进步,农户在耕作方式、品种选择上进行改变,一定程度上发挥了气候变化的有利因素,减缓了因温度上升而带来的不利因素。

从控制变量来看,与预期一致,玉米种植面积、劳动力投入、化肥投入、农业机械总动力均通过了 1% 的显著性检验,且系数为正。具体来看,玉米种植面积对玉米产量的影响系数最大,符合经济现实,玉米种植面积每增加 1 百分点,玉米产量将增加 0.87%;化肥投入、农业机械总动力以及劳动力三者分别增加 1 百分点,玉米总产量将分别增加 0.06%、0.08%、0.08%;时间趋势变量 t 也通过了 1% 的显著性水平检验,且系数为正。

表 4-3-3　模型估计结果

自变量	模型 1		模型 2		模型 3	
	系数	标准差	系数	标准差	系数	标准差
干旱年份虚拟变量	−0.080 6***	0.010 9	−0.065 1***	0.009 0	−0.067 5***	0.009 2
降水量(mm)	−0.001 0***	0.000 1	−0.000 4***	0.000 1	−0.000 4***	0.000 1
温度(℃)	0.003	0.012 7	0.001 2	0.010 3	0.006 4	0.010 8
ln(玉米种植面积)	—	—	1.037 4***	0.023 3	0.874 9***	0.046 1
ln(玉米化肥投入)	—	—	—	—	0.061 2***	0.022 5
ln(玉米农业机械投入)	—	—	—	—	0.080 9***	0.023 9
ln(玉米劳动力投入)	—	—	—	—	0.079 6***	0.031 4
时间趋势项	0.039 16***	0.001 2	0.014 5***	0.001 2	0.005 7***	0.001 7
常数项	4.151 4***	0.316 3	−0.849 1***	0.284 2	−0.501 7***	0.321 1
地区虚拟变量	是		是		是	
样本数(N)	476		476		476	

注:*、**、***分别表示在 10%、5%、1% 水平上显著。表 4-3-4 同。

3.3　干旱对玉米产量影响的区域差异估计

为了测度干旱对每个地市玉米生产的影响程度并展开地区间的横向比较,需要采用变系数面板数据模型。为了不使模型方程估计参数太多,模型中将个体虚拟变量以及虚拟变量与干旱、降水、温度 3 个核心解释变量的交互项引入到回归方程,采用最小二乘虚拟变量(LSDV)法,进行基于核心解释变量的部分变系数面板模型估计。同时,为了得到各地市核心解释变量的显著性,将原模型中核心变量 Z、PRE 和 TEM 的独立项去掉,只保留三者与各市虚拟变量的交互项。考虑到可能存在的异方差、自相关等问题,仍采用可行的广义最小二乘法(FGLS)对模型进行估计。

变系数模型的估计结果表明,除个别地市外,干旱几乎对河南省所有地市的玉米生产都具有显著的负面影响,方程在 1‰ 的显著性水平上通过了联合显著性检验,即变系数模型中的解释变量对玉米产量的变化有较大的解释力。不过干旱虚拟变量的系数大小在不同地市间存在较大差异(表 4-3-4)。

表 4-3-4 变系数面板模型估计结果

地市	Z 系数	标准差	PRE 系数	标准差	TEM 系数	标准差
安阳	−0.025 7**	0.012 8	−0.000 5**	0.000 2	−0.009 7	0.013 5
鹤壁	−0.120 0***	0.037 4	−0.000 7	0.000 5	0.046 8*	0.027 4
焦作	−0.078 0	0.032 5	−0.001 2**	0.000 5	0.058 7**	0.022 9
开封	−0.112 0***	0.033 3	−0.003 1***	0.000 5	0.070 8*	0.036 8
漯河	−0.070 3*	0.032 8	−0.001 8***	0.000 3	0.029 0	0.029 4
洛阳	−0.180 0***	0.029 1	−0.000 6	0.000 5	−0.018 5	0.035 8
南阳	−0.147 0***	0.044 7	0	0.000 6	−0.065 7*	0.035 8
平顶山	−0.206 0***	0.030 8	−0.001 2***	0.000 4	0.046 9	0.031 6
濮阳	−0.030 6**	0.020 9	−0.000 9**	0.000 2	0.053 9**	0.025 4
商丘	−0.191 0***	0.029 0	−0.002 7***	0.000 4	0.013 0	0.041 6
三门峡	−0.463 0***	0.052 8	−0.002 1**	0.000 8	−0.025 1	0.050 9
新乡	−0.036 5**	0.017 2	−0.000 7***	0.000 2	0.026 7*	0.015 5
信阳	0.033 9	0.081 1	0.000 6	0.000 6	0.031 7	0.076 0
许昌	−0.007 8	0.017 0	0.000 3	0.000 4	0.007 0	0.015 3
郑州	0.055 1	0.022 0	0.002 0***	0.000 6	0.030 3	0.023 7
周口	−0.013 1	0.024 9	−0.001 6***	0.000 4	−0.025 7	0.048 5
驻马店	−0.031 7	0.070 0	−0.000 8	0.000 6	−0.074 6	0.568 0

具体来看,玉米生产受干旱负面影响最大的地区主要集中在河南的西南部地区,大致包括三门峡、洛阳、平顶山以及南阳 4 个市,其中三门峡、洛阳和平顶山一般认为属于豫西地区。豫西地区玉米生长期内干旱频发,平均每 2~3 年就会发生 1 次干旱,地貌类型又以山地丘陵为主,一方面会加大灌溉难度,另一方面会影响土壤对水的保持能力,加快水分流失,因此易引发干旱灾害。南阳市地理位置上属于豫南西部地区,为雨养农业区,处于气候过渡带,降水较为充沛但分布不均,年际间波动剧烈,阶段性的干旱灾害时有发生,且干旱强度一般较高,中度以上干旱发生频率较高[图 4-3-2(b)],影响了玉米生产的稳定。从影响系

数上看,南阳市的干旱影响系数(Z系数)为-0.15,洛阳和平顶山的影响系数在-0.20左右,而三门峡的干旱影响系数高达-0.46,四者均通过了1%的显著性水平检验。玉米生产受干旱影响较小的区域主要集中河南中部和南部地区,其中信阳和郑州的干旱影响系数为正,但未通过显著性检验。信阳市位于河南省最南部,淮河上游,水田如网,农作物以水稻、小麦以及油菜为主,玉米常年播种面积仅为 3 万 hm^2,占农作物播种面积的比例不足 2.5%,因此玉米并不是信阳市主要的农作物,干旱对其生产影响较小。郑州市为河南省会,是中原经济区核心城市,经济发达,农业现代化水平高,灌溉条件优越,因此该区域应对干旱灾害的适应能力也较强,如果发生干旱,农户能及时调整灌溉方式,加大抗灾投入,减缓甚至避免干旱对玉米生产的影响,在干旱年仍有可能保持增产效应。另外,降水和温度的变系数估计结果与总体估计的结果类似,降水的系数以负值为主,大多数地市通过了显著性检验。河南省降水在空间上分布不均,在时间上同样变化很大,降水的波动性特征是限制各地区玉米稳定生产的因素之一。而温度对于玉米生产的线性影响不明显,大部分地市未通过显著性检验。

结合图 4-3-2 可知,干旱对玉米产量影响的区域差异,与干旱发生频率、干旱强度均有关系。以干旱影响程度最大的河南西南部为例,豫西 3 个市干旱发生频率整体较高,大部分地区干旱发生频率在 0.35 左右,南阳市干旱整体发生频率就全省而言并不算高,但多发生中度干旱和极端干旱,因此干旱强度相对较强。但是,笔者发现河南南部的驻马店和信阳等地,干旱发生频率整体偏高,但干旱对玉米生产的影响程度有限,这一方面与当地遭受的干旱强度有关,另一方面很可能与当地的农业种植结构、灌溉条件以及经济水平等有关。因此,干旱发生频率和干旱强度会影响干旱对玉米产量产生的不良影响程度,但玉米产量仍受其他因素影响。

4 结论与政策含义

本研究基于标准化降水蒸散指数(SPEI),利用扩展的 C-D 生产函数模型,建立变截距和变系数模型研究干旱对河南省玉米产量的影响,得出以下主要结论。(1)近 45 年来,河南省玉米生长期内干旱频繁发生,且干旱程度有增强的趋势。玉米生长期平均 SPEI 指数以 0.031/10 年的速度下降,若只计算 1986 年到 2015 年的近 30 年的 SPEI 指数,这种下降速度达 0.127/10 年。生长期干旱发生频率为 0.322 2,平均每 3 年发生 1 次干旱。(2)变截距模型的估计结果表明,干旱对于河南省玉米产量有显著的负面影响,相比于正常年份,干旱年份河南省玉米总产量平均将减产 6.75%,其次,降水对河南省玉米产量有负向影响,且在 1%水平上显著,而温度对玉米产量的线性影响不明显,另外,播种面积、化肥投入、机械投入以及劳动力投入等均显著促进产量的提高。(3)变系数模型的估计结果表明,不同地市若发生干旱对玉米产量的影响存在较大差异,受干旱负面影响最大的地区主要集中在河南的西南部地区,受干旱影响最小的区域集中在河南中部和南部地区。

根据上述干旱对河南省玉米生产影响的研究,提出以下 3 点政策建议。(1)从预防角度考虑,应该在玉米种植的关键时期,加强开展农业气象服务工作,积极开展大田调查,实时了解生产情况,针对性开展专题气象服务,及时提供农业气象预报服务信息,通过党政网、手机短信等渠道滚动发布,必要时可进行人工干预干旱从而减轻干旱危害。(2)从农户应对干旱的适应能力角度考虑,除了发挥生产要素投入在提高玉米产量上的重要作用之外,加强农业基础设施建设也是提高农户对气候变化适应能力的重要途径,尤其是加大农田水利设施的投资。为实现持续增加农业基础设施的补贴和投入,可建设专项资金,也可通过社会和民间投资并进的方式;对于农田水利设施要多措并举,着力解决重建轻管的问题,既要严抓建设更要注重维护,更新陈旧的灌溉设施,从根本上增强农业抗御气象灾害的能力。(3)从干旱影响的地区差异考虑,相关部门应根据各地区玉米生产受干旱的影响程度,结合各地的区域特征,给予不同的补贴和投入,同时采取针对性措施,降低干旱的负面影响。比如,在玉米生产系统受干旱影响最为明显的豫西地区,考虑到因地形导致的供水不足问题,可以实施高效水肥利用技术,科学分析玉米需水关键期,合理补水。

第4章

玉米主产区农户灾害适应性行为及其效用分析
——基于单产和生产效率视角

作为农业大国和人口大国,确保粮食生产安全始终是中国农业发展最主要的目标之一。2014年全国粮食总产量实现历史性"十一连增",国内粮食总供给达到最高水平。但是,较高水平的粮食供给并不意味着中国粮食安全问题的解决。随着近年来气候变暖、极端气候事件频发,气候因子对粮食生产的影响作用日渐增强,逐渐成为主导粮食安全的核心要素。

中国历来是农业自然灾害多发的国家,其中洪涝、干旱是分布面最广、危害最大的灾害。据统计,中国旱灾占农业气象灾害的57%,水灾占农业气象灾害的30%,此类农业气象灾害的发生造成了巨大的经济损失,并且严重损害了农业生产力。在气象灾害面前,中国农业表现出明显的脆弱性和暴露度。粮食生产受气象灾害影响极大,气象灾害已经对中国的粮食生产造成了不可忽视的影响。

人类应对气候变化的主要措施包括减缓和适应两类行为,减缓行为在短期内往往难以奏效,在这种情况下,应该尽快采取具有针对性的适应行为。若粮食生产部门缺乏足够的旱涝灾后适应能力,气候变化将会导致粮食产地的转移,增大粮食生产总供给的不确定性,增强粮食产量的年度间波动,从而影响到国内外粮食市场的稳定。因此,加强对气象灾害适应性的研究,不断提高农业生产部门的抗灾能力,减少受灾面积和受灾损失,对于稳定粮食生产、保障粮食供给具有重要意义。

笔者拟基于中国农村固定观察点的调查数据和中国气象数据共享信息服务网提供的气象灾害数据,以中国玉米遭受的旱涝灾害为例,分析比较各玉米主产区农户灾害适应性行为对生产影响的差异,以期为增强农业部门的抗灾能力、合理分配抗灾资源、保障粮食安全提供参考。

1　玉米主产区灾情及农户适应性行为

1.1　玉米主产区的旱涝灾情

近年来,中国玉米种植面积和产量增长迅速。至 2014 年,全国玉米种植面积已增加到 37 123×10³ hm²,分别比水稻、小麦多 22.48% 和 54.23%,占全国粮食作物总种植面积的 32.93%。玉米总产量已增加到 21 565 万 t,分别比水稻、小麦多 4.43% 和 70.87%,占全国粮食作物总产量的 35.53%[①]。玉米已经真正成为左右中国粮食形势的关键作物。玉米年平均总产量超过 1 000 万 t 的省(自治区)有 7 个,分别是吉林、山东、黑龙江、河南、河北、内蒙古和辽宁。玉米在中国各个气候带、各种地形条件下均有种植。自然资源的特点、经济社会因素和生产技术的变迁形成了中国不同的玉米种植区域,主要可以分为北方春播玉米区、黄淮海夏播玉米区、西南山地玉米区、南方丘陵玉米区、西北灌溉玉米区和青藏高原玉米区 6 个大区[②],其中前面 4 个玉米区是中国玉米主产区。笔者基于中国气象科学数据共享服务网的灾害数据,整理了 2003—2010 年四大玉米主产区遭受旱涝灾害的情况(表 4-4-1)。

表 4-4-1　2003—2010 年玉米主产区受灾面积统计　　　　　单位:hm²

年份	全国合计		北方春播玉米区		黄淮海夏播玉米区		西南山地玉米区		南方丘陵玉米区	
	旱灾	涝灾	旱灾	涝灾	旱灾	涝灾	旱灾	涝灾	旱灾	涝灾
2003	784 804	594 670	426 269	47 867	140 201	206 468	96 000	96 000	122 334	244 335
2004	623 270	160 134	393 469	28 467	100 067	66 934	56 800	48 400	72 934	16 333
2005	438 269	272 668	231 668	40 400	51 200	98 934	132 534	83 667	22 867	49 667
2006	1 000 405	194 334	460 936	25 800	249 868	84 734	270 868	45 934	18 733	37 866
2007	1 242 540	258 001	951 471	35 867	137 001	49 934	89 067	82 067	65 001	90 133
2008	515 469	135 401	328 402	41 934	129 867	37 934	50 800	44 267	6 400	11 266
2009	971 138	207 334	556 136	16 000	287 735	84 600	81 734	39 400	45 533	67 334
2010	522 003	526 669	136 867	95 800	81 334	139 534	299 001	133 601	4 801	157 734

注:4 个种植区共计包含 773 个台站,表中为各个种植区内台站灾害数据的加和。

数据来源:中国气象科学数据共享服务网,作者整理。

总体来看,旱灾影响的玉米种植面积较涝灾更广。分区域来看,北方春播玉米区旱情最为严重;黄淮海地区涝灾较为严重;西南山地玉米区和南方丘陵玉米区的灾害情况没有前两个主产区严重,但西南山地玉米区旱灾和涝灾均较为频繁;南方丘陵玉米区遭遇涝灾时受害范围更广。

1.2 农户的适应性行为

联合国政府间气候变化专门委员会(Inter-governmental Panel on Climate Change,简称 IPCC)第四次评估报告认为,实际的或者预期的气候变化会给自然系统和人类系统造成各种影响,在这种影响面前,自然系统和人类系统是脆弱的,适应就是为降低这种脆弱性而提出的倡议和采取的措施,可以分为提前适应(预防)和被动适应(应对)。农户会根据当地的灾害情况,调整农业生产行为,这些行为均是在当期的灾害发生之前做出,称之为提前预防行为。这种类型的灾害适应性行为的意义在于降低灾害发生时的损失。研究表明,对干旱、半干旱地区的玉米生产来说,地膜覆盖、玉米品种对抗灾有重要作用。还有一个抗灾减灾的重要措施是水利设施建设。调整产业结构是农户面对自然灾害和气候变化时最大的农业生产调整行为。这里包括三方面:其一,农户可能选择在种植业内部进行调整,改良或调整作物品种,减少高耗水作物的生产,选择抗涝性、抗旱性强的作物,发展集约型循环生态农业和特色农业;其二,农户可能选择在农业内部进行调整,根据气候变化的特点放弃种植业,转向畜牧业、渔业等其他农业产业;其三,农户也可能跳出农业部门,转向非农部门。随着经济的发展,非农就业机会不断增加,农户最终在哪个行业就业,由扣除迁移成本后的报酬率决定。针对玉米作物,笔者将农户根据往年灾情更换品种、使用地膜、改变种植规模以及建设水利设施等灾害适应性行为归为提前预防行为。

被动应对行为是指在灾害发生时或发生后,农户根据灾害的规模、强度进行针对性的补救措施,称之为补救性行为。已有研究认为,化肥使用和灌溉是保证持续产出的重要因素。因此,旱灾发生时,要充分发挥应急抗旱水源工程的作用,浇水保苗;涝灾过后,除了尽快排涝,还要追施肥料补充土壤损失的养分。针对玉米作物,笔者研究的被动应对行为主要包括旱涝灾后的补救性灌溉、追加化肥两项。

2 研究方法与模型构建

由于各区自然条件不同,面对旱涝灾害,采取的适应性行为可能不同。不同适应性行为的生产效果会存在差异。适应性行为对玉米生产的影响可以从单产和生产效率两个角度来考察。笔者首先将单产作为被解释变量,构建固定效应模型,分析玉米主产区农户采取的适应性行为对单产的影响。借助统计上的显著性检验判断对玉米单产有重要影响的适应性行为。由于适应性行为本身的特性,笔者预计其系数在显著的情况下为正。如果某适应性行为对单产的影响在统计上显著,则表明其对抗灾、减灾起到了作用。然后,笔者将生产效率作为被解释变量,构建固定效应模型,考察玉米主产区农户采取的适应性行为对生产效率的影响。需要说明的是,对生产效率的影响分析必须基于对单产影响的结果,若统计上没有证据判断某适应性行为的存在,则效率部分无法对该行为进行分析。

国外现有对玉米单产影响因素的研究涉及水资源利用、灌溉、化肥使用、气候灾害、品种以及降水等方面。国内学者基于玉米单产及其影响因素的研究认为,化肥施用量、人工和机械投入、灌溉、品种以及水利设施建设等是影响玉米产量的主要因素。基于前述分析,笔者选择化肥、灌溉、农膜、种子、种植规模和水利设施建设当年支出 6 个适应性行为变量与灾害的交互项来表示气象灾害的适应机制。选用滞后一期的水利设施保有量、灌溉及其平方项、化肥及其平方项、受灾面积、农家肥、投工量、机械、农药,以及温度、降水、日照及其平方项作为控制变量。设定的个体固定效应模型为

$$yield_{it} = \alpha_i + adp_{it}*dis_{it} + Z_{it} + \varepsilon_{it} \quad i = 1,2,\cdots,N; \quad t = 1,2,\cdots,T$$

其中:α_i 为常数项;adp_{it} 表示两类适应性行为的变量集合,包含上述 6 个适应性行为变量;dis_{it} 为旱灾或涝灾的受灾面积,两者构成交互项;Z_{it} 为上述控制变量组;ε_{it} 为随机误差项。

需要说明的是,期初的水利设施保有量会对当期的产出发挥作用,所以取滞后项,其他变量则不需要滞后。化肥、灌溉、农膜、种子、农家肥、机械和农药等变量根据每亩的费用进行量化,为剔除通货膨胀的影响,用生产资料指数平减。温度、降水和日照等自然条件变量使用的是玉米生长期内的月均温度、月均降水和月均日照。另外,生产要素对单产的影响可能是非线性的。以温度为例,气温对粮食单产的影响可能是呈现一条开口向下的抛物线关系,过低或过高的温度都可能不利于粮食生长,温度对粮食单产的贡献可能存在一个最佳区间。因此,笔者将灌溉、化肥、温度、降水、日照等生产要素变量的平方项纳入模型予以考虑。

笔者借助 DEA 方法计算生产效率变量。参考已有文献,笔者选取的产出变量是玉米单产,投入变量包括机械、农药、灌溉、化肥、农家肥、投工量、种子、农膜、农具等。然后,笔者使用静态面板数据模型分析农户灾害适应性行为对生产效率的影响。已有研究认为农户户主受教育年限、参与技术培训次数、商品率、种植规模及其平方等因素会对粮食生产效率产生影响。因此,参考已有研究,除 6 个灾害适应性行为与灾害的交互项外,笔者还选择了户主文化程度、当年是否参加农业技术教育或培训、商品率、种植规模及其平方项等作为控制变量。此外,笔者在模型中引入了可能对生产效率产生影响的其他家庭人口特征,如人口

负担系数和户主年龄等。

3 数据来源与计量结果分析

3.1 数据来源及描述性分析

笔者将气象灾害数据与农业部农村固定观察点村级层面的调查数据相结合,构成面板数据。具体方法为:首先根据固定观察点的村名单定位各村的经纬度,根据灾害数据来源台站的编号定位各台站的经纬度,然后依据球面距离计算公式③,匹配出地理距离上最近的村和台站。笔者的农户样本构成为固定观察点中 100 个村 1399 个农户 2003—2010 年 8 年的观测值,平均每个村包含 14 户农户。部分变量(如水利设施建设当年支出等)无法从农户层面获取,笔者选用该户所在村层面的变量进行替代。笔者的气象数据样本(包括受灾面积、温度、降水、日照)为与样本村距离最近的台站数据。

变量的均值描述和对比如表 4-4-2 所示。平均来讲,北方春播玉米区是旱灾较为严重的地区,黄淮海夏播玉米区是涝灾较为严重的地区。在基础设施建设方面,北方春播玉米区的水利设施保有量最多,黄淮海夏播玉米区的水利建设增长最快。在生产投入方面,西南山地玉米区的人工使用更为密集,北方春播玉米区和黄淮海夏播玉米区的机械使用远超其他两个地区,四个地区的农药投入和化肥使用量相差不大。在农户家庭特征方面,四个地区的户主受教育程度、户主年龄差异不大,北方春播玉米区家庭的抚养比最小。从玉米的产销角度讲,北方春播区的玉米商品率最高。

表 4-4-2 玉米主产区各变量的描述性统计

		北方春播玉米区	黄淮海夏播玉米区	西南山地玉米区	南方丘陵玉米区
村层面变量					
旱灾受灾面积	hm²	435 655.50	147 160.70	134 600.70	44 853.60
涝灾受灾面积	hm²	80 187.10	114 920.60	80 500.40	58 753.60
水利设施保有量	万元	1 532.13	794.63	462.76	415.48
水利设施建设当年支出	万元	109.80	145.45	102.26	106.43
温度	0.1 ℃/月	181.87	227.51	240.39	223.03
降水	0.1 mm/月	99.54	104.54	143.16	127.24
日照	0.1 h/d	72.06	60.81	40.05	42.80
户层面变量					
单产	kg/hm²	6 806.70	6 540.15	5 497.05	5 227.50

续表

		北方春播玉米区	黄淮海夏播玉米区	西南山地玉米区	南方丘陵玉米区
生产效率		0.73	0.69	0.65	0.86
玉米播种面积	hm²	0.67	0.38	0.13	0.23
化肥	元/hm²	1 684.50	1 500.30	1 603.80	1 498.65
农家肥	元/hm²	158.85	160.80	177.75	182.25
人工	d/hm²	142.50	161.70	280.50	213.75
机械	元/hm²	919.80	553.35	385.20	369.45
灌溉	元/hm²	49.80	171.45	94.65	50.25
农膜	元/hm²	7.50	3.90	17.10	2.70
种子	元/hm²	431.55	410.55	314.10	385.65
农药	元/hm²	126.15	119.85	113.40	114.00
户主文化程度	a	6.99	6.90	6.14	6.99
人口负担系数	（比值）	0.77	1.040	1.03	1.03
当年是否参加农技教育或培训	（虚拟变量）	0.09	0.03	0.04	0.42
商品率	（比值）	0.91	0.89	0.81	0.71
户主年龄	岁	50.76	52.47	53.89	53.53

数据来源：农业部农村固定观察点和中国气象科学数据共享服务网。

3.2 适应性行为对单产的影响分析

通过回归分析灾害适应性行为对单产的影响，可以借助统计上的显著性分析判断各地区有显著影响的灾害适应性行为。为了避免旱灾和涝灾之间的多重共线性问题，笔者将两种灾害进行分开检验。旱涝灾害的对应情况如表 4-4-3 所示。总的来看，对于旱灾来说，被动应对行为和提前预防行为对保障各地区的玉米单产均表现出显著的促进作用；而对于涝灾来说，提前预防行为有助于保障各个玉米主产区的单产水平，而被动应对行为却只对黄淮海夏播玉米区和西南山地玉米区两个地区的单产表现出较好的保障作用。

表 4-4-3 玉米主产区农户旱涝灾害适应性行为对单产影响的估计结果

	北方春播玉米区		黄淮海夏播玉米区		西南山地玉米区		南方丘陵玉米区	
	旱灾	涝灾	旱灾	涝灾	旱灾	涝灾	旱灾	涝灾
被动应对行为								
化肥×受灾面积	0.002	0.000 4	0.007	0.005 6**	0.008*	0.005 1*	−0.001	0.001 4
	(0.002)	(0.000 4)	(0.009)	(0.002 4)	(0.005)	(0.002 8)	(0.001)	(0.000 8)
灌溉×受灾面积	0.001**	−0.000 2	0.005*	−0.003 7	0.003**	−0.001 6	0.004**	−0.005 7
	(0.001)	(0.0001)	(0.003)	(0.0033)	(0.001)	(0.001)	(0.002)	(0.004)
提前预防行为（滞后一期）								

	北方春播玉米区		黄淮海夏播玉米区		西南山地玉米区		南方丘陵玉米区	
	旱灾	涝灾	旱灾	涝灾	旱灾	涝灾	旱灾	涝灾
农膜×L1 受灾面积	0.006**	0.001	−0.053	−0.040	0.003**	0.002	0.561	−0.759
	(0.003)	(0.000 8)	(0.042)	(0.060 5)	(0.001)	(0.001 3)	(0.351)	(0.514 3)
种子×L1 受灾面积	0.015*	0.003*	0.112***	0.085	0.068***	0.039**	0.260	0.329**
	(0.008)	(0.001 6)	(0.038)	(0.060 5)	(0.025)	(0.018 1)	(0.262)	(0.142 5)
种植规模×L1 受灾面积	−0.230	−0.044	−0.012**	−0.009**	−0.018**	−0.010**	0.262	0.334*
	(0.298)	(0.037)	(0.005)	(0.005)	(0.008)	(0.005)	(0.233)	(0.192)
水利设施建设当年支出×L1受灾面积	0.000 1*	0.000 1*	0.000 2**	0.000 2*	−0.444 2	−0.256 8	0.000 1**	0.000 1**
	(0.000 06)	(0.000 05)	(0.000 08)	(0.300 58)	(0.000 05)	(0.000 05)	(0.000 05)	(0.000 09)
控制变量								
L1 水利设施保有量	0.025**	0.026***	0.015**	0.014**	0.017**	0.017*	0.022**	0.021***
	(0.011)	(0.009 8)	(0.007)	(0.006 5)	(0.007)	(0.009 6)	(0.009)	(0.007 2)
受灾面积	−0.02***	−0.003*	−0.05***	−0.041***	−0.02***	−0.009*	−0.05***	−0.066**
	(0.005)	(0.001 6)	(0.018)	(0.013 2)	(0.006)	(0.005)	(0.017)	(0.032 3)
农家肥	−0.04	−0.04	0.27*	0.26	1.00	1.02	0.65	0.67
	(0.05)	(0.03)	(0.15)	(0.28)	(0.71)	(2.33)	(0.66)	(0.75)
投工量	1.28*	1.26*	1.42**	1.47**	4.30**	4.17*	3.74**	3.82***
	(0.67)	(0.67)	(0.63)	(0.69)	(2.13)	(2.41)	(1.53)	(1.23)
机械	0.66***	0.69***	1.02**	1.04**	−0.24*	−0.23	0.98*	1.00*
	(0.22)	(0.24)	(0.43)	(0.47)	(0.14)	(0.15)	(0.52)	(0.57)
农药	−0.33	−0.34	−8.99	−8.74	4.97	4.83*	2.06*	2.75
	(0.23)	(0.45)	(6.39)	(7.76)	(3.65)	(2.7)	(1.22)	(1.96)
温度	0.38*	0.37**	0.15*	0.15**	−0.13	−0.14	0.12*	0.11**
	(0.21)	(0.16)	(0.08)	(0.07)	(0.09)	(0.1)	(0.07)	(0.05)
温度平方项	−0.003**	0.003***	0.002**	−0.002**	0.003*	0.003	−0.009*	−0.010*
	(0.001)	(0.001 2)	(0.001)	(0.001)	(0.002)	(0.001 8)	(0.005)	(0.005 6)
降水	1.31***	1.26***	2.27***	2.19***	10.57***	10.88***	0.80**	0.82**
	(0.42)	(0.43)	(0.69)	(0.8)	(3.29)	(3.77)	(0.36)	(0.4)
降水平方项	0.005*	0.005	−0.007**	−0.007***	−0.007*	−0.008*	−0.003	−0.003
	(0.003 2)	(0.003 3)	(0.003 2)	(0.002 6)	(0.003 9)	(0.004 3)	(0.003)	(0.002 3)
日照	1.33*	1.29**	2.16**	2.08**	2.79*	2.86**	0.64	0.66**
	(0.7)	(0.63)	(1.05)	(0.87)	(1.67)	(1.32)	(0.45)	(0.33)
日照平方项	−0.008	−0.008*	−0.002	−0.002	−0.002	−0.002	0.003	0.002
	(0.014 6)	(0.004 5)	(0.012 7)	(0.001 4)	(0.002)	(0.001 6)	(0.003 2)	(0.002 5)
灌溉	0.88**	0.91**	0.17***	0.16**	0.60***	0.58**	0.53**	0.52**
	(0.38)	(0.43)	(0.06)	(0.07)	(0.21)	(0.27)	(0.22)	(0.24)
灌溉平方项	−0.01	−0.015	0.05	0.052	−0.03	−0.034	−0.02	−0.015
	(0.009)	(0.013 9)	(0.037)	(0.035 1)	(0.024)	(0.025 9)	(0.013)	(0.011 6)
化肥	2.24**	2.16**	0.73*	0.76*	1.29	1.32*	1.15*	1.13*
	(1.03)	(1.05)	(0.39)	(0.43)	(0.96)	(0.78)	(0.68)	(0.56)
化肥平方项	−0.26	−0.269**	0.16	0.151	0.12*	0.114	−0.10*	−0.107
	(0.174)	(0.123 7)	(0.124)	(0.228 8)	(0.059)	(0.078 9)	(0.057)	(0.098 9)
时间趋势项	−0.07	−0.075	−0.04	−0.043**	−0.01**	−0.007	0.03	0.027
	(0.1)	(0.081)	(0.03)	(0.021)	0	(0.013)	(0.04)	(0.024)
个体固定效应	控制	控制	控制	控制	控制	控制	控制	控制
农户观测样本量	2 877	2 877	4 900	4 900	588	588	1 428	1 428
包含样本村数量	30	30	43	43	15	15	12	012

	北方春播玉米区		黄淮海夏播玉米区		西南山地玉米区		南方丘陵玉米区	
	旱灾	涝灾	旱灾	涝灾	旱灾	涝灾	旱灾	涝灾
F 值	46.25***	42.03***	25.54***	34.86***	92.89***	23.91***	36.41***	26.36***
R^2	0.26	0.24	0.19	0.15	0.29	0.40	0.38	0.31

注：括号内为标准误差；*、**和***分别表示在10%、5%和1%的水平上显著。L1代表变量的一期滞后。

北方春播玉米区应对旱灾有显著影响的被动应对行为是灾后的补救性灌溉，以及使用地膜、变更玉米品种、增加水利设施建设当年支出等提前预防行为；应对涝灾有显著影响的适应性行为是变更玉米品种、增加水利设施建设当年支出等提前预防行为。

黄淮海夏播玉米区应对旱灾有显著影响的被动应对行为是灾后的补救性灌溉，以及变更玉米品种、变更种植规模、增加水利设施建设当年支出等提前预防行为；应对涝灾有显著影响的适应性行为是补救性施肥措施，以及变更种植规模、增加水利设施建设当年支出等提前预防行为。

西南山地玉米区应对旱灾的被动应对行为包括受灾之后的补救性灌溉和施肥，以及使用地膜、变更玉米品种、变更种植规模等提前预防行为；应对涝灾有显著影响的被动应对行为是灾后的补救性施肥，以及变更玉米品种、变更种植规模等提前预防行为。

南方丘陵玉米区应对旱灾有显著影响的被动应对行为是灾后的补救性灌溉，以及增加水利设施建设当年支出等提前预防行为；应对涝灾有显著影响的行为是变更玉米品种、变更种植规模、增加水利设施建设当年支出等提前预防行为。

另外，控制变量的估计结果显示，各地水利设施保有量对单产有显著的正向影响，肥料、人工、机械、灌溉等生产资料对单产有显著的正向影响，日照、温度、降水都是玉米生产的重要自然因素。从各地区横向的比较结果来看，北方春播玉米区水利设施保有量的边际贡献更高；南方丘陵玉米区受旱涝灾害的影响更大；西南山地玉米区和南方丘陵玉米区较其他两个地区有更高的劳动力边际产出，间接说明这两个地区的资本配置不足。

3.3　适应性行为对生产效率的影响分析

同样因为可能的多重共线性问题，笔者将两种灾害进行分开检验。表4-4-4显示了旱灾和涝灾的适应性行为对玉米生产效率的影响情况。总体来看，对于旱灾来说，被动应对行为对北方春播玉米区、西南山地玉米区生产效率有显著负向影响,提前预防行为对生产效率以显著正向影响为主。对于涝灾来说,提前预防行为对生产效率的影响以正向为主,而被动适应行为对黄淮海和西南两个地区生产效率分别有正、负向显著影响。

北方春播玉米区应对旱灾采取的被动适应行为中,补救性灌溉对于生产效率表现出显著的负向影响,而使用地膜、变更玉米品种等提前预防行为能显著促进生产效率的提高;对于涝灾来说,变更玉米品种能显著促进生产效率的提高,而改变水利设施建设当年支出对生产效率的影响为负。

黄淮海夏播玉米区应对旱灾时,变更玉米品种和玉米种植规模等提前预防行为能显著地促进生产效率的提高;应对涝灾时,补救性施肥措施等被动应对行为和变更种植规模等提前预防行为对于生产效率表现出显著的正向影响。

西南山地玉米区对旱灾采取的补救性施肥和灌溉措施对生产效率有显著负向影响,而使用地膜、变更玉米品种等提前预防行为对生产效率的影响显著为正,变更种植规模的影响显著为负。对于涝灾来说,补救性施肥等被动应对行为和变更种植规模等提前预防行为对于生产效率的影响显著为负,而变更玉米品种能显著提高玉米的生产效率。

南方丘陵玉米区应对旱灾时,增加水利设施建设当年支出等提前预防行为对生产效率表现出显著的正向影响。对于涝灾来说,变更玉米品种和增加水利设施建设当年支出等提前预防行为显著地促进了生产效率的提高。

另外,控制变量的估计结果显示,参加农业技术教育或培训、以出售为目的种植玉米对生产效率也有积极作用;在一定范围内扩大种植规模对生产效率有积极影响,然而存在最优的规模,因规模与效率呈现"倒U形"的特征。人口负担系数和户主年龄对于效率的影响不显著。从横向来看,在黄淮海夏播玉米区和南方丘陵玉米区,户主文化程度的提高有助于促进生产效率的提高;相对其他3个区来说,北方春播玉米区的玉米商品率能够显著地促进生产效率的提高。

由上述实证结果知,被动应对行为多对生产效率有负向影响,提前预防行为多对生产效率有正向影响。因此,从提高生产效率的角度出发,提前预防行为要优于被动应对行为,"未雨绸缪"有其重要价值。另外,各地也应该根据实际情况选择合适的提前预防行为,因为部分提前预防行为并未起到提高生产效率的作用。

表 4-4-4　玉米主产区农户旱涝灾害适应性行为对生产效率影响的估计结果

	北方春播玉米区		黄淮海夏播玉米区		西南山地玉米区		南方丘陵玉米区	
	旱灾	涝灾	旱灾	涝灾	旱灾	涝灾	旱灾	涝灾
被动应对行为								
化肥×受灾面积	−0.001 8	−0.000 3	0.004 3	0.003 4 **	−0.001 1 *	−0.000 7 **	−0.009 1	−0.012 2
	(0.001 5)	(0.000 3)	(0.002 7)	(0.001 3)	(0.000 6)	(0.000 3)	(0.006 6)	(0.011 6)
灌溉×受灾面积	−0.02 **	−0.004	0.01	0.010	−0.04 ***	−0.025	0.05	0.068
	(0.012)	(0.004)	(0.008)	(0.008)	(0.014)	(0.019)	(0.044)	(0.044)
提前预防行为（灾害滞后一期）								
农膜×L1受灾面积	0.01 **	0.002	−0.04	−0.030	0.02 **	0.011	−0.06	−0.081
	(0.004)	(0.001)	(0.042)	(0.023)	(0.009)	(0.011)	(0.062)	(0.069)
种子×L1受灾面积	0.03 *	0.005 **	0.07 **	0.055	0.01 *	0.007 *	0.05	0.063 *
	(0.016)	(0.002)	(0.032)	(0.034)	(0.007)	(0.004)	(0.034)	(0.032)
种植规模×L1受灾面积	0.01	0.001	0.03 *	0.023	−0.08 *	−0.047	0.04	0.057
	(0.004)	(0.001)	(0.017)	(0.012)	(0.043)	(0.028)	(0.033)	(0.039)
水利设施建设当年支出×L1受灾面积	−0.001	−0.000 2 *	0.006	0.004 5	0.003	0.001 8	0.005 **	0.006 1 **
	(0.001)	(0.000 1)	(0.004)	(0.004 3)	(0.003)	(0.002)	(0.002)	(0.002 8)
控制变量 户主文化程度	1.98	1.93	2.01 **	1.94 *	−0.55	−0.53	2.86 **	2.96 **
	(4.23)	(3.14)	(0.96)	(1.02)	(0.41)	(0.42)	(1.33)	(1.44)
水利设施建设当年支出×L1受灾面积	−0.001	−0.000 2	0.006	0.004 5	0.003	0.001 8	0.005 **	0.006 1 **
	(0.001)	(0.000 1)	(0.00 4)	(0.004 3)	(0.003)	(0.002)	(0.002)	(0.002 8)
控制变量								
户主文化程度	1.98	1.93	2.01 **	1.94 *	−0.55	−0.53	2.86 **	2.96 **
	(4.23)	(3.14)	(0.96)	(1.02)	(0.41)	(0.42)	(1.33)	(1.44)
人口负担系数	−32.20	−31.54	−19.03	−19.73	0.97	1.01	−20.26	−19.73
	(40.8)	(43.65)	(18.74)	(12.34)	(0.67)	(0.66)	(15.45)	(17.88)
农业技术教育或培训	10.67 *	10.36	7.82 *	7.55 **	6.06	5.82 *	8.99 *	9.27 **
	(6.29)	(7.55)	(4.22)	(3.7)	(4.83)	(3.32)	(5.06)	(3.85)
商品率	45.94 ***	44.24 ***	40.87 **	41.83 **	41.22	39.76 *	34.58 **	35.57 *
	(17.02)	(16.67)	(18.35)	(17.36)	(29.3)	(21.43)	(17.07)	(19.96)
户主年龄	−0.56	−0.55	1.30	1.26	−1.79	−1.86	0.13	0.13
	(0.37)	(0.74)	(1~15)	(1.37)	(1.12)	(1~62)	(0.09)	(0.14)
种植规模	6.27 ***	6.47 ***	3.86 ***	3.74 ***	5.19 **	5.35 ***	4.45 **	4.35 **
	(1.9)	(1.66)	(1~25)	(1.17)	(2.13)	(1.71)	(2.07)	(1.4)
种植规模平方项	−0.53 ***	−0.51 **	−0.65 **	−0.67 **	−1.34 **	−1.29 **	−1.16 **	−1.12 ***
	(0.14)	(0.22)	(0.3)	(0.29)	(0.62)	(0.51)	(0.48)	(0.42)
农户观测样本量	2 877	2 877	4 900	4 900	588	588	1 428	1 428
包含样本村数量	30	30	43	43	15	15	12	12
F 值	30.62 ***	30.33 ***	7.12 ***	6.60 ***	24.89 ***	26.87 ***	18.64 ***	6.81 ***
R^2	0.19	0.18	0.10	0.12	0.14	0.13	0.10	0.10

4　结论及其启示

上述研究表明,中国四大玉米主产区普遍受到了旱灾和涝灾的影响,其中旱灾影响的面积更广。采用固定效应模型分析农户的灾害适应性行为对玉米主产区生产的影响发现:对于单产而言,旱灾的被动应对行为和提前预防行为对各地区均有显著正向影响;涝灾的提前预防行为对各地区均有显著正向影响,而被动应对行为却只对黄淮海和西南两个地区有显著正向影响。对生产效率而言,旱灾的被动应对行为对北方和西南两个地区呈显著负向影响,提前预防行为以显著正向影响为主;涝灾的被动适应行为对黄淮海和西南两个地区分别呈正、负向显著影响,而提前预防行为以显著正向影响为主。可见,从提高玉米生产效率的角度出发,提前预防类适应性行为的效果要优于被动应对类适应性行为。

上述结论对于中国四大玉米主产区应对旱涝灾害,提高生产效率具有如下启示。对于北方春播玉米区,东北平原地势平坦,非常适宜发展玉米地膜覆盖技术,应用生产性调整积极适应气象环境的变化。另外,缺乏稳产高产的新品种是限制玉米生产效率的主要因素之一,选育或引进早熟、高产、抗倒伏、适宜密植和机械化作业的新杂交种,亦是应对灾害的有效措施。对于黄淮海夏播玉米区,地力不足是限制玉米产量的主要因素,因此种植规模的调整对该区玉米产业的发展具有重要的意义。对于西南山地玉米区,玉米大部分没有灌溉条件,以天养为主,土地贫瘠,易涝易旱,且漏水漏肥。在高寒丘陵地区应推广玉米覆膜,争农时、夺积温;同时应扩大杂交玉米种植面积,充分挖掘地方种植资源,不断扩大杂交优良品种的种植面积。对于南方丘陵玉米区,玉米多半是种植在丘陵山坡上,对水利设施的要求较高,应加强对现有水利设施的管理,减少水利设施受到的自然和人为因素的破坏,保障其充分发挥抗灾、救灾的功能,从而满足玉米生长的需求,促进玉米产业的发展。

注释:

①资料来源:《中国农村统计年鉴》。

②北方春播玉米区包括黑龙江、吉林、辽宁、宁夏和内蒙古的全部,山西的大部,河北、陕西和甘肃的一部分,是中国的第一大玉米产区,常年玉米种植面积占全国的40%左右。黄淮海夏播玉米区包括黄河、淮河、海河流域中下游的山东、河南,河北的中南部,山西中南部,陕西中部,江苏和安徽北部的徐淮地区,是中国第二大玉米产区和最大的夏玉米集中产区,占全国玉米种植面积的30%以上。西南山地玉米区包括四川、广西、云南和贵州,湖北和湖南的西部丘陵山区以及陕西南部丘陵地区,占全国玉米种植面积的20%以上。南方丘陵玉米区包括广东、海南、福建、浙江、江西和台湾等全部,江苏和安徽的南部,广西和湖南、湖北的东部,玉米种植面积较小,只占全国玉米种植面积的7%左右。西北灌溉玉米区包括新疆的全部和甘肃的河西走廊,只占全国玉米种植面积的4%左右。青藏高原玉米区包括青海和西藏,占全国玉米种植面积的1%以下。

③ $Distance_{ij} = R \cdot Acos[\cos(la_i) \cdot \cos(la_j) \cdot \cos(lo_i - lo_j) + \sin(la_i) \cdot \sin(la_j)]$ 式中,$Distance_{ij}$ 是 i 村、j 台站的距离,R 是地球半径,lo 和 la 代表经度和纬度,并规定东经为正,西经为负,北纬为正,南纬为负。如果是角度,则代入公式计算应转化为弧度。

第5章

气候变化对冬小麦产量的影响

　　农业生产对自然的依赖性很强,气候条件一直是影响农业生产的重要因素。近年来,气候变化异常、极端气候事件频发等现象越来越突出,严重威胁我国粮食安全,气候条件变化对农业生产的影响越来越受到学者们的关注。因此分析气候变化对粮食产量的影响显得非常必要,这对保障我国粮食安全,调整农业发展战略具有重要的指导作用。学者们分别运用不同方法从不同角度研究了气候变化对粮食生产的影响。

　　目前研究气候变化对粮食产量的影响,最普遍的方法就是利用统计模型。顾节经运用最佳积分回归方法建立气候变化对作物产量影响的动态统计评价模式,探索作物生长期内以旬为时间单位的气候变化对作物产量形成的影响规律。李建华等仅考虑气候因素对粮食产量的影响,选取影响粮食产量的主要气候因子——温度、日照和降水量,采用多元线性回归的方法处理粮食单产与平均气温、日照、总降水量之间的关系。殷培红等将相关系数和协整关系结合起来分析单产和气候变化的整体互动关系,利用主成分分析法确定影响我国粮食单产的关键气候因子,再将关键气候因子逐一与粮食单产进行典型相关分析得到主导气候因子,运用协整检验判断单产和气候因子之间是否能够建立趋势模型来说明气候趋势变化对单产趋势变化的可能影响。陈红翔等分析了宁夏海原近20年来平均气温、降水量和日照时数等3个主要气候因子的变化趋势及粮食产量的增减趋势,利用灰色关联法分析气温、降水、日照时数对粮食总产量以及小麦、玉米单产的影响。结果表明,平均气温与宁夏海原粮食总产量和玉米单产量的关联度最大,平均气温是影响宁夏海原粮食总产量和玉米单产量的最主要气象因子,日照时数的影响次之,而年降水量对两者的影响相对较小一些;降水量与海原小麦单产量的关联系数最大,降水量是影响海原县小麦产量的最主要气候因子,日照时数次之。还有学者研究粮食产量对气候变化的敏感性与脆弱性,朱红根等通过构建水稻对气候变化的脆弱性综合评价模型,对江西水稻对气候变化的脆弱性进行了分析,发现整体上水稻对气候变化的脆弱性较大。部分学者从粮食产量中分离出气候产量作为研究对象,王保等指出影响作物产量主要因素有人为因素、气象因素和随机"噪音"三方面,于是将作物产量分解为趋势产量、气象产量和随机"噪音",而随机"噪音"所占比例很小,一般可忽略不计。并采用直线滑动平均法,采用 15 年滑动步长来消除短周期波动的影响,算出趋势产量。为了消除生产力水平对水稻产量的影响,在进行产量分析时以气象产量与趋势产量的比值——相对气象产量作为研究对象。利用小波变换方法分析了近 60 年来长江中下游地区水稻相对气象产量、水稻生长季内平均气温、降水量、气温日较差、≥10℃活动积温的年际变化以及水稻相对气象产量与区域气候变化之间的时频结构特征及相关性。学者们通过气候模式与作物模式相结合的方法,预测出在未来气候变化情景下的粮食产量,如张建平等、熊伟等、姚凤梅等、杨沈斌等、吴珊珊等均发现在未来气候变化的情景下,水稻产量将呈下降趋势。

目前国内利用经济模型来研究气候变化对粮食产量影响的还较少,主要运用 C-D 生产函数和随机前沿超越对数生产函数。丑洁明等在 C-D 生产函数中引入气候因子,构建了一个新的经济-气候模型:C-D-C 模型,并选用干旱指数作为一个气候因子对 C-D-C 模型进行了初步的模拟、验证。发现模拟的结果明显好于没有添加气候因子的模型,与实际生产量差距缩小。周曙东等也运用此模型研究了水稻生长季节的月平均气温与月平均降水量对中国南方水稻的产量影响,两者都是负面影响;模型中还考虑了区域虚拟变量,发现降水对华南、华中和华东地区水稻产量有负向作用,而对西南地区有一定正向影响,温度对西南、华南、华东和华中地区都有负面影响;并对未来气候变化情景下的南方水稻产量进行了模拟估计,发现以减产为主。崔静等以中性的方式将气候因素引入 C-D生产函数,对籼稻、粳稻、小麦和玉米进行了研究,发现作物生长期内的温度升高对一季稻和玉米的产量影响均为正向,而降水量增加对小麦产量影响为负向,平均日照时数增加对玉米产量影响为负向;此外,在 1975—2008 年中,气候变化对于中国北方地区粮食作物的产量影响以正向为主,而对南方地区粮食作物产量的影响则以负向为主。王丹将气候因素以投入要素的形式引入 C-D 生产函数,对我国稻谷进行了研究,结果表明影响我国稻谷生产的气候因子为降水量和日照时数,且对稻谷生产都是负面影响。崔静等将作物生长期内的月平均气温、降水和日照时数等气候因素作为外生变量引入超越对数生产函数模型,用以估计各种气候因素对中国主要粮食作物水稻、小麦和玉米单产的影响程度。朱晓莉等将水稻生长期分为 5 个阶段，采用随机前沿超越对数生产函数模型，研究了不同生长期气候因子（温度、降水、日照）对水稻产量的影响。

综上所述，国内利用经济模型来研究气候变化对粮食产量影响的还较少，而且主要围绕在水稻或整体粮食产量上，利用经济模型来研究气候变化对小麦产量的影响几乎没有。小麦作为我国三大主要粮食作物，加大气候变化对其生产影响的研究同样重要。

1　模型与数据

1.1　理论模型

小麦生产受到化肥、机械、劳动力等投入要素的影响，气温、降水、日照等气候因素也贯穿影响着小麦生产的全过程。本研究将气候因素与小麦生产投入要素一起纳入柯布道格拉斯生产函数，选取小麦产量作为被解释变量，气温、降水量、日照时数、劳动力投入、农业机械总动力、化肥投入、小麦播种面积、有效灌溉面积、区域虚拟变量以及时间等作为解释变量，建立如下 3 个模型。

模型（1）：

$$\ln(Q_{it}) = \alpha + \beta_1\ln(LB_{it}) + \beta_2\ln(AM_{it}) + \beta_3\ln(FT_{it}) + \beta_4\ln(GA_{it})$$
$$+ \beta_5\ln(IR_{it}) + \beta_6\ln(AT_{it}) + \beta_7\ln(PE_{it}) + \beta_8\ln(SD_{it}) + \beta_9 t + \mu_{it}$$

模型（2）：

$$\ln(Q_{it}) = \alpha + \beta_1\ln(LB_{it}) + \beta_2\ln(AM_{it}) + \beta_3\ln(FT_{it}) + \beta_4\ln(GA_{it}) + \beta_5\ln(IR_{it}) +$$
$$\beta_6\ln(AT_{it}) + \beta_7\ln(PE_{it}) + \beta_8\ln(SD_{it}) + \beta_9 t + \sum_{n=1}^{4}\lambda_n D_n + \mu_{it}$$

模型（3）：

$$\ln(Q_{it}) = \alpha + \beta_1\ln(LB_{it}) + \beta_2\ln(AM_{it}) + \beta_3\ln(FT_{it}) + \beta_4\ln(GA_{it}) + \beta_5\ln(IR_{it}) +$$
$$\beta_6\ln(AT_{it}) + \beta_7\ln(PE_{it}) + \beta_8\ln(SD_{it}) + \beta_9 t + \ln(AT_{it})\sum_{n=1}^{4}\lambda_n D_n +$$
$$\ln(PE_{it})\sum_{n=1}^{4}\gamma_n D_n + \ln(SD_{it})\sum_{n=1}^{4}\delta_n D_n + \mu_{it}$$

式中：Q_{it} 表示第 i 个省第 t 年的冬小麦总产量；LB_{it} 表示第 i 个省第 t 年种植冬

小麦的劳动力投入;AM_{it}表示第i个省第t年种植冬小麦的机械动力投入;FT_{it}表示第i个省第t年种植冬小麦的化肥投入;GA_{it}表示第i个省第t年的冬小麦播种面积;IR_{it}表示第i个省第t年冬小麦的有效灌溉面积;AT_{it}表示冬小麦生长期内的月平均温度,PE_{it}表示冬小麦生长期内的月平均降水量,SD_{it}表示冬小麦生长期内的月平均日照时数;t为时间序列;D_n为区域虚拟变量;μ_{it}为误差项。模型(1)未考虑地区因素,模型(2)考虑不同地区因素后加入了区域虚拟变量,模型(3)为分析地区差异加入了区域虚拟变量与气候变量的交互项。

1.2 数据来源与变量处理

本研究所用的样本数据主要包括 1980—2012 年 33 年间我国 9 个小麦主产省份(安徽、河北、河南、湖北、江苏、山东、山西、陕西、四川)的气候数据和冬小麦农业生产投入、产出数据。气候数据主要包括冬小麦生长期间的温度(单位:0.1 ℃)、降水量(单位:0.1 mm)和日照时数(单位:0.1 h),均来自中国气象科学数据共享服务网。冬小麦生产投入产出数据主要包括冬小麦总产量(单位:万 t)、劳动力投入(单位:万人)、农业机械动力投入(单位:万 kW)、化肥投入(单位:万 t)、播种面积(单位:10^3 hm²)、有效灌溉面积(单位:10^3 hm²),主要来自历年《中国统计年鉴》与《中国农村统计年鉴》。

本研究的被解释变量冬小麦产量以及控制变量冬小麦播种面积可直接从年鉴中获得,而劳动力投入、农业机械动力投入、化肥投入和有效灌溉面积这 4 个控制变量,无法直接获得相应数据,因此通过以下变量处理:冬小麦生产的劳动力投入 LB=(冬小麦播种面积/农作物总播种面积)×(农业总产值/农林牧渔业总产值)×农林牧渔业从业人员;农业机械动力投入 AM=(冬小麦播种面积/农作物总播种面积)×农业机械总动力;化肥投入 FT=(冬小麦播种面积/农作物总播种面积)×农用化肥施用折纯量;有效灌溉面积 IR=(冬小麦播种面积/农作物总播种面积)×农业有效灌溉面积。变量 t 表示时间趋势,用以反映技术进步。在构建区域虚拟变量时,将本研究的 9 个省份划分为 5 个区域,分别为华北地区、中南地区、西南地区、西北地区、华东地区。当 D_1=1,其他都为 0 时,表示华北地区,包括河北、山西;当 D_2=1,其他都为 0 时,表示中南地区,包括河南、湖北;当 D_3=1,其他都为 0 时,表示西南地区,包括四川;当 D_4=1,其他都为 0 时,表示西北地区,包括陕西;当 D_1、D_2、D_3、D_4 均为 0 时,表示华东地区,即对照组,包括安徽、江苏、山东。

2 估计结果与实证分析

本研究采用冬小麦生长期间的气候因素(气温、降水量、日照时数)与冬小麦生产投入产出的面板数据进行回归分析,具体结果见表 4-5-1。

2.1 未考虑不同地区因素的模型(1)结果分析

从表 4-5-1 可以看出,气候因素中降水量和日照时数对冬小麦产量的影响是显著的,且均达 1% 显著性水平,说明冬小麦生长期内的月平均降水量与月平均日照时数对冬小麦产量的影响十分显著,且为正向影响。其中月平均降水量每增加 1%,将导致冬小麦产量增加 0.1 个百分点;月平均日照时数每增加 1%,将导致冬小麦产量增加 0.24 个百分点。虽然月平均温度对冬小麦产量的影响没有通过显著性检验,但从一定程度上可以表明冬小麦生长期内的月平均温度对冬小麦产量有正向影响,月平均温度每增加 1%,有可能导致冬小麦产量增加 0.01 个百分点。1980—2012 这 33 年间,降水量呈上升变化趋势,而日照时数呈下降趋势,说明降水量变化导致冬小麦产量增加,而日照时数变化导致冬小麦产量下降。控制变量中有效灌溉面积通过 10% 的显著性水平检验,机械投入、化肥投入和播种面积均通过 1% 的显著性水平检验,其中机械投入、化肥投入和播种面积对冬小麦产量的影响为正向,有效灌溉面积对产量有负向影响。农业机械总动力每增加 1%,将导致冬小麦产量增加 0.24 个百分点;化肥投入每增加 1%,将导致冬小麦产量增加 0.23 个百分点;播种面积每增加 1%,将导致冬小麦产量增加 0.83 个百分点;有效灌溉面积每增加 1%,将导致冬小麦产量减少 0.13 个百分点。因此,为缓解气候变化带来的不利影响,应当增加冬小麦的播种面积、机械投入和化肥投入。

表 4-5-1 气候变化对冬小麦产量影响的模型分析

解释变量	模型(1)		模型(2)		模型(3)	
	系数	T 统计量	系数	T 统计量	系数	T 统计量
ln(LB)	0.032 606	0.99	−0.141 749 5	−3.13***	−0.127 372	−2.76***
ln(AM)	0.237 496 3	5.97***	0.385 224 1	7.24***	0.386 611 7	6.70***
ln(FT)	0.225 113 4	5.31***	0.272 133 7	6.42***	0.295 782 2	6.42***
ln(GA)	0.832 113 2	11.68***	0.762 194 9	8.77***	0.621 344 7	5.80***
ln(IR)	−0.126 305 1	−1.78*	−0.154 158 1	−2.21**	−0.086 258 1	−1.17
ln(AT)	0.010 697 4	0.20	0.047 710 6	0.62	0.214 584 2	1.72*
kn(PE)	0.101 132 3	3.51***	0.065 557 5	2.15**	−0.015 046	−0.36

解释变量	模型(1) 系数	模型(1) T统计量	模型(2) 系数	模型(2) T统计量	模型(3) 系数	模型(3) T统计量
$\ln(SD)$	0.244 707 8	3.11***	0.001 167	0.01	−0.152 025	−1.32
t	−0.004 309 3	−1.50	−0.019 007 1	−4.70***	−0.020 581 5	−4.63***
conslant	−3.900 581	−5.35***	−1.010 497	−1.09	0.302 973 4	0.26
D_1			−0.047 420 8	−0.87		
D_2			−0.023 147 5	−0.73		
D_3			0.279 554 9	4.71***		
D_4			−0.024 061 3	−0.55		
$AT \cdot D_1$					−0.124 134 7	−0.80
$AT \cdot D_2$					−0.315 255	−1.67*
$AT \cdot D_3$					−0.780 939 5	−2.15**
$AT \cdot D_4$					−0.413 705 5	−1.69*
$PE \cdot D_1$					0.170 986 6	2.59***
$PE \cdot D_2$					0.028 037 1	0.37
$PE \cdot D_3$					−0.082 489 3	−0.55
$PE \cdot D_4$					0.183 147 8	1.62
$SD \cdot D_1$					−0.048 545 6	−0.63
$SD \cdot D_2$					0.173 239 2	2.15**
$SD \cdot D_3$					0.572 63	2.86***
$SD \cdot D_4$					0.099 258 8	0.70

注：*、**、***分别表示10％、5％、1％显著水平。

2.2 考虑不同地区因素，加入区域虚拟变量的模型(2)结果分析

从表4-5-1可以看出，气候因素中只有降水量通过了显著性检验，显著性水平为5％，冬小麦生长期内的月平均降水量对其产量产生了显著的正向影响，月平均降水量每增加1％，冬小麦产量将增加0.07个百分点。平均温度与平均日照时数均未通过显著性检验但系数均为正，从一定程度上说明温度与日照时数对冬小麦产量可能有正向影响，其中平均温度每增加1％，则冬小麦产量可能增加0.05个百分点；平均日照时数每增加1％，冬小麦产量可能增加0.001个百分点。由于研究时间区间内降水量呈现上升的趋势，因此说明降水量的变化导致了冬小麦产量的提高。控制变量中有效灌溉面积的显著性水平为5％，劳动力投入、机械投入、化肥投入、播种面积等4个变量的显著性水平均达到了1％，其中机械投入、化肥投入和播种面积对冬小麦产量的影响为正向，劳动力投入和有效灌溉面积对产量有负向影响。其中劳动力投入每增加1％，将导致冬小麦产量减少0.14个百分点；农业机械动力投入每增加1％，将导致冬小麦产量增加0.39个百分点；化肥投入每增加1％，将导致冬小麦产量增加0.27个百分

点;播种面积每增加 1%,将导致冬小麦产量增加 0.76 个百分点;有效灌溉面积每增加 1%,将导致冬小麦产量减少 0.15 个百分点。因此为提高冬小麦产量,增加冬小麦的播种面积、机械投入以及化肥投入是关键。

2.3　地区差异分析

表 4-5-1 显示,3 个气候因素中只有平均温度通过了显著性检验,显著性水平为 10%。在温度与区域虚拟变量的交互项中,除华北地区外均通过了显著性检验,其中西南地区达到 5% 的显著性水平,中南地区和西北地区的显著性水平则为 10%。从模型(3)的估计结果可以得出以下结论:华东地区平均温度每上升 1%,冬小麦产量将提高 0.21%;中南地区平均温度每上升 1%,冬小麦产量将降低 0.1%,影响程度低于华东地区,但影响方向为负,与华东地区相反;西南地区平均温度每上升 1%,冬小麦产量将降低 0.57%,影响程度高于华东地区,但影响的正负方向相反;西北地区平均温度每上升 1%,冬小麦产量将降低 0.20%,影响程度略低于华东地区,但方向相反。虽然华北地区与平均温度的交互项没有通过显著性水平检验,但其估计结果也可以从一定程度上说明,华北地区平均温度对冬小麦产量的影响可能为正,其影响程度可能都低于其他地区,大概平均温度每上升 1%,冬小麦产量可能提高 0.09%。综上所述,温度升高对华东地区冬小麦产量有正向影响,对华北地区冬小麦产量可能有一定正向影响,而对中南地区、西南地区、西北地区有负向影响,影响程度最深的是西南地区,其次是华东地区、西北地区、中南地区。在本研究的时间区间内,温度呈上升趋势,因此温度变化导致了华东地区冬小麦产量的增加,中南地区、西南地区以及西北地区冬小麦产量的减少,可能导致了华北地区冬小麦产量的增加。

3　结论与建议

通过实证分析,总结出以下结论:(1)气候变化对冬小麦的产量有显著影响,且总体上呈现正向影响,由于在研究的时间区间内,温度呈上升趋势,降水量呈上升趋势,而日照时数呈下降趋势,因此温度与降水量的变化导致了冬小麦产量的增加,而日照时数的变化导致了冬小麦产量的降低;(2)不同地区气候变化对冬小麦产量的影响程度以及影响方向都将有所不同,在分析地区差异的模型中,气候因素影响显著的是平均温度,华东地区为正向影响,中南地区、西南地区和西北地区为负向影响,影响程度最深的是西南地区,其次是华东地区,然后依次是西北地区和中南地区,温度的变化导致了华东地区冬小麦产量的增加,中南地区、西南地区以及西北地区冬小麦产量的减少,可能导致了华北地区冬小麦产量的增加。为缓解气候变化对冬小麦带来的不利影响,应当扩大冬小麦的种植面积、机械投入和化肥投入,并加大投资鼓励研发耐寒、抗旱、抗虫等抗逆性品种。

第6章

基于农业干旱视角的淮河流域分区研究

目前,干旱灾害已成为影响我国农业生产和粮食安全的主要因素之一,我国每年因干旱灾害造成的粮食损失约占各种自然灾害损失总量的 60%。淮河流域面积约为 27 万 km²,主要涉及河南、安徽、江苏和山东 4 省,是我国重要的粮、棉、油产地和能源基地。同时,淮河流域属于资源性严重缺水地区,水资源不足导致的干旱灾害已成为制约流域内农业乃至经济社会发展的瓶颈。

淮河流域内既有平原,也有山区、丘陵区,气候差异明显,作物类型差别大,经济基础也不同。因此,各区域采取抗旱技术和措施所基于的自然和经济条件、农业的发展和布局都存在着明显的地域差异性。为揭示各区域旱灾治理技术尤其是农业干旱治理技术发展的区间差异性和区内一致性,本研究从农业干旱的角度,对流域进行分区研究,对流域内不同地区的水文地理条件、农业旱灾的历史发生状况以及现有的农田灌溉现状等进行深入的研究分析,在此基础上对淮河流域进行区域划分,并提出高效利用当地水资源的方向、战略布局和关键性措施,为因地制宜地制定农业旱灾治理技术发展规划提供科学依据。

1 流域分区的原则

干旱的地域差异是干旱分区的基础。分区原则是反映区域差异的基本法则,是进行分区的指导思想,同时也是选取分区指标、建立等级系统、采用不同方法的基本准绳。

(1) 自然地理条件一致性原则

淮河流域地处我国心腹地带,是气候、海陆相过渡带,地形复杂,地貌类型多样,海拔高度变幅较大,对形成本流域的气候、土壤、植被等自然地理特点有着决定性的作用。因此,在干旱分区时应首先考虑与农业生产相关的自然要素的一致性,即气候、水文、土壤、地貌等自然地理条件的基本相似。

(2)水资源条件一致性原则

淮河流域多年平均降水量的地区分布很不均匀,大致从流域东南部向西北部递减,而地表径流的分布受地形的影响,在地域上变化幅度较大。因为水资源禀赋与旱灾的形成具有密切的关系,因此,在进行干旱分区时应将该因素纳入考虑范畴。

(3)农业旱情规律一致性原则

不同地区的农业旱灾情况,包括受旱率、成灾率和受灾频率等因素,在很大程度上反映了地区受旱灾影响的程度大小和不同区域间干旱情况的相似性,可以作为分区的依据之一。

(4)农业生产条件和水平一致性原则

农业生产水平和条件属于地区的经济社会特征。从理论上讲,干旱分区指标的构成不仅要反映自然条件因子的作用,还要反映社会因子的影响,而农业生产条件和水平相似的地区,将更能因地制宜地推动和发展旱灾治理技术,从而使研究结果更具实用性。

(5)行政界线完整性原则

考虑到统计资料的可得性和区域的完整性,流域分区以城市为单位,这样做便于干旱灾害的调查、统计,更有利于强调防灾减灾中的政府职责。

2 流域分区指标体系

根据建立旱情评价指标体系和发展旱灾治理技术的需要以及上述干旱分区的原则,结合淮河流域的相关统计资料,筛选出对流域干旱地域分异影响较大的几个指标,分别为地貌、降雨量、受灾率(受旱面积与播种面积之比)、成灾比(成灾面积与受灾面积之比)、耕地有效灌溉率(有效灌溉面积与播种面积之比)、粮食作物占播种面积的比例以及粮食单产量7项。

其中前3项属于自然因素指标,地貌形态指标以相对高度为主,并考虑绝对高度,同时兼顾流域的地貌特点,确定将流域分丘陵山地区、低丘陵平原区和平原区3种地貌形态,它与降雨量共同反映区域内与旱灾形成关系最紧密的自然条件,受灾率则以实际统计资料为基础,揭示了区域农业干旱的客观情况;后4项属于社会因素指标,成灾率和耕地灌溉率主要用来反映地区的抗旱能力,其他两项则反映了地区的农业生产情况。最终流域干旱分区指标体系如图4-6-1所示。

气候变化、农业灌溉用水与粮食生产研究

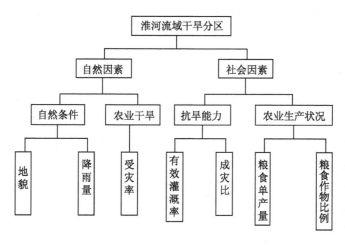

图 4-6-1　淮河流域干旱分区指标体系

3　流域分区方法和数据的选取

（1）分区方法说明

干旱分区的指标与分区的等级单位有密切关系。一般高等级分区如全国一级干旱分区,以反映影响干旱及灾害的地带性自然因素为主要依据;低等级分区主要以反映非地带和社会因素的综合作用为主导指标,较常用的是以反映水利条件和农业生产状况为主的社会因素指标来进行划分。

目前分区的方法很多,常用的主要有经验定性法、指标法、类型法、重叠法、聚类分析法等。本研究采用定性分析与定量分析相结合的方法,前者选用经验定型法,后者采用聚类分析法。

经验定性法是根据区域的地貌特征、气候差异特点、水资源分布状况等客观存在的区域表现来分区,主要考虑的是自然因素,常用来进行高级分区。本研究在用该方法时,主要考虑上述干旱分区指标体系中的地貌、降雨量和受灾率 3 个自然因素,同时兼顾流域内干旱指数的因素。由于海拔较高的山区和丘陵区蓄水能力较弱,降雨量可能不能准确地反映当地的干旱程度,因此在这些地区以受灾率指标为主,降雨量指标为辅,而在海拔较低的丘陵和平原地区则以降雨量因素为主,受灾率指标为辅助指标,最后完成区域的一级干旱分区。

聚类分析又称集群分析,它是按"物以类聚"原则研究事物分类的一种多元统计分析方法,它根据多个指标、多个观察样品数据,定量地确定样品、指标之间存在的相似性或亲疏关系,并据此联结这些样品或指标,归成大小类群,构成分类树结构图,是分区最常用的方法之一。本研究采用 SPSS 统计软件进行分类,在一级分区的基础上,完成二级分区。

(2) 数据选取

本研究在分区时以城市为单位,根据 2002 年行政区域的划分,流域一共包括 39 个地级市,为增加分区的准确性,只选取了全部或超过一半面积在流域内的城市作为研究对象,共包括 29 个,最终将小于一半面积的城市采取就近原则划入相应的区域。

研究中所涉及的相关数据来源主要包括历年淮河水利委员会发行的《治淮汇刊》(年鉴)、相关省市的统计年鉴和水资源公报等,其中降雨量采用的是水资源公报上公布的多年(1956—2000 年)平均数据,由于具体到市的农业干旱资料只有在流域受旱情况比较重的年份里才有相对比较完整的统计,因此受灾率和成灾比数据采用 1999—2001 年(流域成灾面积均大于 400 万 hm^2,为近 20 年来受灾最严重的年份)连续三年的平均值来表示,其余指标均采用 2009 年的数据。

4　基于农业干旱视角的淮河流域分区结果

采用传统经验定性法,对收集、整理的影响干旱分区的相关自然因素进行综合分析,并结合聚类分析的多元统计分析方法,基于农业干旱的视角得出淮河流域以市为单元的分区结果,见表 4-6-1。

从表 4-6-1 可以看出,淮河流域干旱分区共分为 5 个一级区,10 个二级区。就 5 个一级区、10 个二级区而言,大区内部具有其相似性,尤其是在农业干旱发生的层面上,而二级区之间又有区域差异性,以下对各区域的特点进行分析,可为各分区干旱治理技术的发展提供科学依据。

表 4-6-1　淮河流域干旱分区表

编号	一级分区	二级分区	范围
Ⅰ	山丘重旱区	东北沂蒙山丘区	日照　临沂
		豫西山丘区	平顶山　信阳　驻马店
		淮南山丘区	六安
Ⅱ	低丘陵平原重旱区	流域上游沿黄区	郑州
		豫西低丘陵平原区	许昌　漯河　商丘
Ⅲ	低丘陵平原中旱区	淮南低丘陵平原区	淮南　蚌埠
		南四湖东部低丘陵平原区	徐州　枣庄　淄博

编号	一级分区	二级分区	范围					
IV	平原中旱区	淮北平原区 南四湖西北平原区	开封	周口	淮北 菏泽	阜阳 济宁	宿州	亳州
V	平原轻旱区	苏北平原区	连云港	淮安	盐城	扬州	泰州	宿迁

（1）山丘重旱区

该区域主要分布在流域的西部、西南部和东北部,海拔相对较高,虽然降水量较大,但降雨时空分布极为不均,且由于地势的原因,土壤蓄水能力差、地表水资源利用率低、农田水利设施落后,是流域内最容易受旱的地区,也是农业干旱脆弱性最高的地区。经过对所搜集资料的综合分析,该区域可分为东北沂蒙山丘区、豫西山丘区和淮南山丘区 3 个二级区。

（2）低丘陵平原重旱区

该区域处于流域上游西北部沿黄一带,是流域内干旱指数最高的区域,范围主要包括郑州市及附近地区。该地区海拔在 50～200 m 之间,是丘陵和平原的过渡带,多年平均年降水量在 600 mm 左右,在流域内处于较低水平,且蒸发量较大,属于极度易旱区。在农业生产条件方面,有效灌溉率较低,粮食单产也低于流域平均水平。

（3）低丘陵平原中旱区

本研究将海拔处于 100～200 m 之间的区域定义为丘陵,多为山区和平原接壤的地带,地表一般具有"二元结构",即上部土壤、下部砂砾石,该区域每遇旱年和枯水季节,水资源不足,是易旱区。由于流域内的丘陵分布比较零星,且山体体积小,在以市为单元的基础上,不能单独地划分丘陵区,而是将与其邻近的平原一起组合成低丘陵平原区。最后根据流域内的地理位置和农业生产特征,将其分为豫西低丘陵平原区、淮南低丘陵平原区、南四湖东部低丘陵平原区 3 个二级区。

（4）平原中旱区

流域内平原面积占到了 2/3 左右,为流域地形的重要组成部分。平原地域辽阔,受气候、水文等因素的影响,其受旱程度也有所不同。中旱区主要包括淮北平原和南四湖西北平原两个区域。淮北平原是流域内重要的农业区,分布在淮河中上游,涉及河南、安徽两个省份,其中安徽境内的耕地面积占到了省内耕地面积的一半左右,平原多年平均年降水量在 850 mm 左右,且地处暖温带,光热水等条件较好,适合农业的综合发展。作物布局以旱作物为主,粮食作物占农作物播种面积的比重较大,为 80% 左右。但是淮北平原区农田水利设施落后,有效灌溉率低,平均水平在35%左右,且降水时空分布不均,从而导致夏秋季节干旱的发生频率较高,危害大,是影响该区农业丰歉的主要气象因素之一。南四湖西北平原隶属于流域内的沂沭泗水系,该地区降雨量相对较少,多年平均值为650 mm左右,有效灌溉率与淮北平原相似,都处于较低水平,抵抗自然灾害的能力较弱,该地区的主要特点是粮食占农作物的比重相对较小,大概为65%左右。

（5）平原轻旱区

该区域位于苏北地区,处于北亚热带向暖温带过渡的湿润季风气候地区,年均气温14.4℃,平均年降水量1 000 mm,且区域内有洪泽湖、高邮湖等,水资源充沛,自然条件优越。另外,该区域农田水利设施建设水平较高,有效灌溉率远高于流域的平均水平,抵抗自然灾害的能力强,是流域内农业干旱脆弱性最低的地区,也是农业生产条件最优越的地区,是流域内水稻的主产区,并且其粮食单产水平也远高于其他地区。

5　结语

根据以上分析可以看出,流域内大部分区域作物都存在不同程度缺水情况,但是不同分区缺水的原因也有所区别。如山区虽然降水量最丰富,但是由于降水时空分布不均和地势原因造成的蓄水能力弱使得这些地区严重缺水,低丘陵平原地区水资源紧缺的原因则在于降水量少和土壤条件差,而农田水利设施条件落后则是造成平原地区干旱灾情的主要因素。因此,在流域旱灾治理技术的发展中,需要注意以下几点：第一,在山丘区应该重点发展雨水集蓄和工程蓄水技术;第二,在低丘陵平原地区,为了减少土壤"二元结构"造成的地表水资源浪费,应当注重渠道防渗的更新改造;第三,在水资源短缺的平原地区,应该大力改善农田水利设施的条件,从而提高灌溉率;第四,在水资源丰富的平原区,应增加资金投入,改进粗放式的灌溉方式,加快发展节水灌溉方式,重点发展先进的喷灌、微灌技术,提高水资源的利用效率。

本 篇 小 结

气候变化对农业灌溉和农业生产带来不可避免的影响,本篇围绕气候变化、农业灌溉用水与粮食生产进行研究,主要研究以下几个方面。

(1)为加强区域农业旱灾风险管理,对河南省、山东省农业旱灾脆弱性进行评价。结合相关文献与区域实际情况,从敏感性和恢复力2个角度选取12个指标,建立评价指标体系;运用熵值法和综合指数法构建旱灾脆弱性评价模型,计算区域内各城市的农业旱灾脆弱性指数;最后采用因子贡献度模型对关键影响因素进行识别。结果表明:研究区农业旱灾脆弱性级差化特征明显,总体处于中脆弱度状态;农业旱灾脆弱性空间差异显著,河南省脆弱性程度高于山东省;河南省农业旱灾脆弱性的主要影响因素有农业人口比重、复种指数和农村居民人均收入,山东省农业旱灾脆弱性的主要影响因素是有效灌溉面积比重、单位耕地面积农业用水量和人均财政收入。

(2)利用河南省23个气象站1971—2014年44年的逐日气象数据和气象站点所在县市夏玉米产量、种植面积等资料,基于IPCC对于脆弱性的定义,从物理暴露性、孕灾环境敏感性和适应能力3个因子出发,建立了河南地区夏玉米干旱脆弱性评估模型,借助ArcGIS软件对河南地区夏玉米干旱脆弱性进行了分析与区划研究。结果表明:高与较高脆弱区主要分布于豫西、豫南西北和豫中部分地区,南阳盆地以及东部黄淮海平原为中低干旱脆弱区;从脆弱性的构成要素来看,豫西地区干旱危险性程度较高,夏玉米播种比例和孕灾环境敏感性高于全省平均水平,同时适应能力又相对较弱,因此该区域应着重加大区域防灾减灾投入、优化种植结构;经检验干旱脆弱性指数与年均相对气象产量显著相关,相关系数为-0.578(在0.01检验水平上显著)。所构建的模型能较为合理地反映干旱对夏玉米生产的影响,该研究为夏玉米避灾和减灾提供科学依据。

(3)玉米是河南省种植面积仅次于小麦的重要粮食作物,在玉米生长期内极易发生干旱等自然灾害,严重影响着玉米的稳定生产。基于1987—2015年河南省17个地市的玉米生产和气象数据,利用标准化降水蒸散指数(SPEI)分析了玉米生长期的干旱时空特征,通过建立变截距和变系数模型研究干旱等气候因素对河南省玉米产量的影响,并识别出受干旱影响较为严重的地区。研究表明,玉米生长期内干旱频繁发生,平均每3年发生1次且干旱程度有增强的趋势;干旱导致了玉米产量的减少,相较于正常年份,干旱年份玉米总产量平均减产6.75%;地区层面上,干旱对各地区玉米生产的影响差异较大,且受干旱负面影响最大的主要集中在西南部地区;干旱发生频率和干旱强度是导致玉米减产的重要原因,但区域自然条件、经济发展水平等同样是不可忽视的因素。

(4) 选取1980—2012年33年间我国9个小麦主产省份(安徽、河北、河南、湖北、江苏、山东、山西、陕西、四川)的气候数据和冬小麦农业生产投入、产出数据,利用扩展的C-D生产函数分析了气候变化对冬小麦产量的影响。结果表明,总体上来看气候变化对冬小麦的产量有显著影响,温度与降水量的上升导致了冬小麦产量的增加,而日照时数的减少导致了冬小麦产量的降低。在不同地区,气候变化对冬小麦产量的影响程度甚至影响方向都不同。温度变化对华东地区冬小麦产量为正向影响,对中南地区、西南地区和西北地区为反向影响,影响程度最深的是西北地区,其次是华东地区、西北地区、中南地区。温度对华北地区冬小麦产量可能有正向影响。

参 考 文 献

[1] BRANT S. Assessing the vulnerability to drought in Ceara, Northeast Brazil[D]. Ann Arbor:University of michigan,2007.

[2] VICENTE-SERRANO S M. BEGUERÍA S, LÓPEZ-MORENO J I. A multiscalar drought index sensitive to global warming: The standardized precipitation evapotranspiration index[J]. Journal of Climate,2010,23(7):1696-1718.

[3] VICENTE SERRANO S M, BEGUERIA S, LORENZO-LACRUZ J, et al. Performance of drought indices for ecological, agricultural, and hydrological applications[J]. Earth Interactions,2012,16(10):1-27.

[4] WATSON R T, THE CORE WRITTING TEAM. Climate change 2001[C]. Cambridge: Cambridge University Press,2001.

[5] WATSON R T, THE CORE WRITTING TEAM. Climate change 2007[C]. Cambridge: Cambridge University Press,2007.

[6] FAN T,STEWART B A,PAYNE W A,et al. Supplemental irrigation and water-yield relationships for plasticulture crops in the Loess Plateau of China[J]. Agronomy Journal, 2005,97(1):177-188.

[7] KUSTU M D,FAN Y,RODELL M. Possible link between irrigation in the U. S. High Plains and increased summer streamflow in the Midwest[J]. Water Resources Research, 2011,47(3):77-79.

[8] AGHION P, HOWITT P. Endogenous Growth Theory[M]. Cambridge, MA: MIT Press,1998.

[9] BROWN MOLLY E, FUNK CHRIS C. Food security under climate change[M]. Washington:NASA Publications,2008.

[10] CAMPBELL K M. Climatic cataclysm: The foreign policy and national security implications of climate change[M]. Washington:Brookings Institution Press,2008.

[11] MISHRA A K,SINGH V P. A review of drought concepts[J]. Journal of Hydrology, 2010,391(1/2):202-216.

[12] 周曙东,朱红根.气候变化对中国南方水稻产量的经济影响及其适应策略[J].中国人口·资源与环境,2010,20(10):152-157.

[13] 顾节经.气候变化对作物产量影响的动态统计评价模式[J].气象,1995,21(4):50-53.

[14] 李建华,刘光萍.抚州市气候变化与粮食作物产量的关系研究[J].湖南农业科学,2009 (10):54-57,60.

[15] 殷培红,方修琦,张学珍,等.中国粮食单产对气候变化的敏感性评价[J].地理学报, 2010,65(5):515-524.

[16] 陈红翔,田宗花.气候变化对海原县主要粮食产量的影响分析[J].江西农业学报,2013, 25(5):156-158.

[17] 朱红根,周曙东.南方水稻对气候变化的脆弱性分析——以江西为例[J].农业现代化研究,2010,31(2):208-211.

[18] 王保,黄思先,孙卫国.气候变化对长江中下游地区水稻产量的影响[J].湖北农业科学, 2014,53(1):43-51.

[19] 张建平,赵艳霞,王春乙,等.未来气候变化情景下我国主要粮食作物产量变化模拟[J]. 干旱地区农业研究,2007,25(5):208-213.

[20] 熊伟,陶福禄,许吟隆,等.气候变化情景下我国水稻产量变化模拟[J].中国农业气象, 2001,22(3):1-5.

[21] 姚凤梅,张佳华,孙白妮,等.气候变化对中国南方稻区水稻产量影响的模拟和分析[J]. 气候与环境研究,2007,12(5):659-666.

[22] 杨沈斌,申双和,赵小艳,等.气候变化对长江中下游稻区水稻产量的影响[J].作物学报,2010,36(9):1519-1528.

[23] 吴珊珊,王怀清,黄彩婷.气候变化对江西省双季稻生产的影响[J].中国农业大学学报, 2014,19(2):207-215.

[24] 丑洁明,叶笃正.构建一个经济-气候新模型评价气候变化对粮食产量的影响[J].气候与环境研究,2006,11(3):347-353.

[25] 崔静,王秀清,辛贤.气候变化对中国粮食生产的影响研究[J].经济社会体制比较,2011 (2):54-60.

[26] 王丹.气候变化对我国稻谷生产及贸易的影响研究[J].国际贸易问题,2011(6):121 -127.

[27] 崔静,王秀清,辛贤,等.生长期气候变化对中国主要粮食作物单产的影响[J].中国农村经济,2011(9):13-22.

[28] 朱晓莉,王筱菲,周宏.气候变化对江苏省水稻产量的贡献率分析[J].农业技术经济, 2013(4):53-58.

[29] 方红远,甘升伟,余莹莹.我国区域干旱特征及干旱灾害应对措施分析[J].水利水电科技进展,2005,25(5):16-19.

[30] 喻忠磊,杨新军,石育中.关中地区城市干旱脆弱性评价[J].资源科学,2012,34(3): 581-588.

[31] 姚玉璧,张存杰,邓振镛.气象、农业干旱指标综述[J].干旱地区农业研究,2007,99(1): 185-189+211.

[32] 曹永强,马静,李香云,等.投影寻踪技术在大连市农业干旱脆弱性评价中的应用[J].资源科学,2011,33(6):1106-1110.

[33] 陈萍,陈晓玲.鄱阳湖生态经济区农业系统的干旱脆弱性评价[J].农业工程学报,2011,27(8):8-13.

[34] 王莺,王静,姚玉璧,等.基于主成分分析的中国南方干旱脆弱性评价[J].生态环境学报,2014,23(12):1897-1904.

[35] 李梦娜,钱会,乔亮.关中地区农业干旱脆弱性评价[J].资源科学,2016,38(1):166-174.

[36] 严奉宪,张钢仁,朱增城.基于农户尺度的农业旱灾脆弱性综合评价:以湖北省襄阳市曾都区农户调查为例[J].华中农业大学学报(社会科学版),2012(1):11-16.

[37] 王婷,袁淑杰,王婧,等.四川省水稻干旱灾害承灾体脆弱性研究[J].自然灾害学报,2013,22(5):221-226.

[38] 李鹤,张平宇,程叶青.脆弱性的概念及其评价方法[J].地理科学进展,2008,27(2):18-25.

[39] 雍国正,刘普幸,姚玉龙,等.河西绿洲城市干旱脆弱性评价[J].土壤,2014,46(4):749-755.

[40] 中华人民共和国国家统计局.中国统计年鉴(2015)[M].北京:中国统计出版社,2015.

[41] 谭金芳,韩燕来.华北小麦-玉米一体化高效施肥理论与技术[M].北京:中国农业大学出版社,2012.

[42] 赵俊芳,郭建平,徐精文,等.基于湿润指数的中国干湿状况变化趋势[J].农业工程学报,2010,26(8):18-24.

[43] 郝晶晶,陆桂华,闫桂霞,等.气候变化下黄淮海平原的干旱趋势分析[J].水电能源科学,2010,28(11):12-14.

[44] 方创琳,王岩.中国城市脆弱性的综合测度与空间分异特征[J].地理学报,2015,70(2):234-247.

[45] 徐晗.基于熵权法的陕西省农业干旱脆弱性评价及影响因子识别[J].干旱地区农业研究,2016,34(3):198-205.

[46] 苏飞,张平宇.基于集对分析的大庆市经济系统脆弱性评价[J].地理学报,2010,64(4):454-464.

[47] 黄少安.山东经济结构调整的维度和重点[J].东岳论丛,2013,34(12):5-12.

[48] 刘小雪,申双和,刘荣花.河南夏玉米产量灾损的风险区划[J].中国农业气象,2013,34(5):582-587.

[49] 薛昌颖,张弘,刘荣花.黄淮海地区夏玉米生长季的干旱风险[J].应用生态学报,2016,27(5):1521-1529.

[50] 李治国.近40 a河南省农业气象灾害对粮食生产的影响研究[J].干旱区资源与环境,2013,27(5):126-130.

[51] 薛昌颖,刘荣花,马志红.黄淮海地区夏玉米干旱等级划分[J].农业工程学报,2014,30(16):147-156.

[52] 田宏伟,李树岩.河南省夏玉米干旱综合风险精细化区划[J].干旱气象,2016,34(5):852-859.

[53] 尹树斌,巢礼义,冯发林.湖南省农业干旱灾害特征与水资源高效利用模式[J].湖南师范大学自然科学学报,2005,28(4):80-84.

[54] 康永辉,解建仓,黄伟军,等.农业干旱脆弱性模糊综合评价[J].中国水土保持科学,2014,12(2):113-120.

[55] 王婷,袁淑杰,王婧,等.四川省水稻干旱灾害承灾体脆弱性研究[J].自然灾害学报,2013,22(5):221-226.

[56] 裴欢,王晓妍,房世峰.基于 DEA 的中国农业旱灾脆弱性评价及时空演变分析[J].灾害学,2015,30(2):64-69.

[57] 王莺,王静,姚玉璧,等.基于主成分分析的中国南方干旱脆弱性评价[J].生态环境学报,2014,23(12):1897-1904.

[58] 李梦娜,钱会,乔亮.关中地区农业干旱脆弱性评价[J].资源科学,2016,38(1):166-174.

[59] 严奉宪,张钢仁,朱增城.基于农户尺度的农业旱灾脆弱性综合评价——以湖北省襄阳市曾都区农户调查为例[J].华中农业大学学报(社会科学版)2012(1):11-16.

[60] 阎莉,张继权,王春乙,等.辽西北玉米干旱脆弱性评价模型构建与区划研究[J].中国生态农业学报,2012,20(6):788-794.

[61] 王静爱.中国省市区地理:河南地理[M].北京:北京师范大学出版社,2010.

[62] 葛全胜,秦铭,郑景云.中国自然灾害风险综合评估初步研究[M].北京:科学出版社,2008.

[63] 贾建英,贺楠,韩兰英,等.基于自然灾害风险理论和 ArcGIS 的西南地区玉米干旱风险分析[J].农业工程学报,2015,31(4):152-159.

[64] 徐品泓.河南省冬小麦旱灾风险评价[D].北京:北京师范大学,2011.

[65] 张强,邹旭恺,肖风劲,等.气象干旱等级 GB/T20481—2006[S].北京:中国标准出版社,2006.

[66] 莫建飞,陆甲,李艳兰,等.基于 GIS 的广西洪涝灾害孕灾环境敏感性评估[J].灾害学,2010,25(4):33-37.

[67] 张蕾,霍治国,黄大鹏,等.海南瓜菜春季干旱风险分析与区划[J].生态学杂志,2014,33(9):2518-2527.

[68] 王春乙,张雪芬,赵艳霞.农业气象灾害影响评估与风险评价[M].北京:气象出版社,2010.

[69] 杨平,张丽娟,赵艳霞,等.黄淮海地区夏玉米干旱风险评估与区划[J].中国生态农业学报,2015,23(1):110-118.

[70] 王春乙,娄秀荣,王建林.中国农业气象灾害对作物产量的影响[J].自然灾害学报,2007,16(5):37-43.

[71] 李树岩,刘荣花,师丽魁,等.基于CI指数的河南省近40 a干旱特征分析[J].干旱气象,2009,27(2):97-102.

[72] 薛昌颖,刘荣花,马志红.黄淮海地区夏玉米干旱等级划分[J].农业工程学报,2014,30(16):147-156.

[73] 米娜,张玉书,蔡福,等.土壤干旱胁迫对作物影响的模拟研究进展[J].生态学杂志,2016,35(9):2519-2526.

[74] 董朝阳,刘志娟,杨晓光.北方地区不同等级干旱对春玉米产量影响[J].农业工程学报,2015,31(11):157-164.

[75] 张建平,刘宗元,王靖,等.西南地区综合干旱监测模型构建与验证[J].农业工程学报,2017,33(5):102-107.

[76] 陈玉萍,陈传波,丁士军.南方干旱及其对水稻生产的影响——以湖北、广西和浙江三省为例[J].农业经济问题,2009,31(11):51-57.

[77] 许朗,欧真真.淮河流域农业干旱对粮食产量的影响分析[J].水利经济,2011,29(5):56-59,74.

[78] 何永坤,唐余学,张建平.中国西南地区干旱对玉米产量影响评估方法[J].农业工程学报,2014,30(23):185-191.

[79] 杨晓晨,明博,陶洪斌,等.中国东北春玉米区干旱时空分布特征及其对产量的影响[J].中国生态农业学报,2015,23(6):758-767.

[80] 丑洁明,董文杰,叶笃正.一个经济-气候新模型的构建[J].科学通报,2006,51(14):1735-1736.

[81] 成林,马志红,李树岩.气候变化对河南省夏玉米单产的影响分析[J].玉米科学,2016,24(1):88-95.

[82] 刘珂,姜大膀.基于两种潜在蒸散算法的SPEI对中国干湿变化的分析[J].大气科学,2015,39(1):23-36.

[83] 魏凤英.现代气候统计诊断与预测技术[M].2版.北京:气象出版社,2007.

[84] 吴丽丽,李谷成,尹朝静.生长期气候变化对我国油菜单产的影响研究——基于1985—2011年中国省域面板数据的实证分析[J].干旱区资源与环境,2015(12):198-203.

[85] 付莲莲,朱红根,周曙东.江西省气候变化的特征及其对水稻产量的贡献——基于"气候-经济"模型[J].长江流域资源与环境,2016,25(4):590-598.

[86] 史佳良,王秀茹,李淑芳,等.近50年来河南省气温和降水时空变化特征分析[J].水土保持研究,2017(3):151-156.

[87] 陈强.高级计量经济学及Stata应用[M].北京:高等教育出版社,2014.

[88] 刘小雪,申双和,刘荣花.河南夏玉米产量灾损的风险区划[J].中国农业气象,2013,34(5):582-587.

[89] 陈卫洪,谢晓英.气候灾害对粮食安全的影响机制研究[J].农业经济问题,2013(1):12-19.

[90] 周力,周曙东.极端气候事件的灾后适应能力研究——以水稻为例[J].中国人口·资源与环境,2012,22(4):167-174.

[91] 姜彤,李修仓,巢清尘,等.《气候变化 2014:影响、适应和脆弱性》的主要结论和新认知[J].气候变化研究进展,2007,3(3):123-131.

[92] 周景博,冯相昭.适应气候变化的认知与政策评价[J].中国人口·资源与环境,20011(7):57-61.

[93] 林而达,吴绍洪,戴晓苏,等.气候变化影响的最新认知[J].气候变化研究进展,2007,3(3):123-131.

[94] 杨红旗,路凤银,郝仰坤,等.中国玉米产业现状与发展问题探讨[J].中国农学通报,2011,27(6):368-373.

[95] 吕亚荣,陈淑芬.农民对气候变化的认知及适应性行为分析[J].中国农村经济,2010(7):75-86.

[96] 闫根海,杨晓军,王斌,等.地膜覆盖对玉米产量及其土壤状况的影响[J].安徽农业科学,2010,38(12):6405-6406+6413.

[97] 汪黎明,王庆成,孟昭东.中国玉米品种及其系谱[M].上海:上海科学技术出版社,2010.

[98] 范世友,王越人,姜海英.玉米抗旱栽培技术[J].内蒙古农业科技,2010(2):121.

[99] 王加华.清季至民国华北的水旱灾害与作物选择[J].中国历史地理论丛,2003(1):84-91.

[100] 程静,陶建平.全球气候变暖背景下农业干旱灾害与粮食安全——基于西南五省面板数据的实证研究[J].经济地理,2010(9):1524-1527.

[101] 周力,周应恒.粮食安全:气候变化与粮食产地转移[J].中国人口·资源与环境,2011,21(7):162-168.

[102] 冯晓龙,陈宗兴,霍学喜.基于分层模型的苹果种植农户气象灾害适应性行为研究[J].资源科学,2015,37(12):2491-2500.

[103] 何凌云,黄季焜.土地使用权的稳定性与肥料使用——广东省实证研究[J].中国农村观察,2001(5):42-48.

[104] 周晶,陈玉萍,丁士军.中国粮食单产波动分解及其预警分析[J].农业技术经济,2013(10):106-113.

[105] 王向辉.西北地区环境变迁与农业可持续发展研究[D].西安:西北农林科技大学,2011.

[106] 张成龙,柴沁虎,张阿玲,等.中国玉米生产的生产函数分析[J].清华大学学报(自然科学版),2009,49(12):2028-2031.

[107] 黎红梅,李波,唐启源.南方地区玉米产量的影响因素分析——基于湖南省农户的调查

[J]. 中国农村经济,2010(7):87-93.

[108] 李少昆,王崇桃. 中国玉米产量变化及增产因素分析[J]. 玉米科学,2008(4):26-30

[109] 周曙东,周文魁,林光华,等. 未来气候变化对我国粮食安全的影响[J]. 南京农业大学学报(社会科学版),2013,13(1):56-65.

[110] 王筠菲. 气候变化对水稻生产和效率的影响评价——以江苏省为例[D]. 南京农业大学,2012.

[111] 毛建康. 淮河流域水资源可持续利用[M]. 北京:北京科学出版社,2006.

第 五 篇
DI WU PIAN

农业水价综合改革问题研究

第1章

农业水价综合改革现状、问题及对策

——以安徽六安市为例

    中国是水资源相对贫乏的国家。2014 年,中国人均水资源量是 2 100 m³,不到世界人均水资源量的 1/4,是全球 13 个人均水资源贫乏的国家之一。作为农业大国,中国农业用水量占社会用水总量的 60％左右。虽然农业用水中 90％以上是灌溉用水,但全国平均灌溉用水利用系数只有 45％左右,与节水技术先进的国家 70％～80％的高利用率差距明显。面对日益紧迫的水资源短缺问题和实现农业可持续发展的要求,实现农业节约用水成为中国农业提高水资源利用率、摆脱缺水危机、保障粮食安全的必然选择。作为农业节水的重要突破口,农业水价综合改革已成为当前农村工作和社会关注的热点与难点。2014 年中央一号文件明确指出要深入推进农业水价综合改革,做到明晰农业水权,严格农业用水总量控制和定额管理;健全农业水价形成机制;建立农业用水精准补贴机制和节水激励机制等。这些都将成为推进农业水价改革的重点。

1 项目区概况

1.1 项目区基本情况

    六安市金安区位于安徽省西部,大别山北麓,淮河以南江淮丘陵西缘,北纬 $30°16'$—$32°05'$,东经 $116°30'$—$116°05'$,东临肥西,西接裕安区,南与舒城、霍山接壤,北与寿县毗邻。按地形特征,全区可分为 4 个较为典型的区域:南部的低山区,海拔 300～500 m;中部的江淮分水岭丘岗区,海拔 50～200 m;东南部沿丰乐河的平畈区和西北部的沿淠河平畈区,海拔 30～50 m。境内地势由南向北降低,以丘岗为主,是一个山、岗、湾、畈兼有的农业大区。全区耕地资源总量

49 663 hm²,常用耕地 48 210 hm²,其中水田 41 916 hm²,水浇地 6 294 hm²。有效灌溉面积 5 万 hm²,旱涝保收面积 2 万 hm²,节水灌溉面积 0.14 万 hm²。

1.2 项目区农业水价综合改革的举措

（1）明确农业用水总量和定额。结合项目区多年用水总量和淠史杭灌区史河灌区用水定额,对试点区农业用水总量和用水定额进行了测算和核定,明确了试点区 2015 年农业用水定额,干旱年份用水定额为 6 810 m³/hm²,丰水年份用水定额为 5 550 m³/hm²。

（2）农业水价形成机制。项目区测算农业供水成本依据:国有水利工程供水价格＋末级渠系水价＝0.043 4＋0.031 6＝0.075(元/m³),其中国有水利工程供水价格＝(上交淠史杭水费 104.53 万元＋工程运行维护费 176.3 万元)/灌区近 5 年从淠史杭年均引水 6 470.6 万 m³＝0.043 4 元/m³;末级渠系水价＝末级渠系平均每公顷管理维护成本 185.25 元/hm²÷每公顷用水量 5 862.9 m³/hm²＝0.031 6 元/m³,完全成本时终端水价为 0.075 元/m³。农业水价综合改革前农业水价为 0.056 元/m³。改革后省物价局最终批复执行水价:粮食作物为 0.075元/m³,经济作物为 0.09 元/m³,水产养殖为 0.10 元/m³。改革前水费是按耕地面积收费;改革后农业水费是按实际用水量收取。

（3）精准补贴和节水奖励机制。根据水利部 2009 年 3 月 29 日实施的《旱情等级标准》,项目区遇到严重干旱及以上的年份,政府根据财力状况全额补贴试点区实缴水费(水价为试点批复的执行水价)超过试点前水费差额部分;丰水年份,补贴试点区实缴水费(水价为试点批复的执行水价)超过试点前水费差额的 50%。

节水奖励标准:区政府将根据财力状况、节水目标、节水成本、节水量等确定单位面积的奖励标准。用水量在核定灌溉定额(严重干旱年份 6 810 m³/hm²、丰水年份 5 550 m³/hm²)以内,试点区以执行水价和节水量为基数,按 50%计算奖励金额。

（4）用水合作组织建设。根据农业水价综合试点项目要求,在项目区内成立了一个用水合作组织——金安区明泉合作社。目前该合作组织已基本制定各项制度,并启动运行,同时对试点区内种粮大户和农民用水户的水权水量分配已初步完成并登记造册。除了参与试点区的工程建设、水价方案制定等活动,用水合作组织还将统一调配试点区内主要渠道的放水。

1.3 项目区取得的成效

（1）试点区在全区率先试行了农业用水全成本水价、定额管理、水权分配、节奖超罚机制,充分调动了用水户节约用水的积极性,有利于推广高效节水农业,达到节约用水和水资源的可持续利用的目的。

(2)通过项目实施,对主要灌溉渠道进行了衬砌硬化,各类渠系建筑物建设了配套,渠系的水利用率大幅提高,加上用水合作组织的规范运行、管理,减少了跑、冒、渗、漏,缩短了灌溉周期,由原来的 20 d 缩短至 15 d,用水量也由 6 750 m³/hm² 减少到约 4 500 m³/hm²,节水效果十分显著。由于试点区的基础条件显著改善,吸引了社会资金参与末级渠系建设。

(3)通过与用水合作组织签订工程管护责任书,发放工程产权证书、使用权证书,明确管护主体的责、权、利,保障工程能持续良性运行,发挥最大效益。

2　农业水价综合改革存在的问题

(1)农业水权回购或转让难以实现。考虑项目区政府没有实施过水权回购,用水户水权转让意识淡薄,各级供水单位没有建立水权交易平台等因素,在项目区农业水权回购或转让暂难以实现。

(2)田间灌溉体系不完善,基础设施落后。灌区普遍存在斗、农渠配套率低、老化失修现象,水量浪费严重,满足不了灌区输水灌溉需求,灌溉水利用率低;农民群众的水商品意识不强,灌水技术落后,长期养成的"吃大锅饭、喝大锅水"的习惯一时难以改变;灌溉缺乏科学化、合理化、制度化和定额化管理,受益不均等问题较为突出。

(3)补贴资金量大,县区政府财政难以维持。综合考虑田间渠系配套不到位、群众长期形成的"嘴对嘴、长流水"的灌溉习惯、农民节水意识不强、基层用水合作组织不完善等因素,如全面推行农业水价综合改革,补贴资金过大,县区政府难以维持。

(4)灌溉定额标准难以统一。综合考虑不同田块的实际用水量受灌溉条件、水源条件、水源距离、种植结构、种植方式、土壤类型、不同降雨条件等因素影响,不同田块的灌溉定额标准不能统一,需在实际工作中逐步修订、完善。

3　农业水价综合改革的政策建议

(1)建立水权交易平台,实施水权回购。在淠史杭管理总局建立水权交易平台,各县区政府出台水权回购政策,以支持各用水户之间进行农业水权转让和水权回购。

（2）加大田间工程投入，全面落实小型水利工程运行管护责任。对淠史杭灌区末级渠系进行全面配套，完成支、斗、农、毛渠功能，解决小型农田水利基础设施最薄弱的环节，成立基层用水合作组织，明晰工程管护职责，切实加强每处小型水利设施的管理，在管理者与用水户之间建立起真正的供需关系，使农民得到实惠，调动农民维护管理工程的积极性，为"科学用水、计划用水、节约用水、水利工程可持续运行"奠定坚实基础。

（3）在项目投资中可以安排适当的建后管护费用，后期的水量测量、工程管理维护工作量大，运行管护后续资金没有保障；补贴奖励资金如果仅限于试点区，区财政尚可承担，但如果全区推广，区财政压力较大。建议在全区推广时，可以取消财政补贴，只执行节水奖励和超用多用加价政策，基本做到奖补平衡，而且应从水源条件好、渠系配套完善、基层用水组织健全的地方先推广，先易后难逐步扩展。另外可以适当提高水价，使水费收入略有盈余，吸引社会资金参与，最终达到以水养水。

（4）拟执行的粮食作物水价和用水定额都是根据历年统计推算而得，经济作物实际用水定额更没有可参照的先例，精准水价和不同年景、不同土壤墒情的实际用水量必须在项目建成后，经多年测量记录计算得出水价和用水定额，才能在全区推广执行。建议试点区积极推进土地流转、大户承包的政策，这样水权确认、用水计量、水费征收更便于操作，数据更加精确。

第 2 章

水价改革背景下农户灌溉方式
选择行为的影响因素

——基于开封县和丰县的调查

由于农业发展水平落后,我国多数地区仍采取粗放式的灌溉方式,这是农业用水浪费严重的主要原因之一。为推动新型节水灌溉方式的应用,从源头上解决农业灌溉效率低下的问题,2015 年中央一号文件提出要加快大中型灌区续建配套与节水改造,加快推进现代灌区建设,加强小型农田水利基础设施建设,推动农业水价综合改革。但小农户是否接受节水灌溉方式,还取决于农户对自身利益最大化的考量。水价作为水资源管理的有效经济手段,在促进节约用水、调节水需求和水资源配置等方面起着不可替代的作用。因此,新型节水灌溉方式的应用必须与水价改革相结合,才能更有效地推广到一家一户。在水价改革的大背景下,笔者所在课题组认为,与水价有关的因素对农户灌溉方式选择行为的影响将更为显著。本研究选取同位于黄淮流域的河南省开封县、江苏省丰县作为样本点,试图找出影响两地农户灌溉方式选择行为的因素,以验证上述假设。

1 研究进展

国内学者对农户节水灌溉技术采纳行为的影响因素做了一些实证研究。韩青等依据山西省的农户调查资料,运用 Multinomial Logit 模型,对农户灌溉技术选择的影响因素做了实证研究,发现粮食作物和经济作物在灌溉技术选择中表现出明显的差异,粮食作物一般采用水利用率较低的传统技术,而经济作物一般采用水利用率较高的现代技术。黄玉祥等通过对陕西省温室作物生产地区的实地调研发现灌水成本、对现有灌溉方法的满意度、对节水灌溉方式的已有认知、种植经验、政府补贴方式及力度等均会影响到农户的认知程度。国亮等通过对陕西省的实证分析,运用 Logit 方法对影响节水灌溉技术扩散的所有主要因素进行了系统的研究,结果表明,影响因素中的缺水程度、户主受教育水平、农业收入占比、村人示范、户主年龄等因素对农户采纳行为影响显著。许朗等利用山东省蒙阴县的农户调查资料,运用二元 Logit 模型对农户节水灌溉技术选择行为的影响因素进行了实证分析,发现农户对节水灌溉技术的认知程度、家庭收入来源及其中农业收入所占比重、耕地面积、有效灌溉面积、政府对节水灌溉技术的宣传力度、农户对节水灌溉政策的满意度、农户对节水灌溉技术投资方式的满意度以及水价认知,都是影响农户节水灌溉技术选择行为的重要因素。于法稳等以内蒙古自治区河套灌区为例,探究灌溉水价对农户行为的影响,发现在该灌区进行水价调整,会促使农户选择节水灌溉方式,调整种植结构,从而实现减少灌溉用水量的目的。雷波等通过理论分析和实证研究得出,农业水价改革不仅能显著影响农户灌溉的决策行为,还能有效促进农业节水技术的应用和推广,但要全面实现农业节水还需要政府部门以及全社会更广泛地参与和更多的投入。

　　本研究借鉴前人的研究成果,选择有代表意义的变量进行模型分析。本研究的创新之处主要体现为以下几个方面:首先,以水价改革作为研究背景,在此背景下,水价、灌溉水费收取方式等相关因素可能会对农户的选择行为产生更大的影响;其次,实证研究选取的样本点为开封县和丰县,两地气候略有不同,相似之处表现在均位于黄淮流域,经济作物种植很集中,但缺水严重,并且由于经济发展水平落后,农民节水意识低下、参与意识不强,导致新型节水器具及新型灌溉方式的推广效果不佳。两地可以作为华北平原缺水地区的典型代表,具有一定的借鉴意义。

2　样本点与农户基本情况

　　我国现阶段采用的节水灌溉技术主要包括节水灌溉工程技术、农业耕作栽培节水技术和节水管理技术。本次研究的灌溉技术特指节水灌溉工程技术,并依据各种技术的节水效果,将渠道防渗称为传统技术,将管道输水和喷灌、微灌技术称为现代技术。

2.1　样本点基本情况

表 5-2-1　农户基本情况描述性分析

类型	特征	开封县		丰县	
		农户数(户)	所占比例(%)	农户数(户)	所占比例(%)
性别	男	64	85	56	69

续表

类型	特征	开封县		丰县	
		农户数 （户）	所占比例 （%）	农户数 （户）	所占比例 （%）
年龄	女	11	15	24	31
	0～39 岁	17	23	30	38
	40～59 岁	47	63	44	55
	60 岁及以上	11	14	6	7
受教育程度	文盲	5	7	3	4
	小学	15	20	7	9
	初中	32	43	35	44
	高中	16	21	31	39
	大专及以上	7	9	3	4
农业收入占比	50% 以下	34	45	53	66
	50%～74%	24	32	10	13
	75%～100%	17	23	17	21

本研究选取开封县、丰县作为考察对象,主要基于以下原因。开封县地处河南省中东部,属黄河冲积平原的组成部分,处于半干旱半湿润地区,水资源总量严重不足,且时空分布不均,水质日趋恶化。开封县径流深 43.1 mm,地下水资源模数 10.0,其所在市农业用水量 9.567 3 亿 m^3(农田灌溉占 91.8%),占总用水量的 72.7%,农业灌溉耗水率高达 62%。近年来,开封县积极推广节水技术和节水器具,但推广结果难以令人满意。丰县位于江苏省西北部,属于淮河流域中下游,农田灌溉用水 6.56 亿 m^3,主要以地表水为主。其中,丰县是江苏省水资源量最少的区域之一,平水年份,人均占有量为 262 m^3,不足全国人均水平的1/5,且降水时空分布不均,造成洪涝和干旱频繁发生。由于径流的不确定性和环境污染,导致大量水资源无法利用。近几年,节水灌溉设施在丰县的部分村庄已经建成,但技术推广效果不显著,对于一个果树种植大县,节水灌溉技术的推广问题亟待解决。在农业灌溉用水水价方面,两地有很大差异,开封县的灌溉水费按电费收取,电费在居民用水的基础上有一定的加成,在 0.8～1 元/(kW·h)。而丰县大多地区每年收取固定的灌溉费用,为 30 元/年。总之,两地大多数地方仍采用传统型灌溉方式,节水灌溉技术利用率低,推广难度大,且灌溉水价设定存在一定的不合理性,亟待改善。

2.2　调查方案与样本农户基本情况

本研究数据是笔者所在课题组 2015 年 8 月实地调研所得。调查地点选取了河南省开封县的 3 个镇 5 个村及江苏省丰县的 2 个镇 5 个村,均为节水灌溉技术已经覆盖或即将覆盖的区域,被调查对象为样本村的普通农户及村干部。采用个案访谈法,调查问卷共 170 份,有效问卷 155 份,其中开封县 75 份,丰县 80 份。

在所调查的 155 个有效样本中,男性占有绝对比例,开封县男性占比 85%,丰县男性占比 69%。丰县的被调查对象中仅有 6 人加入用水协会,开封县的调查对象中没有农户加入用水协会,通过深入了解发现,开封县基本没有组织过用水协会。被调查农户中,农户年龄主要集中在 40~59 岁,开封县为 63%,丰县为 55%。开封县户主受教育程度主要集中在小学和初中,占比 63%,丰县被调查户主受教育程度主要集中在初中和高中,占比 83%。两地农业收入占比处于 50% 以下的农户较多,开封县占 45%,丰县占 66%。关于两地的灌溉状况,开封县的 75 个样本中有 17 户采取节水灌溉方式;丰县的 80 个样本中有 45 个采取节水灌溉方式,两地灌溉成本均以 300 元/年以下居多。所调查农户中,不采用节水灌溉的原因主要是没有技术和缺乏资金。

3　构建农户灌溉方式选择的影响因素模型

3.1　模型简介

农户的选择行为包括选择与不选择 2 种情况,因此采取二元 Logit 模型,自变量为可能影响农户选择的因素。模型如下:令 $y=0$,表示未采用节水灌溉;$y=1$,表示采用节水灌溉。将采用节水灌溉的概率记为 p,它与自变量 $x_1,x_2,\cdots,x_p$ 之间的 Logit 回归模型为

$$p = \frac{\exp(\beta_0 + \beta_1 x_1 + \cdots + \beta_p x_p)}{1 + \exp(\beta_0 + \beta_1 x_1 + \cdots + \beta_p x_p)} \tag{5-2-1}$$

经数学变换得:

$$\ln[p/(1-p)] = \beta_0 + \beta_1 x_1 + \cdots + \beta_p x_p \tag{5-2-2}$$

Logit 回归方程:

$$\text{Logit}(p) = \beta_0 + \beta_1 x_1 + \cdots + \beta_p x_p \tag{5-2-3}$$

设第 i 个因素的回归系数为 β_i,表示其他自变量固定不变的情况下,自变量 x_i 每增加 1 个单位时,影响因变量 y 发生变化的倍数。

3.2 变量的选择

农户对节水灌溉技术的选择取决于多方面的因素,其中主要包括自然因素、经济因素、社会环境因素 3 个方面。在选择变量的过程中,运用 SPSS 软件对所选变量进行相关性分析,尽可能全面地选择一些有代表性的变量。在进行计量分析的过程中一些数值型变量的系数并不显著,因此改变模型形式对数值型变量均取对数,包括农业劳动力、农业劳动力占比、农业收入占比、耕地面积、灌溉次数和水价。下面对所选变量进行解释说明。(1)反映农户自身特征的变量,包括被采访对象的受教育程度及是否为村干部,其中受教育程度分为文盲、小学、初中、高中、大专及以上 5 个层次,2 个因素均用虚拟变量来表示。(2)反映农户家庭特征的变量,包括农业劳动力,劳动力的界定范围是 16~60 岁;农业劳动力占比,即家庭农业劳动力占总劳动力的比例;农业收入占比中的农业收入是指毛收入。(3)反映农户耕地状况的变量,包括耕地面积和灌溉次数,其中耕地面积用单位 hm² 来表示,灌溉次数用单位“次/hm²”来表示。(4)反映农户对节水灌溉技术的认知的变量,包括农户对节水灌溉方式的了解程度,将其分为不了解、知道一点、知道一些、很清楚 4 个层次,用虚拟变量来表示,通过农户了解渠道的多少来衡量。问卷中了解渠道主要包括 8 个方面,专业大户或示范户传授、从邻居或亲朋好友处了解、农机推广站等政府部门、广播电视、书籍报刊、参加培训班、专家讲座、网络学习。其中,对节水灌溉方式的了解程度为 0 记为不了解,1 记为知道一点,2~3 记为知道一些,4 以上记为很清楚。(5)反映水价及水价认知的变量,包括灌溉用水水费收取方式、现行水价、农户对水价的认知。其中灌溉水费收取方式包括水表计费、按面积计费、每年统一收费 3 种情况,用虚拟变量表示;现行水价用单位“元/hm²”来表示;农户对现行水价的认知包括很高、偏高、合适、偏低、不知道 5 个层次,用虚拟变量来表示。(6)反映政府层面的变量,包括政府宣传,分为没有、偶尔、经常 3 个层次,用虚拟变量来表示。根据155 份调查问卷,得出各入选变量的统计特征(表 5-2-2)。

表 5-2-2　模型变量的解释、统计特征及预期影响方向

变量名称	变量含义	均值	标准差	预期影响
受教育程度	文盲=0;小学=1;初中=2;高中=3;大专及以上=4	2.200	0.949	正向
是否为村干部	否=0;是=1	0.080	0.268	正向
农业劳动力数量	单位:个	1.530	1.016	正向
农业劳动力占比	无	0.693	0.231	负向
农业收入占比	无	0.525	0.292	正向

变量名称	变量含义	均值	标准差	预期影响
耕地面积	单位:hm²	1.974	0.759	正向
灌溉次数	单位:次/hm²	1.456	0.514	正向
对节水灌溉方式的了解程度	不了解=0;知道一点=1;知道一些=2~3;很清楚=4	1.190	0.799	正向
灌溉水费收取方式	每年固定收费=0;面积计费=1;水表计费=2	0.650	0.894	正向
现行水价	单位:元/hm²	3.780	1.062	正向
对水价认知	不知道=0;偏低=1;合适=2;偏高=3;很高=4	2.680	0.812	正向
政府宣传	没有=0;偶尔=1;经常=2	0.810	0.763	正向

4 模型估计结果与分析

利用 SPSS 对二元 Logit 模型进行回归分析,结果见表 5-2-2、表 5-2-3。表 5-2-3 是模型系数综合检验的结果,步骤、块、模型的 p 值均为 0,说明模型总体拟合度较好。由表 5-2-2 可知,农业劳动力数量、灌溉次数、水价、灌溉用水收费方式对农户选择节水灌溉方式的行为均有显著的正向影响。模型估计结果也印证了上述的假设,与水价相关的因素对农户节水灌溉方式的选择有显著的影响。

从农户家庭来看,农业劳动力数量对农户选择行为有显著正向影响。农业劳动力数量越多,农户越倾向选择节水灌溉方式。由于所调查农户多以种植经济作物为主,而经济作物相对粮食作物能给农村家庭带来相对丰厚的收入。所调查的农户中有 67%的家庭农业劳动力占总劳动力的比例超过 50%。另外 61%的农户表示愿意选择使用节水灌溉的原因之一是节约劳动力。

表 5-2-3 农户节水灌溉方式选择行为影响因素模型的估计结果

变量名称	系数值	标准差	p 值
受教育程度			0.390
受教育程度(1)	−1.018	1.497	0.496
受教育程度(2)	−0.256	1.107	0.817
受教育程度(3)	0.372	0.936	0.691
受教育程度(4)	−0.585	0.917	0.524
是否为村干部	1.063	0.978	0.277
农业劳动力占比	−0.794	1.238	0.521
农业劳动力数量	0.752**	0.343	0.028
农业收入占比	1.060	0.865	0.221
耕地面积	0.400	0.371	0.281
灌溉次数	0.859*	0.510	0.092

续表

变量名称	系数值	标准差	p值
水价	0.374	0.230	0.104
对水价认知			0.702
对水价认知(1)	−0.535	1.299	0.680
对水价认知(2)	−0.932	1.000	0.351
对水价认知(3)	−1.062	0.908	0.243
收费方式			0.038
收费方式(1)	0.160	0.615	0.795
收费方式(2)	2.446**	0.991	0.014
政府宣传			0.167
政府宣传(1)	−1.307	0.709	0.065
政府宣传(2)	−0.935	0.612	0.126
对节水灌溉方式的了解程度			0.033
对节水灌溉技术的了解程度(1)	−1.544	1.235	0.211
对节水灌溉技术的了解程度(2)	−1.167	1.025	0.255
对节水灌溉技术的了解程度(3)	0.402	1.047	0.701
常量	−3.734	2.429	0.124

注：**，*表示在5%，10%的显著性水平。

从耕地特征来看，灌溉次数对农户是否采用节水灌溉方式有显著正向影响，这与预期一致。灌溉次数直接影响到灌溉成本，灌溉次数越多，灌溉成本越高。为节约灌溉成本，农户更愿意以一次性投入节水灌溉设施的成本以代替长期的高额灌溉成本。样本数据显示，约79%的农户灌溉成本占比超过5%，其中约48%的农户灌溉成本占比超过10%。

从水价来看，灌溉水费的收取方式和现行水价对农户的选择行为有显著的正向影响。灌溉水费的收取方式包括3种，即每年收取固定费用、按耕地面积计费、按水表计费。按水表计费的灌溉方式在一定程度上可以激励农户节约灌溉用水，激励农户选择节水灌溉方式。现行水价越高，农户越倾向于采取节水灌溉方式，这也为水价改革提供了依据，通过提高水价，再结合定额内用水享受优惠水价、超定额用水累进加价的制度，可以更有效地推进农业水价改革的实施。

表5-2-4 模型系数的综合检验

项目	卡方	变量个数	p值
步骤	62.524	21	0
块	62.524	21	0
模型	62.524	21	0

5 对推广节水灌溉技术的相关建议

5.1 大力倡导并支持土地承包

土地承包有利于形成规模化经营,有利于节水灌溉方式的推广。节水灌溉作为一项水利基础设施,需要一次性投入相对较高的固定成本,小农户可能难以承担,这也是制约小农户选择节水灌溉的主要因素。而规模化经营下大量土地的集中,可以节约大量的固定成本,无疑会推动节水灌溉方式的实施。因此,政府及相关部门应该为土地承包创造一项良好的制度和政策环境,并采取相关措施激励土地承包经营。

5.2 对农户加强技术宣传和培训

农户是农业生产的主体,也是农业技术采用的主体,农户对农业技术的了解程度影响农户的选择。在不了解节水灌溉技术的情况下,出于保护自身利益考虑,农户有规避风险的倾向,不愿意尝试新技术,只有对农民加强宣传教育,抓住农民的心理和需求,让他们清晰地了解到采用新技术的潜在收益,农民才愿意采用新技术。政府要充分发挥组织和领导职能,与农技部门、农业用水协会、新闻媒体密切合作,加强技术宣传和培训。

5.3 完善政府职能,加大扶持力度

政府是节水技术的推广主体,但在经济发展水平落后地区,政府的推广责任未能有效落实,政府职能须进一步完善。除了加强宣传培训之外,还须加大扶持力度。调查结果显示,农户未采用节水灌溉方式的第二大原因是资金不足,这就需要政府进行一定的资金补贴,有助于农户接受并采纳新技术。

6 水价改革的相关建议

提高农业灌溉用水价格,并与超额累进水价和定额内激励制度相结合。提高农业灌溉水价可以在一定程度上有效促进农民选择节水灌溉方式,以达到节约农业灌溉用水的目的,多个地区的实践已经证明超额累进水价可以显著减少灌溉用水量。但要想让农民真正培养起节水意识,还须与激励制度相结合,对不同种类的农作物设置不同的用水定额,定额内对农民进行资金补贴,以达到节约

用水的长期目标。

　　建立用水协会,采用以量计价的收费方式。按耕地面积计费和每年收取固定费用的收费方式在农村地区仍被大量采用,而这 2 种方式并不能反映出水资源的稀缺性,无法起到激励农户节约用水的作用。水价改革要求"计量供水,核算到户,收费到户,开票到户",这一目标的实现不仅要求有合理的以量计价的水费计费方式,更要成立用水协会等相关机构进行水量水费的核算,两者相辅相成才能有效推动节水灌溉方式的应用,以达到节约用水的目的。

第3章

农民灌溉水价心理承受力的影响因素分析

——基于山东省243户农户的问卷调查

农业灌溉水价政策在提高水的利用效率,促进水资源的优化配置,激励人们产生节水意识等方面会产生良好的调控作用,因此对缓解水资源危机具有重大意义。然而,由于农业的弱质性,其水价问题并不仅仅是单纯的成本与价格核算问题,还需要着重考虑农民承受力这一因素的影响。目前,对农民承受力的研究主要集中在其经济承受力上,却忽视了农民的心理承受力。心理承受力指人们在某种信号刺激下仍能保持常态的容忍能力,人们对经济生活变化的反应不仅仅取决于其经济上的承受力,在很大程度上还取决于心理上的承受力,而心理承受力受知识水平、价值观念等因素的影响,并且存在层次上的差异。

在农户经济承受力方面已有许多定量考察的方法,如可以从水费支出水平现状分析,或者使用扩展线性支出系统来进行研究。但目前心理承受力及其影响因素尚未有精确的定量描述模型。本研究通过对山东省蒙阴县243户农户的实地问卷调查,利用二元 Logit 模型对农民灌溉水价心理承受力的影响因素进行分析,寻找导致农民心理承受力较低的原因,并提出相关的政策建议,以确保农民不仅在经济上能够承担水价,更从内心深处认同水价,为我国农业水价改革的顺利进行奠定基础。

1 数据来源

本研究所用数据来源于2013年4月的实地调查,调查区域为山东省临沂市蒙阴县农村地区,抽取了两镇一乡11个行政村,包括野店镇、高都镇和旧寨乡。此次调查共发放问卷250份,回收有效问卷243份,样本有效率为97.2%。在实地调研之前,蒙阴县水利局人员提供了该县相关的水价资料,为选取实地调研对象提供了一定的参考。

根据调研地区实际情况,当地农户灌溉水资源主要来自地下、水库以及附近河流。其中,灌溉水源来自地下的农户占 52.3%,来自水库的占 32.1%,来自附近河流的占 15.6%。可见,地下水是农户灌溉用水的主要来源。目前,农户主要通过两种方式获得灌溉用水,一种是通过自己打井或买泵抽取水库河流的水获得,另一种从集体机井获得。调研地区平均实际灌溉费用在 78 元/亩左右。

2　水费支出水平现状分析

水是农业生产活动中一种重要的生产要素,其获取成本的高低将会影响农业生产的成本以及利润,进而影响农民的实际收入,从而影响到农民的承受力。因此,通过水费占农业生产投入或利润的比例,来计算水费承受力的相关指数,是衡量农业灌溉水价经济承受能力的一种传统方法。

水利部水资源司在农业灌溉水价的研究中,从 4 个侧面研究农民对农业灌溉水水价的承受力,认为当水费占农业生产成本的比例为 20%～30%,水费占农业产值的比例为 5%～15%,水费占农业净收入的比例为 10%～20%,水费占农户家庭总收入的比例为 5%～12% 时,水价就处于农户的承受力之内。

由于各地自然条件、社会条件与经济条件存在差异,这一系列指标在较大范围内会存在波动。根据蒙阴县的实际情况,农户水费承受力标准如表 5-3-1 所列。

表 5-3-1　农户水费承受力标准

水费/农业生产总成本	水费/农业产值	水费/农业净收入	水费/家庭总收入
15%～25%	5%～15%	10%～20%	5%～10%

蒙阴县目前的主要种植作物为苹果、桃子等,因此本研究将苹果确定为主要分析研究的对象,用来反映当地的农业生产与灌溉水费情况。通过对投入与产出相关数据的统计,蒙阴县农作物效益调查分析结果见表 5-3-2 及表 5-3-3。

表 5-3-2　主要农作物平均生产成本(元/亩)

农药	化肥	水费	其他物质与服务费用	人工成本	土地成本	总成本	水费占总成本
535.6	1 271.6	78.0	820.4	3 650.5	220.7	6 567.8	1.19%

表 5-3-3　现行水价标准下农作物的平均灌溉效益分析

灌溉定额 (m³·亩⁻¹)	产量 (kg·亩⁻¹)	总产值 (元·亩⁻¹)	总成本 (元·亩⁻¹)	净收入 (元·亩⁻¹)	水费 (元·亩⁻¹)	水费占产值 比例(%)	水费占净收入 比例(%)
150	3 017.7	11 642.3	6 576.8	5 065.5	78.0	0.67	1.54

数据来源:实地调研、《全国农产品成本收益资料汇编》。

由分析结果我们可以看出,不管是水费占农业生产总成本的比例,还是水费占农业产值的比例,或者是水费占农业净收入的比例,都十分之低,远远小于农户支付能力标准的经验值,当地农户应该在经济上能够承受灌溉水价。

3　农民灌溉水价心理承受力的实证分析

3.1　农民对灌溉水价的心理承受力水平分析

农民心理承受力是农民灌溉水价承受力评价的重要指标。如果灌溉水价在农民的经济可承受范围之内,但是却超过了农民的心理承受力,这也会对农民的生产积极性和农村经济发展产生一定影响。

通过对蒙阴县农户水费支出现状水平的分析,发现当地农户在经济上比较容易承担灌溉水价。但在实际的问卷调查中,当被问到"觉得是否能承受本地的灌溉水价"时,当地 31.3%的农户认为不能承受,还有 68.7%的农户表示水价较为合适,可以承受。由实地调查结果可以看出,农户对灌溉水价的心理承受能力是低于经济承受力的。

3.2　灌溉水价心理承受力的影响因素分析

农民对水价的心理承受力除了与农民的经济收入水平相关,还涉及农民个体和群体的心理选择等问题,其影响因素较为复杂。本研究通过建立 Logit 二元离散选择模型来研究农民对灌溉水价心理承受力的影响因素。

3.2.1　变量的选取

根据实际调查及前期研究,选取了 3 大类共 9 个解释变量(详见表 5-3-4):

表 5-3-4　变量定义及预期作用方向

变量代号	变量名称	变量定义	预期方向
被解释变量			
Y	农户对灌溉水价的心理承受力	不能承受=0,可以承受=1	
解释变量			
X_1	性别	男=0,女=1	+或-
X_2	年龄	农户实际年龄	-
X_3	受教育程度	小学及以下=0,初中=1,高中或中专=2,大专及以上=3	+
X_4	家庭年人均收入	农户家庭实际年人均收入	+
X_5	耕地面积	耕地实际面积	+
X_6	灌溉过程方便度	不方便=1,一般=2,方便=3,很方便=4	-

续表

变量代号	变量名称	变量定义	预期方向
X_7	对改善灌溉用水状况的需求	非常需要=1,比较需要=2,不太需要=3,不需要=4	—
X_8	是否曾遭遇缺水	否=0,是=1	+
X_9	灌溉方式	农户自己提水=0,村集体提水=1	+

表 5-3-5　Logit 模型估计结果

变量代号	解释变量名称	模型一		模型二	
		Coefficient	Prob.	Coefficient	Prob.
X_1	性别	8.825 308**	0.043 6	6.735 128**	0.011 8
X_2	年龄	−0.788 73**	0.024 8	−0.810 497***	0.003 9
X_3	受教育程度	7.228 285**	0.036 6	5.162 003***	0.007 8
X_4	家庭年人均收入	4.304 575**	0.019	4.964 795***	0.009 0
X_5	耕地面积	0.425 063	0.332 5		
X_6	灌溉过程方便度	5.751 036**	0.044 2	4.156 511***	0.005 7
X_7	对改善灌溉用水状况的满求	0.073 4 75	0.954 1		
X_8	是否曾遭遇缺水	6.637 834	0.280 5		
X_9	灌溉方式	−15.680 7***	0.006 4	−14.282 57***	0.002 0
Constant	截距	8.940 718	0.43	23.216 99***	0.009 0
Log likelihood		−13.894 68		−17.138 66	
McFadden R-squared		0.790 928		0.742 116	
LR statistic				105.128 2	98.640 23
Probability(LR stat)		0.000 000		0.000 000	

注:*、**、***分别表示通过 10%、5%和 1%水平的显著性检验。

（1）农户个人特征：包括性别、年龄、受教育程度 3 个解释变量。

（2）农户家庭特征：包括家庭年人均收入、耕地面积 2 个解释变量。

（3）农户灌溉用水情况：包括灌溉方式、灌溉过程方便度、对改善灌溉用水状况的需求、是否曾遭遇缺水 4 个解释变量。

3.2.2　模型估计结果与分析

运用 Eviews 计量软件,对 243 个实地调查样本数据进行 Logit 二元离散选择模型处理,处理结果见表 5-3-5。

在处理过程中,首先将所有可能对因变量有影响的自变量都引入模型进行显著性检验,结果见模型一。根据模型一的结果,将显著性最低的那个变量剔除再重新拟合回归方程,并进行检验,直到所保留的自变量对因变量的影响都通过显著性检验为止,结果见模型二。模型一和模型二的 LR 统计值均高度显著,表明模型的模拟效果良好,应拒绝回归系数均为 0 的假设。

从以上回归结果可以看出,农户的个人特征总的来说对农户水价心理承受力影响较大。其中,农户的性别对其水价心理承受力影响显著,且为正方向影响。这意味着女性比男性对水价更有承受力,这可能是由于农户家庭的收支决策权一般掌握在男性手中,因此,男性会比女性对价格更加敏感,从而在心理上对水价的承受力水平更低。

农户年龄对水价的心理承受力呈负方向影响,年龄越大对水价的承受力水平越低。近年来,物价上涨比较迅速,特别是油价的上涨幅度较大,这直接导致了以地下水为主要灌溉水源的农户承担的水价越来越高。年纪大的农户对水价的心理承受力可能大部分还停留在数年之前,因此其心理承受水平相对较低。

水价的心理承受力与受教育程度呈正相关关系,这不难理解。学历越高,其对水资源价值的理解程度也会越高。据了解现在学校经常对学生开展“水资源有限”等相关教育,这对学生正确认识水资源的价值提供了帮助,而只有对水资源价值有一定的正确认识,才有可能愿意对使用该资源进行有价补偿,即愿意承担更高水平的水价。

通过前面的分析可以知道,农户家庭年人均收入是其水价经济承受力的评价基础,而经济承受力很大程度上会影响农户的心理承受力。回归结果验证了这个结论,家庭年人均收入对水价心理承受力的影响在1%的水平上显著。这意味着要想提高农户对灌溉水价的心理承受能力,首先要从提高农户的家庭经济水平方面开始着手。

灌溉过程方便度对水价心理承受力呈正向影响,灌溉过程越方便的农户对水价有更高的心理承受力,这与预期结果不同。这可能是由于,虽然灌溉方式相似的农户承担的水价是相近的,但是由于灌溉过程不方便,其引水路程较长而发生更高的水资源损耗,因此灌溉相同耕地的用水量相对较高,核算下来水价也有所上涨,导致了其心理承受力相对降低。

改善灌溉用水状况的需求对心理承受力的影响并不显著,未被纳入模型二。这主要是因为当地自己提水灌溉的农户只承担了水泵的耗油或耗电费用,并未缴纳其他费用给水管部门。而采用村集体提水灌溉方式的农户虽然是向村集体缴纳了水费,但是并不了解自己缴纳的水费是否会被用来改善当地的灌溉用水状况。因此,虽然大部分农户有改善灌溉用水状况的需求,但是并不会相应地提高对水价的心理承受水平。在改善灌溉用水状况方面,他们还是会寄希望于政府的无偿帮助,或者自己支付额外的费用进行改善。

解释变量里,是否曾遭遇缺水也未通过显著性检验。蒙阴县人均水资源占有量不足全国人均水平的2/5,属资源性缺水区域,且其全年74.8%的降水量集中在 6—9 月份,易出现春旱、夏涝、秋又旱的现象。因此,在实地调查过程中,近七成的农户表示自己曾经遭遇过缺水的情况。但是如果真的遇到缺水,由于当地资源性缺水的状况,即使支付高额水价也不能获得灌溉用水。因此此项对提高农户的水价心理承受力影响不大。

回归结果中,水价心理承受力与农户采用何种灌溉方式呈负相关关系,即采用村集体提水方式灌溉的农户对水价的心理承受力较低。采用村集体提水灌溉的农户承担的水价相对较低,但是却更容易从心理上难以承受,这可能是村集体灌溉水定价不透明所致。集体提水的村庄在水价或者水费的收取上不做任何公示,农户作为水价的被动接受者,极易怀疑自己承担的水费有被加价或者挪用的情况,从而降低了其对水价的心理承受力水平。

4　结论及政策建议

4.1　结论

通过建立定量模型来研究农民灌溉水价心理承受力的影响因素,模型结果显示,农户的性别、年龄、受教育程度、家庭年人均收入、灌溉过程方便度及灌溉方式都会对农户的心理承受力产生显著的影响。其中,女性会比男性具有更高的心理承受力;而年纪越轻,教育程度越高,其心理承受力也会越强;农户家庭年人均收入是水价经济承受力的评价基础,也会在很大程度上影响农户的心理承受力;灌溉过程越方便的农户对水价有更高的心理承受力;另外,采用村集体提水方式灌溉的农户对水价的心理承受力会相对较低。

4.2　政策建议

第一,水管部门应配合地方政府帮助农民加强科技学习,疏通产供销渠道,最大限度地把农产品的利润让渡给农民,保护农业生产者的利益。农民只有增产增收,才会舍得向灌溉用水投入,只有保证了农民的收入水平,才能确保水价在农民的承受范围内。

第二,灌溉水价的制定要增加透明度,扩大用水农户的参与,规范定价方式及相关程序,早日实现水资源供需双方协商定价。水价制定过程以及结果应在水费收取范围内进行公示,让农户做到对水价心中有数。灌溉水价的调整要接受来自社会各个方面的监督,这不仅有利于促使供水单位提升自身管理水平,更有利于水市场秩序的改善和维护。

第三,规范水费的收取工作及流程,提高水费的实际征收率,避免发生部分农户拖欠水费造成其他农户不满的现象,做到按照既定收费时间保质保量地对农户进行水费的收取。水费收取过程中,要给予缴纳水费的农户正规发票留作凭证,特别禁止"搭便车"收费的发生,对已收取的水费要加强管理,防止其被截留或者被挪用。

第四,国家和各级水管部门应加大对农田水利设施的投资和管理力度。一方面,无论对水利骨干工程,还是小型农田水利工程,政府应该在给予相同重视程度的情况下进行投资和管理,帮助农户进行生产灌溉。对于用水特别困难地区,应当加强当地引水工程建设,保证农户生活生产用水安全。另一方面,在有条件的地区加大农业节水灌溉设施建设,大力推行农业节水。通过减少灌溉用水的定额,降低灌溉用水花费,减轻农民的支出负担。

第4章
水价改革背景下农业灌溉用水效率及影响因素分析

虽然我国水资源总量较为丰富,但由于幅员辽阔、人口众多,导致我国的人均水资源拥有量明显低于世界水平,是水资源严重缺乏的国家之一。2017年我国水资源总量为28 761.2亿 m^3,但人均拥有量极少,仅为2 074.53 m^3,不足世界人均水平的四分之一,人均水资源拥有量与人民日益增长的用水需求之间的矛盾日益加深,水资源短缺问题仍在加剧。据资料统计,2017年我国全年用水总量约为6 000亿 m^3,其中农业用水占比约为62.4%、工业用水占21.6%、生活用水占13.6%、人工生态环境补水占2.4%。由此可以看出,农业用水是我国用水的主要组成部分,而农业用水主要集中于农田灌溉,因此,管理好农业灌溉用水是缓解我国用水压力的重中之重。

积极开展农业水价改革,是深化资源性产品价格改革的重要部分,也是促进水资源合理配置和农业节水的重要经济手段。2019年中央一号文件再次提出要加速推动农业水价改革实施,健全节水激励机制,水价改革已经成为农业发展不可或缺的组成部分。

在对农业用水效率的研究方面,国内外学界均已进行了相关的探索。在参数形式的随机前沿方法运用上,Dhehibi等运用最为传统的BC模型,通过对尼泊尔和突尼斯两地区的种植数据的收集分析,计算得出了当地生产的技术效率以及灌溉用水效率;Karagiannis等和Omezzine等则分别运用了超越对数函数形式和C-D函数形式的随机前沿方法对希腊克里地区农业浇灌情况进行了分析计算,并从投入的视角探究了能够提升灌溉用水效率的相关因素;王晓娟等和许朗等也分别使用超越对数函数和C-D函数的随机前沿方法,测算出河北省、安徽省的用水效率均值分别为0.754 3和0.482 1。在非参数形式方法运用上,Speelman等以Zeerust市的截面数据,运用数据包络的方法计算了不同状态下的效率值;赵连阁等和佟金萍等也分别运用数据包络分析的方法,基于甘肃、内蒙古两个灌区及长江流域 10 个省的面板数据进行了用水效率的计算分析。

已有研究成果为本研究提供了丰富的理论基础,但在水价改革的大背景下,已有研究很少以蔬菜作为研究对象来对农户的灌溉行为及用水效率进行分析探究,而随着人民生活水平的提高,蔬菜种植已成为农业发展的重要组成部分,研究其用水效率的重要性不言而喻。本研究将在国内外学者研究的基础上,从微观层面切入,以农户调查数据为基础,基于技术效率的视角运用随机前沿模型对山东省即墨区的蔬菜种植进行实证研究,这对于提高农业灌溉用水效率和蔬菜种植水平,推动水价改革进程都具有重要的现实意义。即墨区作为山东省青岛市水价改革的试点区,其研究结果对整个山东省有着重要的借鉴意义。

1 材料与方法

1.1 调研区情况

即墨区位于山东半岛,属暖温带季风型气候,雨热较同期,适宜多种作物的生长,区内共有有效灌溉的农田面积约 5.8 万 hm²,基本均采取井水灌溉。调研地点移风店镇位于大沽河西岸,地下水资源较为丰富,因此已有 80% 左右的农户种植白菜、马铃薯、卷心菜等蔬菜,且作为青岛市水价改革的试点区其水利设施建设情况良好。但随着农业用水量的增大,灌溉机井深度的不断增加,地下水存在着严重的超采问题,对当地的生态及农业可持续发展产生了巨大威胁,因此提高农户生产过程中的灌溉用水效率刻不容缓。

1.2 数据来源

本研究采用随机抽样调查的方式,对试点区内的官庄村、黄戈庄村、李家庄村、沙埠村的农户进行了问卷式访谈调查。问卷内容主要包括农户种植蔬菜时的生产投入情况、农业灌溉用水的使用情况以及当地水价改革的相关情况。共发放问卷 300 份,收集到有效数据 270 份。

1.3 分析方法

现在用于研究灌溉用水效率的前沿函数计算方法主要有两种,包括非参数形式和参数形式。非参数方法以数据包络分析方法(DEA)为代表,此种方法通过建立生产有效的前沿面,比较各个决策单元与此前沿面的偏离程度来评价其生产技术的有效性。参数形式以随机前沿方法（SFA）为代表，此种方法基于各具体的生产函数模型进行参数估计，利用复合扰动项将类似于气候、地理等随机干扰因素与技术对产出的影响分离开来，使效率估计更加精确，并且能体现出样本的统计特性，从而进行相关统计检验。

非参数方法的局限在于主要运用线性规划进行计算，无法统计检验，因此，本研究选择随机前沿分析方法，运用 Battese 和 Coelli 模型进行研究分析。

2 灌溉用水效率实证研究

2.1 模型介绍

（1）生产技术效率模型设定随机前沿生产函数形式，对基于农户层面的技术效率进行测定，假设 Y_i 为样本中第 i 个农户的产出，则随机前沿生产函数可表示为

$$Y_i = f(X_{ij}, W_i, \beta) \exp(v_i - u_i) \tag{5-4-1}$$

式中：X_{ij} 表示投入要素；W_i 表示灌溉用水量；β 为待估参数；v_i 为假定服从 IID（独立一致分布）的随机误差项，且服从正态分布 $N(0, \delta_u^2)$，主要包括气候、地理、测量误差等在生产中不可控的因素；u_i 可表示管理误差项，反映了农业生产过程中的技术非效率，且服从半正态分布。由式（5-4-1）可得，当存在生产技术有效的产出 $\hat{Y}_i$ 时，存在 $u_i = 0$，此时第 i 个农户的技术效率水平为

$$TE_i = \frac{Y_i}{\hat{Y}} = \frac{Y_i}{f(x_{ij}, W_i, \beta) \exp(v_i)} = \exp(-u_i) \tag{5-4-2}$$

运用 C-D 生产函数的形式可将公式（5-4-1）表示为

$$\ln Y_i = \beta_0 + \sum_j \beta_j \ln X_{ij} + \beta_w \ln W_i + (v_i - u_i) \tag{5-4-3}$$

式中：Y_i 表示产量；X_{ij} 表示种子、化肥、机械、家庭劳动力 4 个生产要素变量；W_i 表示灌溉用水量；v_i 表示随机误差项；u_i 表示管理误差项；β 表示待估参数。为研究误差项，设 $\gamma = \sigma_u^2 / (\sigma_u^2 + \sigma_v^2)$，$\gamma \in (0, 1)$。当 γ 趋近于 0 时，即 σ_u^2 趋近于 0，此时样本中的误差主要来源于随机误差项 σ_v^2，不存在技术非效率，即达到此产出水平已经实现了投入最小化或者在既定的投入水平下实现了产出的最大化，只需使用 OLS 进行相关估计即可。当 γ 趋近于 1 时，则说明样本农户在生产过程中存在着由于技术原因引起的非效率，此时就需要运用随机前沿方法来进行估计分析。

（2）灌溉用水效率模型中灌溉用水效率是指在产出和其他生产要素既定

时,可能的最小用水量与实际用水量的比值。设在技术有效时用水量为$\hat{W}_i$,此时蔬菜产量为$\hat{Y}_i^w$,则

$$\ln\hat{Y}_i^w = \beta_0 + \sum_j \beta_j \ln X_{ij} + \beta_w \ln\hat{W}_i + v_i \tag{5-4-4}$$

假设产出水平相等,即式(5-4-3)和式(5-4-4)相等,则存在

$$\beta_w \ln\frac{W_i}{\hat{W}_i} + u_i = 0 \tag{5-4-5}$$

由此可得灌溉用水效率公式为

$$TEW_i = \frac{\hat{W}_i}{W_i} = \exp\left(\frac{-u_i}{\beta_w}\right) \tag{5-4-6}$$

2.2 数据分析

本研究以调研地区主要种植蔬菜的单位面积产量为产出变量 Y,投入要素变量包含种子投入S、化肥投入F、机械投入M、劳动力投入L和浇灌用水量W,变量的描述性统计如表5-4-1。

此时技术效率模型可具体表示为

$$\ln Y_i = \beta_0 + \beta_1 \ln S_i + \beta_2 \ln F_i + \beta_3 \ln M_i + \beta_4 \ln L_i + \beta_5 \ln W_i + (v_i - u_i) \tag{5-4-7}$$

表 5-4-1 投入产出变量的统计描述

项目 Items	产量 Yield (kg·hm^{-2})	种子投入 Seed input (元·hm^{-2})	化肥投入 Chemical input (元·hm^{-2})	机械投入 Machinery input (元·hm^{-2})	劳动力投入 Labor input (人·天·hm^{-2})	灌溉用水量 Irrigation water use (m^3·hm^{-2})
均值 Mean value	75 875.00	5 367.50	9 500.00	1 662.78	102.42	6 981.06
最大值 Maximum	150 000.00	24 000.00	32 400.00	5 100.00	225.00	35 294.12
最小值 Minimum	15 000.00	900.00	3 750.00	600.00	30.00	2 205.88

数据来源:调研数据的整理测算。

运用 Frontier4.1 运行式(5-4-7)结果如表5-4-2。

表 5-4-2 C-D 随机前沿生产函数模型的参数估计结果

项目 Items		系数 Coefficient	标准差 Standard-error	t 比率 t-ratio
C	β_0	6.404 7***	0.355 0	18.043 5
$\ln S$	β_1	0.218 2***	0.049 9	4.375 0

续表

项目 Items		系数 Coefficient	标准差 Standard-error	t 比率 t-ratio
$\ln F$	β_2	0.086 4	0.060 1	1.437 5
$\ln M$	β_3	0.421 2***	0.048 2	8.745 0
$\ln L$	β_4	0.015 2	0.042 3	0.358 7
$\ln W$	β_5	0.255 8***	0.050 7	5.049 6
σ^2		0.140 6***	0.045 7	3.080 0
γ		0.921 8***	0.031 7	29.123 4
log likelihood function				117.800 0
LR test of the one-side error				11.311 2
mean efficiency				0.881 9

注：*、**、***分别表示10%,5%,1%的显著性水平。

　　由表5-4-2可知,γ等于0.921 8,且通过显著性检验,说明实际生产中产量与前沿面的差距主要是由于技术的非效率,利用SFA对农户生产技术效率进行测算十分必要。就单个投入变量来看,种子、机械和灌溉用水投入均在1%的显著性水平下通过了检验,对产出有明显的正向促进作用,但化肥投入和劳动力投入没有通过显著性检验,这可能与调研地点的选取及当地种植蔬菜种类有关。为了保证产量,当地农户种植蔬菜时均投入了大量的农家肥和化肥,且种类和数量大致相同,这可能使得化肥投入数据的变异性较小;在劳动力投入方面,由于蔬菜相对于粮食作物需要投入更多的劳动力,除去种植和收获的时期,农户在平时也需要经常管理,这使得农户的劳动力投入时间持续且分散,在调研时无法获得较为准确的劳动力投入数据,影响了估计结果的显著性。此外,由于调研时间和条件的限制,研究所取得的样本数不够大,这也可能影响到回归结果的显著性。

　　运用Frontier4.1估计效率式(5-4-6)结果如表5-4-3。

　　由表5-4-3可知,技术效率均值为0.881 9,灌溉用水效率均值为0.636 5。测算结果显示调研地区的农业生产存在着很大的提升潜力,并且浇灌用水效率最大值0.899 4远大于最小值0.084 4,说明其相较于技术效率提升空间更大,在维持现有技术水平和其他投入要素不变的前提下,最多可节约36%的灌溉用水,节水潜力巨大。

表 5-4-3　农户生产技术效率和灌溉用水效率频数分布

效率值 Efficiency value（%）	生产技术效率 Technical efficiency			灌溉用水效率 Irrigation water efficiency		
	样本个数 Number of sample	占比 Proportion（%）	累计占比 Cumulative proportion(%)	样本个数 Number of sample	占比 Proportion（%）	累计占比 Cumulative proportion(%)
0～10	0	0	0	2	0.74	0.74

效率值 Efficiency value (%)	生产技术效率 Technical efficiency			灌溉用水效率 Irrigation water efficiency		
	样本个数 Number of sample	占比 Proportion (%)	累计占比 Cumulative proportion(%)	样本个数 Number of sample	占比 Proportion (%)	累计占比 Cumulative proportion(%)
10~20	0	0	0	7	2.59	3.33
20~30	0	0	0	7	2.59	5.92
30~40	0	0	0	10	3.70	9.62
40~50	0	0	0	27	10.00	19.62
50~60	6	2.22	2.22	44	16.30	35.90
60~70	9	3.33	5.56	58	21.48	57.40
70~80	14	5.19	10.74	82	30.37	87.77
80~90	116	42.96	53.70	33	12.22	100.00
90~100	125	46.30	100.00	0	0	100.00
均值		0.881 9			0.636 5	
最小值		0.531 2			0.084 4	
最大值		0.973 2			0.899 4	

数据来源：调研数据的整理测算。

　　整体观察调研区域的农户生产技术效率和灌溉用水效率可以看出，技术效率的频率分布比较集中，绝大多数集中在80%~100%，且效率在90%以上的农户占到了46.30%的比重，说明调研区域内农户的生产技术效率相对一致且较高。而在灌溉用水效率方面频率分布则比较分散，基本在各个效率区间内均有样本分布，总体呈现出较大的波动性，并且存在用水效率小于10%的样本，说明相对于技术效率，用水效率呈现出更强的可变性和更大的提升空间，因此提高用水效率从理论上来说是可行且效益巨大的，因此本研究将基于此灌溉用水效率对其影响因素进行进一步的回归分析。

3 灌溉用水效率影响因素分析

3.1 模型及变量选择

　　由于灌溉用水效率是通过用水量的参数 β_5 和管理误差项 u_i 计算得出，因此对影响因素的估计需要分两阶段进行。而基于两步法探讨灌溉用水效率 $TEW \in (0,1)$ 时，采用 OLS 进行估计是有偏且不一致的，而采用 Tobit 模型进行估计的结果是无偏且有效的。此时，模型可表示为

$$
TEW_i = \begin{cases} 0, & \\ \quad \text{if } \delta_0 + \sum_k \delta_k Z_{ki} + \varepsilon_i \leqslant 0 & \\ \delta_0 + \sum_k \delta_k Z_{ki} + \varepsilon_i, \text{if } 0 < \delta_0 + \sum_k \delta_k Z_{ki} + \varepsilon_i < 1 & \\ 1, \text{if } \delta_0 + \sum_k \delta_k Z_{ki} + \varepsilon_i \geqslant 1 & \end{cases} \quad (5\text{-}4\text{-}8)
$$

式中：Z_{ki} 表示影响灌溉用水效率的自变量，在本研究中拟选取年龄（岁）、受教育年限（年）、务农劳动力人数（人）、种植面积（hm²）、灌溉成本（元·hm²）、农业收入占总收入的比重（％）、是否使用节水灌溉设备、灌溉时是否注意节水、是否参加过农业培训、是否会因水价改革改变灌溉行为以及用水量 10 个变量进行回归分析；δ_0、δ_k 为待估参数；ε_i 表示误差项。

将变量代入式(5-4-8)中可得具体函数模型：

$$
TEW_i = \delta_0 + \delta_1 age_i + \delta_2 education_i + \delta_3 labor_i + \delta_4 land_i + \delta_5 wcost_i + \delta_6 ratio_i + \\ \delta_7 D_{1i} + \delta_8 D_{2i} + \delta_9 D_{3i} + \delta_{10} D_{4i} + \varepsilon_i
$$

$$(5\text{-}4\text{-}9)$$

3.2 数据分析

运用 Stata15.0 对式(5-4-9)进行分析，结果如表 5-4-4。

表 5-4-4 Tobit 模型的估计结果

名称 Name	变量 Variable	系数 Coefficient	标准差 Std. Error	t 统计量 statistics	P
常数项	C	0.249 3**	0.105 1	2.37	0.018
年龄（岁）	age	0.003 0**	0.001 2	2.49	0.013
受教育年限（年）	$education$	0.005 9*	0.003 5	1.69	0.093
务农劳动力人数（人）	$labor$	−0.002 2	0.018 9	−0.12	0.907
种植面积（hm²）	$land$	0.061 9*	0.037 3	1.66	0.098
灌溉成本（元·hm⁻²）	$wcost$	0.000 0***	0.000 0	2.67	0.008
农业收入占总收入的比重（％）	$ratio$	0.085 8**	0.034 0	2.52	0.012
是否使用节水灌溉设备（0＝否,1＝是）	D_1	0.070 0**	0.034 2	2.05	0.041
灌溉时是否注意节水（0＝否,1＝是）	D_2	0.061 2***	0.214 1	2.86	0.005
是否参加农业培训（0＝否,1＝是）	D_3	0.066 1**	0.026 8	2.47	0.014
是否因水价改革改变灌溉行为及用水量 （0＝否,1＝是）	D_4	0.140 7***	0.037 3	3.77	0.000

注：*，**，*** 分别表示在 10％，5％，1％的置信水平下显著。

由表5-4-4可知,除务农劳动力人数变量外,其余解释变量均在不同的显著性水平上通过了显著性检验,且对于灌溉用水效率均具有正向的影响。理论上来说务农劳动力是农业生产过程中非常重要的投入要素,其数量越多农业生产效率应越大,即对灌溉用水效率存在正向的影响。本研究中存在异常的原因可能是由于调研地区蔬菜种植需要相对生产技能较高的劳动力,而投入劳动力较多的农户可能存在生产效率较低的问题,因此使得务农劳动力显示出异常的负向。并且由于多数农户并不存在记工记账的习惯,导致调研所获取的劳动力数据不准确,也影响了变量的显著性水平。

年龄、受教育年限变量与灌溉用水效率值呈正相关关系。我国小农经济为主的农业生产情况决定了农民在生产过程中大部分情况下根据自身的劳动经验安排生产,尤其是对于蔬菜这种劳动密集型的作物,劳动时间越长其生产经验也就越丰富,能够更加熟练地掌握农业生产中的各项技能,熟悉作物的生长周期和需水周期,从而更好地安排农业灌溉,因此对于灌溉用水效率的提高有正向的促进作用。

灌溉成本对用水效率有正向影响且高度显著,这与价格理论相符。农户灌溉用水成本的增加会使其更加注重节约用水以降低农业生产的总成本,这对于灌溉用水效率的提高有着较大的促进作用。但实证分析所得出促进效果极小,这可能是由于调研地点所处区域地下水源条件相对较好,农用水价较低,农户灌溉时节约用水的意识相对淡薄,且在蔬菜生产过程中,灌溉用水成本仅占总成本的较小比例,相较于用水成本农户更加关心作物产量,多数农户存在为提高产量而浇灌过量的现象,这些因素在一定程度上削弱了灌溉成本对用水效率的促进作用。

调研区域的节水灌溉设备主要为滴灌设备和少量的喷灌设备,在农田中铺设滴灌管道能够有效避免浇灌时的水资源浪费,且浇灌效果好、持续时间长,不仅能起到节约用水的作用,还能提高作物产量,减少劳动力投入。但较大的投资使得只有极少数农户使用,而政策是影响使用的重要因素。因此政府应加强相关财政补贴的力度,积极推广节水设备,以提高灌溉用水效率。

农户灌溉时是否注意节水体现出农户的水资源意识,节水意识较强的农户能够更加注意水资源的有效利用,其灌溉用水效率也就越高。但从调研数据来看仅有不超过半数的农户在浇灌时能够注意节水,这表明农户的总体节水意识比较淡薄,存在着较多的水资源无谓损失。

农业生产培训能够帮助农民获取最新的农业生产技能,提高其参加农业生产的技术水平,更加科学合理地安排农业生产过程中的各个环节,从而对灌溉用水效率产生正向的影响。受教育水平较高的农户代表在参与培训后能够将先进的生产技能传播给相近的农户,从而整体上提高农业发展水平。

农业水价改革对浇灌用水效率的提高有着极大的正效应,因水价改革而改变灌溉行为或者减少灌溉用水量的农户用水效率明显偏高,这说明改革对于节约用水和提升用水效率有着积极的促进作用,体现了农业用水的商品性质。但同时根据调研结果可知仅有 10% 的农户真正参与到了水价改革的进程当中,水价改革的农户参与度极低,这大大降低了水价改革对于农业灌溉的促进作用。因此,各相关部门及村庄应加强水价改革的相关宣传工作,充分调动农户参与改革的积极性,完善奖补制度,建立适应当地的具体策略,进一步确保水价改革的有效可持续进行。

4 结论与建议

4.1 主要结论

本研究建立 C-D 生产函数模型,运用随机前沿分析的方法测算得出即墨区农户蔬菜种植的生产技术效率,并在此基础上测算投入要素之一的灌溉用水的效率值,测算结果得到:技术效率均值为 0.881 9,灌溉用水效率均值为 0.636 5,结果低于王晓娟、李周测算的用水效率,但高于赵连阁等和许朗等测算的用水效率,这可能是由于调研地点及研究对象的农业生产水平不同所引起的。结果表明:调研区域内蔬菜种植的技术效率和灌溉用水效率均未达到有效水平,在既定的投入状态下产出仍存在较大的提升空间,且相对于农业生产技术效率,灌溉用水效率值更低,波动更大,农业灌溉节水空间巨大。据此,设立 Tobit 模型分析发现:农户生产技能的提高、浇灌成本的有效提高、先进节水设备的使用、节水意识的增强以及水价改革的有效推进等都对用水效率有着正向的促进作用。

4.2 政策建议

针对研究中发现的问题,为有效提高蔬菜种植过程中灌溉用水的效率,促进农业节水,缓解水资源短缺问题,提出如下政策建议。

(1)加强农户生产技能培训,提高农业生产水平。农业培训不仅能提高农户的农业生产水平,且能在一定程度上提高农户的综合素质,使其更好地适应社会的发展,依靠自我能力实现增收,从而整体改善农民生活。在此过程中,农户的农业生产必定更加科学合理,各项生产投入的效率得到有效提高,有利于我国农业的宏观发展。

（2）加强农业灌溉节水宣传，提高农户节水意识。农户节水意识淡薄是阻碍农业灌溉用水效率提高的重要因素，历史遗留的粗放农业用水模式以及水资源不排他的公共性质使得农业用水十分低效，落后的灌溉用水方式及水资源意识使得我国水资源短缺进一步加剧。因此应加强对农户节水意识的培训，组织丰富的节水知识宣讲，使广大农民充分认识到节约用水的重要性以及农业灌溉对于水资源短缺的深刻影响，从而充分调动农户参与节水的积极性，提高浇灌用水效率。

（3）积极推广节水灌溉技术，发展精准农业技术。节水技术的使用对于提升作物质量和产量、提高用水效率、实现节水目标都有着至关重要的作用，目前我国的先进节水灌溉技术发展仍比较滞后，农户无法承担较高的固定投入是阻碍其推广的重要因素，因此政府应更加重视对节水技术的资金扶持，进一步推广节水灌溉技术，帮助农户完成节水设备的安装和使用。与此同时，山东省作为中国的蔬菜供应大省，应积极发展 3S（全球定位系统 GPS、地理信息系统 GIS、遥感系统 RS）技术，发挥信息技术在农业生产过程中的领先作用，建立农业示范田，提升科技水平，提高蔬菜的产量和品质。

（4）积极推进农业水价改革，发挥水价调节作用。水价是我国节水发展的重要经济杠杆之一，完善水价形成机制对于合理配置用水资源、缓解水资源供需矛盾有着重要意义。在学习先行试点经验的基础上，科学合理拟定农业水价，在确保农民利益的同时，充分体现稀缺水资源的经济价值和生态价值，发挥水价在市场机制中的调节作用，从根本上缓解农业发展与水资源保护之间的矛盾，实现农业经济与生态文明建设协同发展。

本 篇 小 结

中国水资源的日益短缺加快了政府推进农业水价综合改革的步伐,继而实现农业节水的目标。本篇主要围绕农业水价综合改革问题进行相关研究,主要研究内容为以下几个方面。

(1) 通过阐述安徽六安市农业水价综合改革试点区的改革现状及取得的成效,分析目前农业水价综合改革中存在的农业水权转让或回购难以实现、田间基础设施落后、灌溉定额难以统一、资金补贴难以维持等问题。

(2) 由于农业发展水平落后,我国多数地区仍采取粗放式的灌溉方式,节水灌溉方式依然没有被广大农民接受,其中有多种因素制约着农户灌溉方式的选择。在水价综合改革大背景下,选取河南省开封县和江苏省丰县为样本点,以两地作为黄淮流域缺水落后地区的代表,通过实地调研探究影响农户灌溉方式选择行为的因素。运用二元 Logit 进行回归分析,结果表明,农业劳动力、平均灌溉次数、水价、灌溉用水收费方式等对农户的选择行为有显著影响。

(3) 农业灌溉水价问题并不仅仅是单纯的成本与价格核算问题,还需要着重考虑农民承受力的影响。基于对山东省实地调研的数据发现,当地农户虽然经济上可以承担灌溉水价,但其心理承受力较弱,并通过建立 Logit 二元离散选择模型,对影响农户灌溉水价心理承受力的因素进行了深入分析。模型结果显示,农户的性别、年龄、受教育程度、家庭年人均收入、灌溉过程方便度及灌溉方式都会对农户的心理承受力产生显著的影响。

参 考 文 献

[1] DHEHIBI B,LACHAAL L,ELLOUMI M,et al. Measuring irrigation water use efficiency using stochastic production frontier:An application on citrus producing farms in Tunisia [J]. African Journal of Agricultural and Resource E-conomics,2007,1(2):1-15.

[2] KARAGIANNIS G, TZOUVELEKAS V, XEPAPADEAS A. Measuring irrigation water efficiency with a stochastic production frontier [J]. Environmental and Resource Economics,2003,26(1):57-72.

[3] OMEZZINE A,ZAIBET L. Management of modern irrigation systems in Oman:Allocative vs. irrigation efficiency[J]. Agricultural Water management,1998,37(2):99-107.

[4] STIJN SPEELMAN, MARIJKE D HAESE, JEROEN BUYSSE, et al. Ameasure for the efficiency of water use and its determinants,a case study of small-scale irrigation schemes in North-West Province,South Africa[J]. Agricultural Systems,2008,98(1):31-39.

[5] 韩一军,李雪,付文阁. 麦农采用农业节水技术的影响因素分析——基于北方干旱缺水地区的调查[J].南京农业大学学报(社会科学版),2015,15(4):62-69.

[6] 张维康,曾扬一,傅新红,等. 心理参照点、支付意愿与灌溉水价——以四川省 20 县区 567 户农民为例[J].资源科学,2014,36(10):2020-2028.

[7] 戴勇,顾宏,李江安,等. 基于交叉影响法的农业水价改革联动效应研究——以江苏高邮市农业水价综合改革试点为例[J].水利财务与经济,2015(6):18-20.

[8] 雷波,杨爽,高占义,等. 农业水价改革对农民灌溉决策行为的影响分析[J].中国农村水利水电,2008(5):108-110.

[9] 韩青,谭向勇.农户灌溉技术选择的影响因素分析[J].中国农村经济,2004(1):63-69.

[10] 黄玉祥,韩文霆,周龙,等.农户节水灌溉技术认知及其影响因素分析[J].农业工程学报,2012,28(18):113-120.

[11] 国亮,侯军岐.影响农户采纳节水灌溉技术行为的实证研究[J].开发研究,2012(3):104-107.

[12] 许朗,刘金金.农户节水灌溉技术选择行为的影响因素分析——基于山东省蒙阴县的调查数据[J].中国农村观察,2013(6):45-51+93.

[13] 于法稳,屈忠义,冯兆中.灌溉水价对农户行为的影响分析——以内蒙古河套灌区为例[J].中国农村观察,2005(1):40-44+79.

[14] 唐青桃,方磊.水价持续上涨对京城居民心理承受力的影响[J].首都师范大学学报(自

然科学版),2004,25(12):138-140.

[15] 水利部水资源司,全国节约用水办公室. 全国节水型社会建设试点经验资料汇编[M].
北京:中国水利水电出版社,2003.

[16] 陈丹,陈菁,陈祥,等. 基于支付能力和支付意愿的农民灌溉水价承受能力研究[J]. 水利
学报,2009(12):1524-1530.

[17] 崔延松,荣迎春,崔鹏. 基于农业用水转移背景下的水价改革[J]. 中国水利,2013(4):
56-58.

[18] 姜文来. 农业水价承载力研究[J]. 中国水利,2003(11):41-43.

[19] 杜丽娟,柳长顺. 农民灌溉水费承受能力测算初步研究[J]. 水利水电技术,2011(6):
59-62.

[20] 张文明,陈丹,朱根,等. 基于社会资本理论的农民灌溉水价支付意愿影响因素分析模型
[J]. 水利经济,2010(3):36-40.

[21] 国家统计局. 中国统计年鉴[M]. 北京:中国统计出版社,2018.

[22] 田贵良,胡雨灿. 改革开放以来我国水价改革的历程、演变与发展——纪念价格改革 40
周年[J]. 价格理论与实践,2018(11):5-10.

[23] 王晓娟,李周. 灌溉用水效率及影响因素分析[J]. 中国农村经济,2005(7):11-18.

[24] 许朗,黄莺. 农业灌溉用水效率及其影响因素分析——基于安徽省蒙城县的实地调查
[J]. 资源科学,2012,34(1):105-113.

[25] 赵连阁,王学渊. 农户灌溉用水的效率差异——基于甘肃、内蒙古两个典型灌区实地调
查的比较分析[J]. 农业经济问题,2010,31(3):71-78+111.

[26] 佟金萍,马剑锋,王圣,等. 长江流域农业用水效率研究:基于超效率 DEA 和 Tobit 模型
[J]. 长江流域资源与环境,2015,24(4):603-608.

第 六 篇
DI LIU PIAN

结论与讨论

水资源短缺会严重制约我国农业发展而且直接关系到国家粮食安全问题。目前我国农户的平均灌溉用水效率仅为 0.482 1,存在很大的节水潜力,农户种植经验的提高、农业的规模化生产、农户节水意识的增强、井灌方式的推广、节水灌溉技术的采用、灌溉水价的改革等都对提高灌溉用水效率产生积极的影响。井灌区农户的玉米灌溉用水效率均值为 0.543,其中畦田的宽度、畦田的土地平整度、是否使用地埋管道等节水设施、农户对水资源稀缺的认知程度等对灌溉用水效率有显著影响。2000—2012 年中国粮食主产区农业生态效率均值仅为0.928,只有 6 个省份的投入产出达到最优水平,其余省份的生产资源投入存在一定程度的效率损失。从 2000 和 2012 年的对比分析来看,辽宁、内蒙古、江苏、湖北、湖南和四川的农业生态效率一直保持较高水平,河南、河北、山东和安徽则都处于非 DEA 有效状态。从动态分析结果来看,虽然中国粮食主产区农业生态效率整体呈上升趋势,但农业生产技术进步和综合技术效率损失并存,技术进步、纯技术效率和规模效率是影响农业生态效率的主要因素。

随着水资源供需矛盾日益突出,推广水资源匮乏地区农户使用节水灌溉技术是必然趋势。农户对节水灌溉技术的支付意愿较高,平均支付水平为 4 086 元/hm^2,农户的年龄、文化程度、耕地面积以及对技术预期效果的认可度等认知因素成为影响农户支付意愿的主要因素。农户对节水灌溉技术的认知程度、家庭收入来源及其中农业收入所占比重、耕地面积、有效灌溉面积、政府对节水灌溉技术的宣传力度、农户对节水灌溉政策的满意度、农户对节水灌溉技术投资方式的满意度以及水价认知,都是影响农户节水灌溉技术选择行为的重要因素。农业新品种的采纳是提高农业生产效率和农民收入的重要途径。农户的受教育年限、是否示范户、家庭主要收入来源、玉米种植面积、农户对新品种的认知程度、农户的风险态度以及与农技员联系次数对农户玉米新品种采纳行为有显著正向影响,家中是否有干部对农户玉米新品种采纳行为有显著负向影响。

目前小型农田水利设施存在需求差异性、需求表达缺乏、农民需求未得到充分满足等问题。农户的受教育年限、家庭人均收入、年缴纳灌溉费用、当地设施运行现状和农户的态度对其需求意愿有着显著的影响。农田水利投资与农业经济增长之间存在长期协整关系;农田水利投资对农业经济增长存在正向的推动作用,而农业经济增长对农田水利投资的影响存在地区差异性;农业经济增长对农田水利投资影响最大的是西部,农田水利投资对农业经济增长影响最小的地区为东部。农户参与是推行参与式灌溉管理改革的关键。农户对周围人的信任度排序为:德高望重的村民>邻居>村干部;农户的社会网络关系相对较差,接触官方信息和互联网信息的机会较少,传统乡村社会规范对农户行为的约束力在下降,农户更加重视自身个体价值和个人利益的获取;农户社会资本总指数得分分布呈倒U形,说明拥有中等社会资本的农户数量最多,占样本总数的 37.3%;社会信任指数和社会网络指数均对农户参与灌溉管理改革的意愿有显著的正向影响,而社会规范指数的影响则不显著。因此,政府可以着重从社会信任和社会网络的层面采取措施促进农户的参与意愿,同时加强对农村社会规范的培育。

河南和山东省的农业旱灾脆弱性级差化特征明显,总体处于中脆弱度状态;农业旱灾脆弱性空间差异显著,河南省脆弱性程度高于山东省;河南省农业旱灾脆弱性的主要影响因素有农业人口比重、复种指数和农村居民人均收入,山东省农业旱灾脆弱性的主要影响因素是有效灌溉面积比重、单位耕地面积农业用水量和人均财政收入。河南地区夏玉米干旱脆弱性的高与较高脆弱区主要分布于豫西、豫南西北和豫中部分地区,南阳盆地以及东部黄淮海平原为中低干旱脆弱区。河南省玉米生长期内干旱频发且干旱程度有增强的趋势;干旱导致了玉米产量的减少,相较于正常年份,干旱年份玉米总产量将平均减产 6.75%。

从玉米生产的单产来看,旱灾的被动应对行为和提前预防行为对各地区的玉米生产均有显著正向影响;涝灾的提前预防行为对各地区均有显著正向影响,而被动应对行为却只对黄淮海和西南两个地区有显著正向影响。对生产效率而言,旱灾的被动应对行为对北方和西南两个地区的玉米生产有显著负向影响,提前预防行为以显著正向影响为主;涝灾的被动适应行为对黄淮海和西南两个地区分别有正、负向显著影响,而提前预防行为以显著正向影响为主。提前预防行为总体上要优于被动应对行为,"未雨绸缪"有其重要价值。

总体上来看,气候变化对冬小麦的产量有显著影响,温度与降水量的上升导致了冬小麦产量的增加,而日照时数的减少导致了冬小麦产量的降低。在不同地区,气候变化对冬小麦产量的影响程度甚至影响方向都不同。温度变化对华东地区冬小麦产量为正向影响,中南地区、西南地区和西北地区为负向影响,影响程度最深的是西北地区,其次是华东地区、西北地区、中南地区。温度对华北地区冬小麦产量可能有正向影响。

目前我国农业水价综合改革中存在的农业水权转让或回购难以实现、田间基础设施落后、灌溉定额难以统一、资金补贴难以维持等问题。我国多数地区仍采取粗放式的灌溉方式,节水灌溉方式依然没有被广大农民接受,农业劳动力、平均灌溉次数、水价、灌溉用水收费方式等对农户的选择行为有显著影响。农业灌溉水价问题需要着重考虑农民承受力的影响。农户的性别、年龄、受教育程度、家庭年人均收入、灌溉过程方便度及灌溉方式都会对农户的心理承受力产生显著的影响。